"十四五"时期国家重点出版物出版专项规划项目

中国能源革命与先进技术丛书

风力发电机及叶轮故障诊断技术

Fault Diagnosis Technology of Wind Turbine Generator and Rotor

绳晓玲　万书亭　著

机 械 工 业 出 版 社

本书以风力发电机和叶轮为研究对象，详细介绍了双馈风力发电系统和永磁风力发电系统的基本理论、仿真模型和实验平台的构建方法、风力发电机和叶轮故障诊断的研究基础、机组大型化发展趋势下风速时空分布模型的建立和仿真、考虑风速时空分布的叶轮故障影响分析、考虑风速时空分布的风力发电机常见机电故障（如匝间短路、气隙偏心故障等）影响分析、海上风浪耦合下的风电机组故障诊断技术和考虑机组控制策略的风电机组故障诊断技术等，本书内容在一定程度上完善了大型风电机组的故障诊断理论体系。

本书对于从事风力发电相关开发及研究的广大高校师生，特别是风电机组设计、故障诊断技术领域的研究生有一定的帮助；对于从事风力发电产品的生产设计、监测和运维管理的研究人员、工程技术人员，也有重要的学习和参考价值。

图书在版编目（CIP）数据

风力发电机及叶轮故障诊断技术/绳晓玲，万书亭著. —北京：机械工业出版社，2023.7（2024.5 重印）

（中国能源革命与先进技术丛书）

ISBN 978-7-111-72882-5

Ⅰ . ①风… Ⅱ . ①绳… ②万… Ⅲ . ①风力发电机 – 叶轮 – 故障诊断 Ⅳ . ①TM315

中国国家版本馆 CIP 数据核字（2023）第 051392 号

机械工业出版社（北京市百万庄大街 22 号　邮政编码 100037）

策划编辑：吕　潇　　　　　　　责任编辑：吕　潇
责任校对：郑　婕　翟天睿　　　封面设计：马精明
责任印制：郜　敏

北京富资园科技发展有限公司印刷

2024 年 5 月第 1 版第 2 次印刷

169mm×239mm・16.5 印张・12 插页・342 千字

标准书号：ISBN 978-7-111-72882-5

定价：99.00 元

电话服务　　　　　　　　　　网络服务

客服电话：010 – 88361066　　机 工 官 网：www.cmpbook.com

　　　　　010 – 88379833　　机 工 官 博：weibo.com/cmp1952

　　　　　010 – 68326294　　金 书 网：www.golden-book.com

封底无防伪标均为盗版　　机工教育服务网：www.cmpedu.com

Preface
前　言

　　"十四五"规划中强调大力提升风电、光伏发电等新能源规模，争取非化石能源占能源消费总量比重提高到 20% 左右。风力发电已成为我国实现双碳目标的重要支撑。大容量陆上风电机组以及离岸距离远的海上风电机组具有故障率高、故障维修困难、故障停运损失大等特点，成本控制下的效益驱使使得整个风电行业重视风电场的健康管理和风电机组的安全运维，因此高效、稳定、精确的故障监测和诊断方法成为风电技术领域国内外关注的重要课题。

　　随着风电机组向大型化发展，尤其是海上风电机组，塔筒高度和叶片长度不断增加，叶片和传动系统的柔性也不断提升，这使得叶轮扫掠面内各点的风速差异及变化增大。这些因素不仅影响风力机气动载荷，还会造成电力系统波动等影响。但是，当前较少有文献研究风速时空分布参数（包括风剪切、塔影效应等）等因素对机组故障特征的影响。本书针对当前风电机组，尤其是海上风电机组，不断向大型化发展的趋势，从叶轮扫掠面内的风速变化差异及其对机组载荷的影响出发，重点分析考虑风速时空分布参数影响的叶轮和风力发电机故障特征及故障诊断方法，旨在建立健全风电机组完善的故障诊断理论体系，为风电机组安全、稳定运行提供一定理论基础。

　　本书共 11 章，第 2、3 章分别论述了双馈风力发电系统和永磁风力发电系统的基本理论、建模及仿真方法；第 4 ~ 11 章重点论述了风力发电机和叶轮故障诊断技术，包括风电机组实验平台设计、等效风速建模及其空间分布、风力发电机及叶轮故障诊断研究基础、考虑风速时空分布的风力发电机故障诊断技术、叶轮质量不平衡、气动不对称故障诊断技术、海上风浪耦合下的风电机组故障诊断技术和考虑不同控制策略的风电机组故障诊断技术。

　　本书对于从事风力发电相关开发及研究的广大高校师生，特别是风电机组设计、故障诊断技术领域的研究生有一定的帮助。对于从事风力发电产品的生产设计、监测和运维管理的研究人员、工程技术人员，也有重要的学习和参考借鉴意义。

　　本著作是在华北电力大学"双一流"研究生教材建设的资助下完成的，同时受到国家自然科学基金（51777075、52275109）、河北省自然科学基金

（E2022502007）和保定市科技计划基础研究专项基金（2172P010）的资助。

　　本书由绳晓玲、万书亭著，感谢成立峰博士、王萱博士、程侃如硕士、韩旭超硕士和邓祖贤硕士对本书编写工作的大力支持。感谢华北电力大学段巍副教授对本书的审阅及提出的宝贵意见。

　　由于作者水平所限，书中难免有疏漏和不妥之处，恳请广大读者批评指正。

作　者
2023 年 1 月

目 录 Contents

Chapter 1
第1章

绪 论 ◄◄◄◄

1.1 背景及意义

全球能源危机以及能源安全问题，尤其是全球变暖和极端天气频发，使人们深刻认识到新能源和可再生能源的重要性。

2022年5月18日，世界气象组织（WMO）在日内瓦发布《2021年全球气候状况》报告。报告指出，2021年全球平均气温继续升高，全球温室气体浓度已达新高；海洋温度不断升高，已达新的纪录；北极地区的海冰范围已经达到历史最低点，融化速度翻番；气候形势恶化导致全球极端天气频发[1]。在与该报告相关的调研中，有关专家表示，可再生能源是实现真正能源安全、稳定电价和可持续就业机会的唯一途径。

风能因其绿色、清洁、无污染，已在世界各个国家得到迅猛发展[1,2]。风力发电是可再生能源领域中最成熟、最具规模化开发条件和商业化发展前景的发电方式之一，且可利用的风能在全球范围内分布广泛、储量巨大。同时，随着风电相关技术不断成熟、设备不断升级，全球风力发电行业高速发展。风能将在加速全球能源转型中发挥重要作用。

能源问题是关系到每个国家经济发展的一个重大问题，尤其是关系到整个社会能否持续发展的重要基础。目前，我国已步入了重工业化时期，对能源的需求量要求极大，出现了能源整体（煤、油、电）持续紧张的状况，预计未来一段时期内，能源紧张的情况将以每年数千万吨标准煤的形式继续增长[3]。除此之外，由于多年来对煤炭、石油以及天然气等一次能源的过度开采，已使得我国能源开发濒临危机状况，长期发展下去，能源问题势必会影响到人民生活和国民经济的持续、健康发展。

煤电产业仍然是我国以及世界其他国家的主要能源支柱，煤燃烧所排放的二氧化碳等气体是造成环境污染的主要原因，也是制约该产业发展的重要因素。根据国际能源署（IEA）的初步估计，到2030年世界范围内的二氧化碳排放量会增加

55%，将达到 400 多亿 t，其中来自电力生产的排放份额将增加到 44%，达到 180 亿 t[4]。除此之外，近几年来我国大部分地区出现严重雾霾天气，威胁人们的生命健康，其中煤炭燃烧污染是其中的主要原因之一。由此可见，无论是从国民经济发展、节能减排考虑，还是从保障人民生命安全出发，都需要我们进行风能等新能源的开发和利用。

风力发电技术是一项多学科、可持续发展、绿色环保的综合技术，因为其不需要燃料，不会产生辐射和污染，所以已经在世界范围形成了热潮。随着科学技术的发展，在各类新能源中风力发电的商业化程度最高、发展水平最好。据全球风能理事会（GWEC）的统计[5]，2021 年风电行业的增速创有史以来第二高，与创纪录的 2020 年相比，2021 年的增速仅降低了 1.8%，装机容量增加了 93.6GW，全球累计风电同比增长 1.2%。图 1-1 所示为 2021 年世界新增装机容量的分布，中国和美国是世界上新增风电最多的两个国家，其中中国新增装机容量占到了世界的一半以上。除此之外，欧洲、拉丁美洲、非洲和中东地区的新增陆上装机容量分别增长了 19%、27% 和 120%，创下了历史新高。这显示了全球风能行业令人难以置信的韧性。图 1-2 所示为世界陆上风机和海上风机新增装机容量的分布图，陆上风电市场增加了 72.5GW，海上风电新增装机容量 21.1GW，其中中国贡献了超过 80% 的海上风电新增装机容量。

值得一提的是海上风电市场在 2021 年迎来了有史以来最好的一年，投入使用 21.1GW，这一数字是去年的三倍。海上新装机容量占新装机容量的 22.5%，帮助全球海上总装机容量达到 57GW，占全球总装机容量的 7%[5]。中国贡献了 80% 的海上风机增长，这是中国在海上风电安装方面第四年领跑，也使中国超越英国成为世界上海上风电装机容量最多的国家。

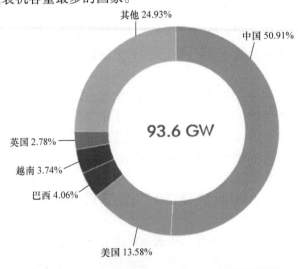

图 1-1　2021 年世界风电新增装机容量分布图

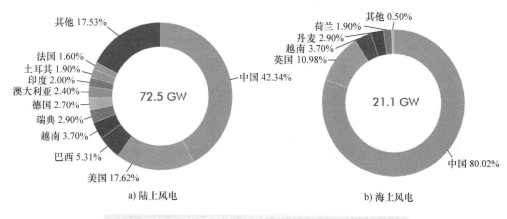

a) 陆上风电　　　b) 海上风电

图 1-2 2021 年世界陆上与海上风电新增装机容量分布

　　"十四五"规划纲要中强调，大力提升风电、光伏发电规模，加快发展东中部分布式能源，有序发展海上风电，争取实现非化石能源占能源消费总量比重提高到20%左右[6]。

　　我国于 2016 年加入《巴黎协定》，将力争于 2030 年前实现碳达峰，2060 年前实现碳中和。根据我国制定的《中国风电发展路线图 2050》的规划，我国计划2030 年总装机容量达到 400~1200GW，发电量达 0.8 万亿~2.4 万亿 kW·h，相当于 2.6 亿~7.8 亿 t 标准煤发电量，二氧化碳排放量减少 6 万~18 万 t，二氧化硫减排220 万~660 万 t；至 2050 年总装机容量达到 1000~2000GW，发电量达 2 万亿~4 万亿 kW·h，相当于 6.6 亿~13.2 亿 t 标准煤发电量，二氧化碳排放量减少15 万~30 万 t，二氧化硫减排 560 亿~1120 万 t[7]。

　　近年来，我国可再生能源的开发整体处于逐年上升趋势，尤其是随着国家"碳达峰""碳中和"能源和环境战略的提出，风电、光伏等清洁能源的规划和建设速度持续加快[8]。2021 年，我国发电装机容量 2376.92 万 kW，同比增长 7.9%。其中，非化石能源装机容量为 1120GW，占总装机容量比重为 47.0%，历史上首次超过煤电装机规模[9]。

　　在我国政府的大力支持和鼓励下，我国风电产业得到了迅速发展。图 1-3 所示为我国在 2011—2021 年期间每年的新增装机容量和总装机容量。可以看到，我国风电装机容量逐年增长，尤其是 2020 和 2021 年，年新增装机容量都在 50GW 左右。截至 2021 年底，全国并网风电装机容量达 328.48GW（含陆上风电302.09GW、海上风电 26.39GW），同比增长 16.6%，占全部装机容量的 13.8%。2021 年我国海上风电异军突起，全年新增装机容量 16.9GW，是此前累计建成总规模的 1.8 倍，目前累计装机规模达到 26.39GW，跃居世界第一[10]。

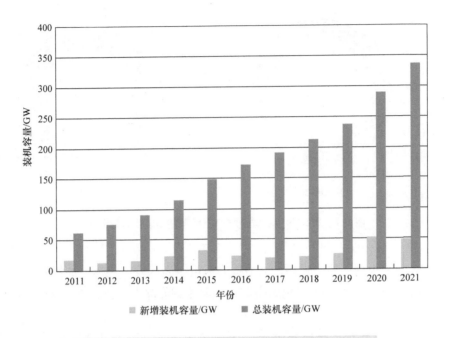

图 1-3　2011—2021 年中国新增装机容量和总装机容量

虽然风力发电产业的发展势如破竹，世界各国装机容量也逐渐上升，但查看风电场实际运行数据，不难发现很多风电机组因系统故障不能正常并网发电，造成了巨大的资源浪费。瑞典皇家理工学院学者 Ribrant J. 和 Bertling L. M. 统计研究了瑞典风电机组的故障情况，并得出了一系列结论：电气系统、叶轮和变桨系统是发生故障次数最多的子系统；齿轮箱、控制系统、液压和电气系统故障是造成停机时间最长的几个子系统[11]，如图 1-4 所示。丹麦奥尔堡大学的学者 Cristian B. 研究了欧洲主流风电机组的运行维护数据，给出了机组各子系统的故障率统计量和平均故障时间统计量，其中控制系统故障率最高，由此引起的机组停机时间也较长，另外发电机、叶轮系统故障发生率也不容小觑[12]。

根据国际电工委员会 IEC 制定的风力发电的相关标准 IEC61400，风力机的设计寿命至少是 20 年[13]，然而实际中很多风机达不到这个要求。风力机运行几年之后，很多部件开始出现不同程度的故障，从而造成机组不能正常运转。如果能够在更早期发现这些部件的问题并及时维护或维修，很多重大故障或许可以避免。综上所述，风电机组的故障监测和诊断对机组的安全稳定运行具有重大意义，通过及时的检测、维护或维修能够提高机组使用寿命，减少停机时间，降低风力发电成本，促使风电产业真正成为绿色能源的中流砥柱。

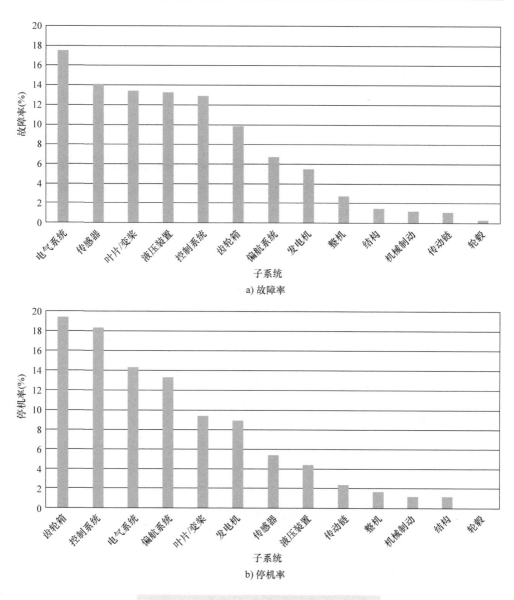

图 1-4 瑞典风电机组部件故障率和停机率

1.2 风力发电系统

1.2.1 典型机组结构

　　风力发电就是将自然界的风能通过风力机、发电机及相应的控制系统依次转变为机械能、电能的过程。风力机是把风的动能转换为机械能的机械设备，通常其与发电机及各自控制系统，结合必要的建筑支撑设施一起组成风力发电系统。风力机一般包括叶轮、偏航装置、变桨装置、传动装置等。

目前在风电场广泛安装使用的机型主要包括双馈风力发电系统、直驱或半直驱永磁风力发电系统，其拓扑结构如图1-5所示。双馈风力发电机叶轮通过多级齿轮箱升速，用于风电的双馈感应发电机（Doubly – Fed Induction Generator，DFIG）采用绕线转子异步发电机，其转子和定子都接三相对称绕组，定子直接通过变压器并网，转子侧接电力电子变流器并对转子交流励磁，电功率可以通过定、转子双通道与电网实现交换，一般可在同步速上下的30%范围内运行[3]。直驱式永磁风电机组，叶轮与永磁同步发电机（Permanent Magnet Synchronous Generator，PMSG）直接连接，省去了齿轮箱等传动系统，具有结构简单、故障率低等优点。半直驱永磁风力发电系统，在叶轮和发电机之间设有传动比较小的齿轮箱。

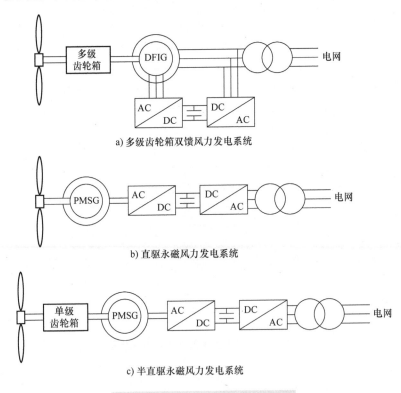

a) 多级齿轮箱双馈风力发电系统

b) 直驱永磁风力发电系统

c) 半直驱永磁风力发电系统

图 1-5　风力发电系统拓扑结构

风力发电机组（风电机组）电力电子变流器常采用背靠背形式的三相两电平型脉宽调制（Pulse – Width Modulation，PWM）变流器或其改进的串并联结构，按照所连接发电机位置的不同，分别包括机侧变流器（Rotor Side Converter，RSC）和网侧变流器（Grid Side Converter, GSC），亦称机侧变换器和网侧变换器。

图1-6所示为典型双馈风力发电系统主要结构的示意图。双馈风力发电系统主要包括叶轮（叶片和轮毂）、主轴及主轴承、齿轮箱、制动器、联轴器、双馈发电机、变桨装置（变桨轴承、变桨驱动和变桨控制）、偏航装置（偏航轴承和偏航驱动等）、机架、导流罩、机舱罩、控制柜、塔筒和基础等。图1-7所示为典型永磁风力发电系统主要结构示意图。永磁风力发电系统与上述双馈风力发电系统的主要区别是采用永磁发电机代替双馈发电机，永磁直驱风力发电系统没有齿轮箱，轮毂与永磁发电机直连。海上风电机组多采用永磁风力发电系统。

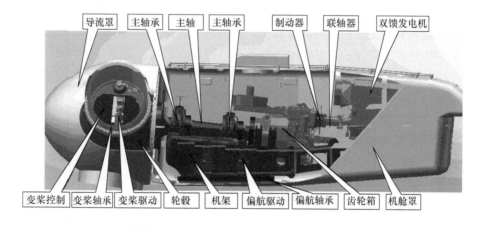

图1-6 典型双馈风力发电系统主要结构

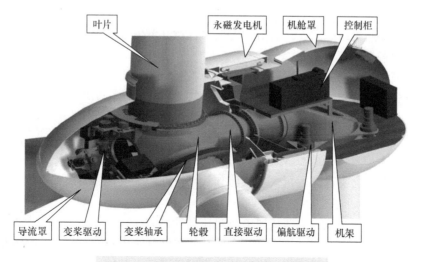

图1-7 典型永磁风力发电系统主要结构

1.2.2 叶轮

叶轮是风电机组吸收和转化风能的最重要部分。叶轮也称风轮,对于现在主流的三叶片风机,叶轮通常包含三个叶片,以及将三个叶片连接起来一起旋转的轮毂。叶片是整个风力发电机组中价格较昂贵的部件,对于陆上风机,其成本约占整个机组的23.3%[14]。叶轮是机组中重要的能量转换装置,但由于其形状特征,亦成为较易受损的部件。如果叶轮发生损坏,经济损失一般是不可估量的[14,15]。

随着风电机组不断向大型化方向发展,风剪切和塔影效应等因素对风机的影响也越发显著[12],实际风速在整个叶轮扫略面上处处不同,并且受叶轮直径、塔筒外径等机组几何参数,以及风场地形、植被等地理环境的影响变化很大。风速的变化使叶轮频繁受到交变短暂的冲击载荷,并沿传动链传递到各个部件。叶轮故障成因较多,叶轮发生故障后,对传动链上各部件的冲击影响将加重,影响各部件使用寿命。在叶轮的各种故障中,叶轮不平衡故障占据较大比例[16]。叶轮的不平衡故障主要包括叶轮质量不平衡故障和叶轮气动不对称故障。

(1) 叶轮质量不平衡

在理想正常情况下,三个叶片的质量相等,三叶片的重心对称,在风力机主轴处不会产生偏心转矩,此时叶轮质量是平衡的。但是由于实际叶片加工制造误差、材质不均匀等原因,会使得叶片质量不同。另外,风电机组一般位于距地面几十米甚至上百米的高空,地处户外或海上,自然环境恶劣,由于磨损、潮湿腐蚀等情况会造成表面材质的破坏,日积月累叶片质量和重心发生改变,并在风力机主轴处产生不平衡转矩,造成叶轮质量不平衡。除此之外,叶片由于承受交变载荷很容易产生疲劳裂纹,伴随着灰尘、杂物或雨水等物质的进入导致裂纹加剧,也会引起叶轮质量的不平衡[16-18]。叶轮质量不平衡故障的常见成因如图1-8所示,叶轮质量不平衡不仅会引起机组振动,还会对发电机运行特性产生影响。

(2) 叶轮气动不对称

在保证加工精度,以及正确安装且没有控制误差时,三个叶片的桨距角一致,均能捕获到最大风能,并且三个叶片所受的气动力和气动转矩均相等,叶轮气动对称。而风电机组的叶轮气动不对称实际是指三个叶片的气动转矩分布不均匀,其原因可能是由于安装或制造误差造成某个叶片的桨距角与其他叶片的不同,或者由于叶片表面覆冰、灰尘杂物长期堆积等原因使得表面变得粗糙,改变了翼型[16-18]。叶轮气动不对称会引起风力机气动载荷和气动特性的改变,影响发电效率,甚至导致翼型失速。

叶轮质量不平衡故障是造成风电机组传动部件磨损、损坏的一个主要原因。叶轮质量分布不均匀以及气动不对称都会使叶轮主轴旋转中心发生变化,从而引起风力机组轴系的振动,并进一步加剧叶片和机组传动链上其他部件的疲劳、破坏,严重时需要停机进行叶轮平衡维护。如果故障没能及时被发现与排除,机组长期

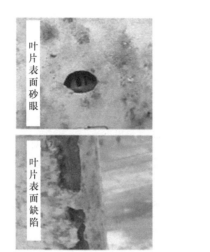

图1-8 叶轮质量不平衡故障成因

"带病作业"，可能导致叶片承受更大的疲劳应力，缩短疲劳寿命，影响发电效率，甚至会发生叶片断裂事故，给机组造成灾难性的损失[14,16]。

风力发电技术在国外兴起较早，因此相应的故障监测和诊断技术研究也较多。对于叶轮易发生的故障，也进行了系列的研究，按照叶轮故障种类的不同包括：叶轮质量不平衡故障研究、叶片遭雷击等突发故障研究，以及叶片疲劳损伤监测研究等。按照叶轮故障监测和诊断方式的不同又可分为：利用机舱的振动信号进行故障提取和监测、利用发电机输出功率进行监测、利用光纤布拉格光栅（Fibre Optic Bragg Grating，FBG）传感器进行应变或温度监测、光学相干断层扫描（Optical Coherence Tomography，OCT）监测以及声学监测等[16-18]。

丹麦的 RisØ 国家实验室是较早对叶轮气动特性展开研究的，早在1993年便进行了叶轮载荷特性和气动力学特性分析和实验研究[19]。后来德国 ISET（Institute for Solar Energy Supply Technology）针对叶轮不平衡故障展开了系列研究，包括诊断机制、相关算法以及在线的故障监测系统。以 Caselitz P. 和 Giebhardt J. 为代表的研究人员，分析了叶轮不平衡故障时机舱的振动特点，并指出可通过监测机舱振动信号来诊断叶轮不平衡故障，特征频率为叶轮一倍转频[20]。Ronny R. 和 Jenny N. 等分析了叶轮质量不平衡和气动不对称与机舱振动的关系，尝试利用非线性规划理论从机舱的振动数据中逆向推算不平衡质量块大小以及造成气动不对称的桨距角偏差[21,22]，实现了根据振动信号重构叶轮质量不平衡和气动不对称程度的途径，对及时排除故障有重要意义。

虽然基于振动的监测理论比较成熟，但是考虑到风电机组的机舱本身振动就比较复杂，因此振动监测的准确度不高，而且额外的安装加速度传感器成本也较高。

而利用发电机端的电气参量来进行风电机组的故障诊断是一种比较成熟可靠的技术。因此 Caselitz P. 和 Giebhargt J. [20] 研究分析了叶轮质量不平衡和气动不对称故障情况下发电机输出功率的频谱特性，两种故障时在功率的频谱中都能发现在叶轮的一倍转频处存在峰值，但不易区分。Jeffries W. Q. 等人[23] 也分析了叶轮不平衡故障时发电机功率的特点，针对快速傅里叶变换（Fast Fourier Transform，FFT）和功率谱密度（Power Spectral Density，PSD）的缺陷，提出对功率进行双相干和归一化双谱分析，效果较明显。Tsai C. S. [24] 则利用小波变换的方法对功率进行分析，提取叶轮不平衡故障时电功率的故障特征频率。Derek J. G. 和 Xiang G. 等人[25-27] 同样也针对叶轮不平衡故障展开了系列研究。文献［25，26］建立了直驱风电机组模型，分析了叶轮质量不平衡和叶轮气动不对称情况下机组输出功率的变化特点，通过对功率进行 PSD 分析，提取了故障特征频率——叶轮的一倍转频。文献［27］在文献［26］的基础上进行了实验研究，并分析了发电机定子电流与轴转频的关系，提出了一种可以根据定子电流间接提取随机风速下故障特征频率的方法，也即平均风速所对应的叶轮一倍转频，并用来诊断叶轮的不平衡故障。

在其他方面，Wernicke J. 等人[28] 使用 FBG 传感器分析叶片的微弱变形，对其进行实时的变形监测。Dunkers J. P. [29] 指出，采用光学相干断层扫描，就像是对叶片做超声波诊断，可以探及叶片内部的裂纹与缺陷。Dutton A. G. [30] 等详细分析了利用声发射技术对叶片进行状态监测的方法，并在实验室进行了实验研究。之后 Aegis 公司生产了专用于风电机组叶片疲劳监测的声发射系统，并已投入实际风场。Sorensen B. F. 等[31] 提出一种惯性感测（Inertial Sensing）的方法，采用惯性传感器采集叶片的线性加速度或者角速度，分析叶轮故障后所造成的模态改变。对于叶片最重要的雷击故障，Kramer S. G. M. 等人采用光纤传感器网络采集叶片表面的应变信号，分析叶片的变形，并用以确定叶片被雷击损害的位置，取得了较理想的效果[32]。

国内有不少工作者研究了叶片疲劳载荷以及疲劳损伤等相关问题，探讨了 Miner 线性累积损伤理论、利用 S－N 曲线和雨流计数法等工具计算循环寿命和疲劳载荷[33,34]，对于叶片的疲劳损伤识别做出了有益的尝试。

针对风电机组叶轮质量不平衡问题，清华大学的蒋东翔等人在模拟实验平台上采集了机组振动信号并对其进行频谱分析，在不平衡故障下机舱水平方向的振动增大，振动特征频率为叶轮的一倍转频[35]。华中科技大学的杨涛等人搭建了叶轮不平衡故障的仿真平台，分析了叶轮质量不平衡故障时机组振动特性和输出功率特性[36]，研究结果与前述基本一致。杭俊等人[37] 分析了叶轮质量不平衡情况下，直驱风电机组定子电流的特点，并对定子电流进行 Park 变换后求模平方的办法来提取故障特征频率，但由于 Park 变换而引入了平方算子，故障频率增加了干扰项——叶轮二倍转频。李辉等[38] 研究了质量不平衡时 DFIG 定子电流的变化特点，并提出一种基于导数分析的定子单相电流故障特征分析方法。文献［39］研究了一种不用拆卸叶片测定叶片之间力矩不平衡的方法，实质也是测定叶片的质量不平衡程度，该方法采用测力计对不平衡度进行测量，在质量偏差较大时有一定效果。

目前针对叶轮气动不对称故障，也主要从两方面展开研究。第一个是分析气动不对称故障与机组振动特性之间的关系；其次是研究气动不对称故障与机组输出功率的关系，并用来进行故障诊断。在文献［35］中蒋东翔等也分析了气动不对称与机组振动特性之间的关系。Zhao M. H. 等[40]分析了叶片覆冰对风电机组的影响，首先覆冰改变了叶片的翼型，进而改变了升力系数和阻力系数，使风力机气动特性发生变化，从而电功率也受到影响。冯永新等[41]分析了叶轮气动不对称情况下，塔筒的振动对叶轮气动力和机组输出功率的影响，将振动和功率结合起来分析，并对笼型（鼠笼式）定速风电机组进行了仿真验证。文献［42］的专利研究出了一套风电机组叶片气动不对称的检测装置，当叶片处于垂直朝下的方位时，利用成像装置记录叶片的图像，并与安装初期的叶片成像进行对比，以判断叶片是否存在桨距角偏差等气动不对称问题。

1.2.3　风力发电机

1. 两种典型风力发电机

发电机是风电系统中的重要组成部分，如前文所述，现在典型的风力发电机有DFIG 和 PMSG 两种。

DFIG（本书简称双馈发电机）一般由绕线转子异步发电机在转子电路上带交流励磁器组成，同步转速以下，转子励磁输入功率，定子侧输出功率；同步转速之上，转子和定子均输出功率，所以称为双馈运行。风力机使用的双馈异步发电机的运行方式为变速恒频，变速是为了适应风速的变化，恒频是为了满足并网的需求，必须要通过变流装置与电网频率保持同步才能并网。变桨距变速恒频双馈异步发电机是大型风电机组的主流机型，虽然其噪声和故障率高、传动效率稍低、成本较高，但其技术比较成熟，应用较为广泛。

双馈发电机定子绕组直接接入电网，转子绕组由变流器（变换器）供给三相低频励磁电流。当转子绕组通过三相低频电流时，在转子中形成一个低速旋转磁场，这个磁场的旋转速度与转子的机械转速相叠加，使其等于定子的同步转速。从而在发电机定子绕组中感应出相应于同步转速的工频电压。

当风速变化时，发电机转子转速随之而变化。在变化的同时，相应改变转子电流的频率和旋转磁场的速度，以补偿电机转速的变化，保持输出频率恒定不变。双馈发电机系统由于电力电子变换装置容量较小，通常为 20% ~30% ，很适合用于大型变速恒频风电系统。

如图 1-9 所示，转子绕组外接转差频率变流器实现交流励磁。当发电机转子机械频率 f_Ω 变化时，控制励磁电流频率 f_2 来保证定子输出频率 f_1 恒定，即

$$f_1 = n_p f_\Omega + f_2$$

式中，n_p 为发电机极对数。

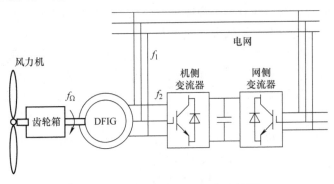

图 1-9 双馈发电机组工作原理

PMSG（本书简称永磁发电机）采用同步发电机的工作原理，采用多极构造，有多极内转子结构与多极外转子结构等。永磁体通常固定在转子上，在叶轮的带动下发电机转子旋转，恒定磁场也随之旋转，定子的线圈被磁场磁力线切割产生感应电动势，发电机就发出电来。由于定子磁场是由转子引起，且它们之间总是保持一先一后并且等速的同步关系，所以称同步发电机。

海上及高山风场由于维修保养难度大，特别适宜故障率低的直驱型永磁风电机组。目前低速直驱型永磁发电机的体积大、质量大、价格高，但市场占有率正大幅上升，很有发展前景。尤其是现在海上风电发展迅猛，永磁风力发电机是海上风电大型化发展进程中的重要机型。永磁风力发电机组的特点主要包括[43,44]：

1）结构简单，取消了齿轮箱（直驱）或采用小传动比齿轮箱（半直驱）；

2）可靠性相对高；

3）永磁发电机不用外接励磁装置；

4）发电机通常功率大、效率高；

5）低速多磁极永磁发电机采用全功率变流器将频率变化的电压送入电网。

变流器是风电机组实现变速恒频的重要部件。交－直－交变流器是一种变频器设备，多采用两个 PWM 逆变电路背靠背组成，称为双向 PWM 逆变电路或双向变流器。接向电机集电环端的逆变电路称为机侧变流器，接向电网方的逆变电路称为网侧变流器。在双向变流器一侧输入交流电在另一侧可转换出不同频率、不同电压、不同相位的交流电；反方向也是一样。

大功率交－直－交变流器的价格比较昂贵，在双馈风电机组中的交－直－交变流器仅向转子绕组提供励磁电源，功率为发电机的 20% ~30% 已够用，而永磁风电机组则需要全功率变流器。但随着电力电子技术发展，电子元器件和变流器的价格也在不断下降。

2. 风力发电机故障

风力发电机常见故障主要包括电气故障（绕组故障）、机械故障（气隙偏心和轴承故障等）。其中发电机的绕组故障主要包括匝间短路故障、相间短路以及对地短路和三相不对称等，且永磁发电机还有一种常见的退磁故障。

双馈发电机定子绕组故障方面，根据文献［45］的故障统计数据，定子故障在风力发电机组故障中占有十分重要的地位。Stefani 等[46,47]基于转子调制信号的频率分析对定子绕组不对称故障进行了研究。戴志军[48]采用改进的希尔伯特 – 黄变换方法对定子电流进行分析，使故障特征更加明显。Williamson 等人[49]推导了在绕组不对称的各种条件下 DFIG 稳态定子线电流中谐波分量频率的简单表达式。这些研究有助于了解定子绕组不对称故障的特点，但是它们没有考虑实际风速变化的影响。Gritli 等[50]虽然在时变条件下利用小波分析研究了定子绕组故障，但没有考虑风切变和塔影。对于 DFIG 定子绕组匝间短路故障，文献［51］通过定子电流特征分析来进行诊断，但效果不太理想。文献［52］研究了基于转子电流和探测线圈电压的故障分析方法。匝间短路故障后定子绕组中会感应出负序电流，因此文献［53 – 54］利用负序电流对故障进行检测；文献［55］研究了故障时磁密云图的波形以及频谱图中高次谐波分量特征；文献［56］分析了故障时任意两相间相位差的变化特点。

双馈发电机转子绕组故障方面，Tavner[57]回顾了 IEEE 和 IEEE /IET 在过去 20 年里发表的关于感应机故障统计的 80 篇研究论文，根据该报道，44% 的发电机故障与转子有关。以往的研究主要集中在以下几个方面：故障诊断指标及其特征（故障特征）、故障仿真方法和信号处理方法。首先，很多研究中提出以非侵入的方式使用电流和功率作为通用的故障检测工具[58,59]，特别是定子电流使用较为广泛[60-64]，包括转子绕组故障下定子电流的解析公式研究，以及在试验台上的仿真和实验研究。转子绕组故障在实验中一般是通过将一个附加电阻与转子一相绕组串联来进行模拟[61-64]。除了电流和功率外，还有一种故障指标——转子电压，这是针对风力发电机专门提出的用于发电机故障诊断的指标[65-67]。此外，Gritli 等人[50,65]研究了基于转子电压指令小波分析和一种新的基于诊断空间向量的时变条件下转子绕组故障检测。为了提取或者突出故障特征，许多信号处理方法被用来处理电流或电压，包括 Hilbert – Huang 变换[49,68]、扩展卡尔曼滤波器[69]、样条核小波变换[70]和神经网络[68,71]。

转子绕组匝间短路的研究相对较少，主要在于双馈发电机转差率导致转子匝间短路相较于定子匝间短路所产生的故障特征薄弱，另外运行时转子绕组的高速旋转使得故障信息采集难度较大。文献［72］对短路所产生的负序电流进行了分析。文献［73］利用探测线圈对电机转子匝间短路槽进行定位。文献［74］提出了以双侧磁链观测差为特征量的海上双馈发电机转子绕组匝间短路早期故障的辨识方法。

气隙偏心是发电机定子与转子间气隙空间分布不均匀的一种现象。几乎所有的电机都或多或少存在这种现象。导致气隙偏心的原因有很多，例如轴承磨损、制造和安装误差、不均匀热膨胀、转轴弯曲、负载过大等因素，大约有 90% 的机械故障都会导致气隙偏心。随着气隙偏心程度的加剧，电机会出现明显振动、噪声加大，轴承老化严重，甚至出现定转子相擦的现象。文献 [75 - 76] 发现磁通受偏心故障会发生变化，但难以检测，于是对电压进行小波变换和滤波处理，再进行分析，用信号中的转速频率判定动偏心，两倍电源频率判断静偏心。也有学者通过理论分析计算气隙磁场的变化，分析磁场特性，建立瞬态电磁场与多回路耦合的数学模型来寻找偏心故障的电气特性[77,78]。文献 [79] 通过 MATLAB/Simulink 对磁链方程解耦并动态仿真，利用电感的恒定分量变化来检测偏心故障。文献 [80] 通过建立时序电路模型来计算偏心量，并利用 MATLAB/Simplorer 进行电路联合仿真验证。文献 [81] 总结了双馈发电机气隙偏心的研究现状，并给出了偏心故障的特征频率。

永磁发电机定子绕组故障方面，大多采用基于信号处理的方法进行故障诊断，信号包括振动信号[82]、定子电流信号[83]、探测线圈[84]、零序电压[85]、负序阻抗[86]和负序电流/电压[86,87]等。文献 [88] 提取同步旋转坐标系下参考电压矢量二次谐波分量实现匝间短路故障诊断。文献 [89] 基于电机的模型预测控制策略，根据价值函数中的谐波分量进行故障诊断。基于信号处理的方法易于实现故障检测，但定子电流、电压等易受到转速和负载等因素影响，故障检测鲁棒性受到制约。不少学者研究了基于解析模型的方法，通过对电流或电压残差量进行处理进而实现故障诊断[90,91]。

针对**永磁发电机气隙偏心故障**的诊断，文献 [92] 利用霍尔效应场传感器测量因转子磁场不对称而引起的电机内部磁通量的变化，诊断动态混合偏心故障。文献 [93] 通过分析 d、q 轴的电感来诊断其偏心故障。文献 [94 - 96] 研究了永磁同步电机偏心故障时电机的径向电磁力波幅值及振动特征来诊断电机的偏心故障。文献 [97, 98] 研究了基于定子电流频域分析的偏心故障诊断。

在发电机**轴承故障**诊断方面，文献 [99] 提出一种幅值和相位解调方法用于诊断风速变化较小情况下的风力发电机的轴承故障。文献 [100] 采用变分模态分解结合 Teager 能量算子用于风机轴承故障诊断。文献 [101 - 103] 分别采用经验小波变换、尺度滤波谱和 HHT 时频变换的信息熵来诊断风机轴承故障。文献 [104] 提出了基于 AR - Hankel 模型的永磁风力发电机轴承早期故障诊断方法。文献 [105] 研究了噪声干扰和变转速工况下，结合振动和电流信号分析永磁发电机轴承故障的方法。

自深度学习理论被提出以后，深度学习在学术界和工业界发展迅猛。目前较为公认的深度学习模型有深度置信网络、自编码网络、卷积神经网络和循环神经网络。文献 [106，107] 主要研究了基于深度置信网络的电机故障识别方法。文献

[108，109] 基于卷积神经网络研究了发电机轴承故障和发电机复合故障。在自编码网络方面，有学者研究了基于稀疏自编码[110,111] 的电机故障监测方法。文献 [112，113] 则主要研究了基于循环神经网络的电机故障诊断方法。基于深度学习理论的风力发电机故障的研究中，大多集中在发电机轴承故障方面，针对发电机其他故障的诊断研究相对较少。

1.2.4 机组相关控制策略

为了捕获最大风能，提高风能利用率，同时也为了提高机组的安全运行，通常要对风电机组实行分段（区域）控制。当风电机组运行在额定转速以下，要实行最大风能追踪控制策略，使机组保持最佳风能利用系数，捕获最大风能；达到额定风速之后，系统实行恒转速控制，以免转子飞车；达到额定功率后，开始实行恒功率控制，防止机组过功率损坏。无论哪一个控制阶段都离不开机侧变流器和网侧变流器的协调控制。下面仅就本书中涉及的最大风能追踪控制和电力电子变流器控制策略做简要综述。

1. 最大风能追踪控制

最大风能追踪（Max Power Point Tracking，MPPT，最大功率点跟踪）控制是指风电机组并网并且运行在额定转速以下时，为了最大程度地捕获风能，需要保持风力机的风能利用系数始终为最大值，而风力机桨距角不变，从而保持最佳叶尖速比，实现变速恒频运行。MPPT 控制一般包含几种不同的方法：最佳叶尖速比法、最佳功率 – 转速曲线法以及爬山法[114]，另外也有少量的其他算法，如同步扰动随机逼近算法和模糊控制算法[115] 等。

最佳叶尖速比法多用于定桨距风力机，对某一确定机型的风力机，其最佳叶尖速比已知，在叶轮桨距角不变的情况下，根据检测到的风速和叶尖速比公式，可求得相应风速下的最优转速[116,117]。最佳叶尖速比法 MPPT 通常和发电机基于转速的矢量控制模式相结合，该方法以发电机的转速为直接控制目标，将计算得到的最佳转速作为转速参考值进行转速的闭环控制，最终使风力机运行于最佳转速上，从而间接的控制风力机运行在最佳叶尖速比上，并获得最大的风能。

最佳功率 – 转速曲线法 MPPT 由于不需要测量风速，技术成熟，在风电机组控制系统中得到广泛的应用。该方法借助风力机最佳功率 – 转速曲线，根据检测到的发电机转速，查表或者由功率 – 转速公式计算得出最佳功率，然后通过发电机的功率控制间接地调节转速，保持最佳叶尖速比不变以及风能利用系数始终为最大值。最佳功率 – 转速曲线法是目前比较成熟的 MPPT 控制技术[118]。

爬山法 MPPT 实时检测发电机输出功率和转速，根据功率的变化和相应的步长自动调节机组的转速，实现最大风能的追踪。由于爬山法没有检测风速的环节，也得到了一定程度的使用。爬山法可采用固定步长或变步长方式。传统的变步长爬山法由于采用固定的转速扰动会导致机组转速波动较大，当风速大幅度变化时也很难快速追踪最优转速，不能及时追踪最大风能[119]。

2. 发电机控制策略

在目前的风力发电系统中，变流器控制常用的是矢量控制（Vector Control，VC）、直接功率控制（Direct Power Control，DPC）或者直接转矩控制（Direct Torque Control，DTC）等控制策略[3,120-121]。

矢量控制因具有开关频率固定、输出电流正弦度好、谐波含量低及高电压利用率而被广泛应用。虽然矢量控制性能很大程度上依赖于电机参数和 PI 参数的优化程度，但由于其调节技术成熟、稳态性能好、鲁棒性较强，因此目前像 Vestas、GE 和 Gamesa 等主流风电厂商均采用矢量控制策略[3]。

以双馈发电机为例，矢量控制根据定向方式的不同又可分为电压定向和磁链定向[122]。机侧变流器（RSC）常采用定子电压定向（Stator Voltage Oriented，SVO）的矢量控制（SVO - VC）和定子磁链定向（Stator Flux Oriented，SFO）的矢量控制（SFO - VC）。采用 SFO - VC 时，需要估算定子磁链，使系统变得复杂。因此 RSC 常采用 SVO - VC 策略。DFIG 的网侧变流器则常采用电网电压定向矢量控制（Grid Voltage Orientation，GVO - VC）和虚拟电网磁链定向（Virtual Grid Flux Oriented，VGFO）矢量控制（VGFO - VC）。

对于双馈发电机的 RSC 来说，其矢量控制的方法主要是利用坐标变换的原理把三相交流量变为两项直流量，并将双馈发电机定子磁链或者定子电压定向到以同步速旋转的 dq 坐标系的 d 轴上，然后进一步求解出同步速下双馈发电机功率与转子 d、q 轴电流的关系，实现有功功率和无功功率的解耦控制，在一定程度上简化了控制系统的模型。双馈发电机的 RSC 矢量控制系统一般采用双闭环的结构，外环可以为有功功率与无功功率，或者是转速和无功功率，也即所谓的功率控制模式和转速控制模式。内环一般则都为转子 d、q 轴电流控制环，并且为了解决转子 d、q 电流之间的耦合以及反电动势的影响等问题，需要在电流控制环增加前馈补偿项和解耦项[122]。

对于双馈发电机网侧变流器（GSC）矢量控制，以 GVO - VC 为例，一般是将电网电压定向到同步旋转的 dq 坐标系的 d 轴上，实现网侧变流器交流侧功率的解耦控制，也即通过控制网侧变流器 d 轴电流分量实现对电网与网侧变流器之间有功功率和直流母线电压的控制；控制网侧变流器 q 轴电流分量，可实现电网与网侧变流器功率因数的调节。因此对于 GVO - VC 系统，外环一般采用直流母线电压控制，内环则为双闭环电流控制。

1.3　本章小结

分析了风力发电产业近年来的发展状况，分别阐述了双馈风电机组和永磁风电机组的拓扑结构和组成，并对叶轮及发电机故障类型、研究现状以及机组相关控制进行了分析。

Chapter 2
第2章

双馈风力发电系统建模 ◄◄◄ 设计及仿真

2.1 引言

现代大型风电机组系统庞大，结构复杂，各组成部件之间相互耦合相互影响，再加之机组长期承受恶劣的环境，机组的动态特性较为复杂。因此对于大型风电机组仿真而言，建立一个包含机组各组成系统的完善的模型具有重要意义。目前一些专业的电气系统仿真软件，如 MATLAB、PSCAD 等，都自带有风电机组仿真模型。但是这些模型大都简化了机组的前端空气动力以及结构动力学模型，一般采用简单的风速－机械转矩（功率）模型来模拟发电机前端的结构，而像叶片空气动力学中经典的动量－叶素（Blade Element Momentum，BEM）理论、叶轮－机舱－塔筒的结构及相互作用对机组的影响等，一般很少考虑。因此，不能利用这些模型对机组的动态载荷及特性等问题进行详细分析。另外也有不少研究者利用 FAST 等软件，对机组空气动力学及动态载荷等进行了分析和研究，但是这些软件又缺乏对发电机详细模型和发电机内部具体结构的考虑，因此对研究发电机的机电特性较为不利[123]。对此，本章充分考虑机组各个组成部分之间的联系与耦合，在机组前端机械部分建立考虑动量－叶素理论的空气动力学模型，并建立适合模拟叶轮故障仿真的机械动力学模型，然后建立包含双馈发电机暂态数学模型和矢量控制策略的双馈风力发电机及其控制模型，可为后续的分析研究打下基础。

2.2 风力机空气动力学模型

2.2.1 风力机空气动力学理论

根据风力机空气动力学理论，当自然界的来流风速通过面积为 S_w 的叶轮旋转面时，风力机可以捕获的风能功率 P_v 为[14]：

$$P_v = \frac{1}{2}\rho S_w v_\infty^3 = \frac{1}{2}\rho\pi R^2 v_\infty^3 \tag{2-1}$$

式中，ρ 为空气密度；R 为风力机叶轮旋转面半径；v_∞ 为进入叶轮之前的来流风速。

考虑到风能损耗等原因，叶轮旋转面上的风能并不能全部转换为机械功率 P_{wind} 输出到主轴上，因此用风能利用系数 $C_P(\beta,\lambda)$ 来表征风能的转化效率：

$$C_P(\beta,\lambda) = \frac{P_{wind}}{P_v} \tag{2-2}$$

叶轮输出到主轴上的机械功率可表示为

$$P_{wind} = C_P(\beta,\lambda)P_v = \frac{1}{2}C_P(\beta,\lambda)\rho\pi R^2 v_\infty^3 \tag{2-3}$$

式中，$C_P(\beta,\lambda)$ 为风能利用系数；β 为桨距角；λ 为叶尖速比。

风能利用系数 $C_P(\beta,\lambda)$ 与叶轮转速、桨距角、叶轮半径和风速等参数有关，它能够代表风能利用效率的大小。

叶尖速比是风力机空气动力学中另一个重要的参数，定义为风力机叶尖线速度与风速的比值并可表示为

$$\lambda = \frac{\omega_w R}{v} = \frac{\pi R n_w}{30v} \tag{2-4}$$

式中，ω_w 为叶轮旋转角速度；n_w 为叶轮转速。

在固定风速 v 下，$C_P(\beta,\lambda)$ 是桨距角 β 和叶尖速比 λ 的函数。风力机一般包括定桨距风力机和变桨距风力机。变桨距风力机 $C_P(\beta,\lambda)$ 特性曲线是由多条风能利用系数曲线组成，如图 2-1a 所示。由该图可知，叶轮桨距角对风能利用系数的影响较大。基本规律是：风速增加时增大桨距角 β 来减小风力机捕获的风能；反之可以通过减小叶轮的桨距角 β 来增大风能利用系数，提高机组的功率输出。

定桨距风力机的 $C_P(\lambda)$ 曲线如图 2-1b 所示，变桨距风力机当桨距角固定时，$C_P(\lambda)$ 曲线与图 2-1b 类似。

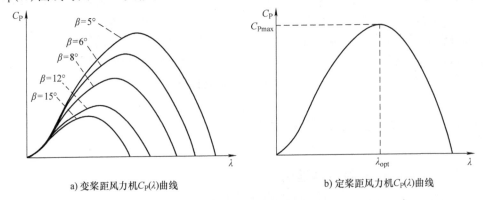

a) 变桨距风力机 $C_P(\lambda)$ 曲线　　　　　　b) 定桨距风力机 $C_P(\lambda)$ 曲线

图 2-1　风力机 $C_P(\lambda)$ 特性曲线

由图 2-1b 可知，对于定桨距风力机，存在一个唯一的叶尖速比 λ_{opt} 使得风能利用系数为最大值 C_{Pmax}；对于变桨距风力机也存在唯一的桨距角 β（一般为 0）、叶尖速比 λ_{opt} 使得风能利用系数为最大值 C_{Pmax}，该叶尖速比称作最佳叶尖速比，风力机运行在最佳叶尖速比时可以捕获最大风能。当 λ 大于或小于 λ_{opt} 时，均会引起风能利用系数的下降，使得机组风能利用效率降低。

2.2.2　叶片气动力学

1. 叶素理论

根据叶素理论的假设，可将叶片分割成 n 等分，如图 2-2 所示。并假设每一个叶素所代表的翼型一致，分别计算各叶素上的气动载荷，然后获得总的气动载荷。相比较于从整根叶片上计算气动载荷，叶素理论可以提供更为简便、准确的分析方法和手段[14]。

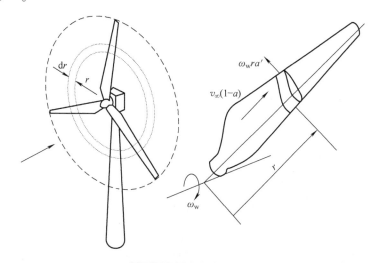

图 2-2　叶素示意图

对于任一水平轴风力机，假设轴向诱导因子为 a，周向诱导因子为 a'，则距离轮毂 r 处风速的相对值 v_a 为 $v_a = v_\infty(1-a)$。

考虑诱导因子之后，距离轮毂 r 处叶素上的相对转速 v_b 可表示为 $v_b = \omega_w r(1+a')$。其中 ω_w 为叶轮绝对旋转角速度。

根据图 2-3 以及速度的合成原理，距离轮毂 r 处的翼型上所受到的相对和速度 W 为

$$W = \sqrt{v_\infty^2 (1-a)^2 + (\omega_w r)^2 (1+a')^2} \tag{2-5}$$

图 2-3 中，c 为弦长；β 为叶素翼型局部桨距角；ϕ 为叶轮旋转平面投影与来流风速相对速度 W 的夹角，即入流角，并可表示为

$$\tan\phi = \frac{v_\infty(1-a)}{\omega_w r(1+a')} \tag{2-6}$$

叶素翼型的局部攻角为 α，即

$$\alpha = \phi - \beta \tag{2-7}$$

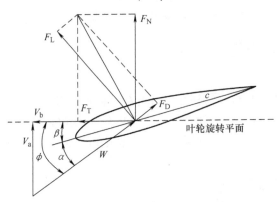

图 2-3 作用在叶素翼型上的速度和力

风能作用在叶轮上之后其动能主要转换为推动叶轮旋转的升力以及消耗风能的阻力。假设翼型升力系数为 C_L，阻力系数为 C_D，则作用在叶素上的升力 F_L 和阻力 F_D 可以表示为

$$F_L = \frac{1}{2}\rho c W^2 C_L \tag{2-8}$$

$$F_D = \frac{1}{2}\rho c W^2 C_D \tag{2-9}$$

将单位长度升力 F_L 和阻力 F_D 继续进行投影分解，以获取气动力以及气动转矩和弯矩。叶素气动力包括气动推力 F_N 和气动牵引力 F_T（也分别称作轴向气动力和切向气动力），其中 F_N 垂直于叶轮旋转平面；F_T 平行于叶轮旋转平面。具体分解的结果为

$$\begin{cases} F_N = F_L\cos\phi + F_D\sin\phi \\ F_T = F_L\sin\phi - F_D\cos\phi \end{cases} \tag{2-10}$$

2. 动量 – 叶素理论

根据动量 – 叶素理论，对于叶片数为 B 的风力机，根据通过叶素扫掠环中的气体动量变化情况可以计算叶素气动力，因此厚度为 dr 的控制体积上法向推力和扭矩为[14]

$$dF_N = B(F_L\cos\phi + F_D\sin\phi) = \frac{1}{2}B\rho c v_\infty^2(C_L\cos\phi + C_D\sin\phi)dr \tag{2-11}$$

$$dT = B(F_L\sin\phi - F_D\cos\phi)r = \frac{1}{2}B\rho c v_\infty^2(C_L\sin\phi - C_D\cos\phi)rdr \tag{2-12}$$

利用一维动量理论，作用在距离风力机轮毂 r 处 dr 微段上的轴向气动推力、气动弯矩、切向气动力、气动转矩和机械功率可分别表示为

$$\mathrm{d}F_{\mathrm{N}} = 4\pi\rho v_\infty^2 a'(1-a)r\mathrm{d}r \tag{2-13}$$

$$\mathrm{d}M = r\mathrm{d}F_{\mathrm{N}} \tag{2-14}$$

$$\mathrm{d}F_{\mathrm{T}} = 4\pi\rho\Omega v_\infty a'(1-a)r^2\mathrm{d}r \tag{2-15}$$

$$\mathrm{d}T = 4\pi\rho\Omega v_\infty a'(1-a)r^3\mathrm{d}r \tag{2-16}$$

$$\mathrm{d}P = \Omega\mathrm{d}T \tag{2-17}$$

动量－叶素理论是将动量和叶素理论进行整合并对比分析，从而可以间接获得诱导因子的公式：

$$\frac{a}{1-a} = \frac{Bc}{8\pi r} \cdot \frac{C_{\mathrm{n}}}{\sin^2\phi} \tag{2-18}$$

$$\frac{a'}{1+a'} = \frac{Bc}{8\pi r} \cdot \frac{C_{\mathrm{t}}}{\sin\phi\cos\phi} \tag{2-19}$$

式中，$C_{\mathrm{n}} = F_{\mathrm{N}}/0.5\rho W^2 c$；$C_{\mathrm{t}} = F_{\mathrm{T}}/0.5\rho W^2 c$。

轴向诱导因子 a 和周向诱导因子 a' 一般需要进行多次迭代进行求解，式（2-18）和式（2-19）是迭代计算时的基本公式，但一般需对上述两式进行修正。主要修正项目包括：普朗特（Prandtl）叶尖轮毂损失因子修正和格劳渥特（Glauert）推力系数修正。

3. 动量－叶素理论修正

（1）普朗特叶尖轮毂损失因子修正

普朗特损失因子修正了翼型气动分析中关于叶片长度无穷尽的假设，对于有限长度的风力机叶片尾流中旋涡系与无穷长度叶片尾流中旋涡系不同，通过添加修正因子 F（气动损失系数）来进行补偿，并可表达为 $F = F_{\mathrm{t}} \cdot F_{\mathrm{h}}$，其中 F_{t} 为叶尖损失系数；F_{h} 为轮毂损失系数。并分别定义为[14]：

$$F_{\mathrm{t}} = \frac{2}{\pi}\arccos\left[\exp\left(-\frac{B}{2} \cdot \frac{R-r}{r\sin\phi}\right)\right] \tag{2-20}$$

$$F_{\mathrm{h}} = \frac{2}{\pi}\arccos\left[\exp\left(-\frac{B}{2} \cdot \frac{r-R_{\mathrm{hub}}}{R_{\mathrm{hub}}\sin\phi}\right)\right] \tag{2-21}$$

计及普朗特叶尖轮毂损失因子修正系数后，式（2-18）和式（2-19）变为

$$\frac{a}{1-a} = \frac{Bc}{8\pi r} \cdot \frac{C_{\mathrm{n}}}{F\sin^2\phi} \tag{2-22}$$

$$\frac{a'}{1+a'} = \frac{Bc}{8\pi r} \cdot \frac{C_{\mathrm{t}}}{F\sin\phi\cos\phi} \tag{2-23}$$

（2）格劳渥特损失因子

当轴向诱导因子 $a > 0.4$ 时，一维动量理论不再合适，此时格劳渥特修正方案提出利用推力系数与轴向诱导因子的经验公式来拟合结果，即公式：$C_{\mathrm{T}} = 0.6 +$

$0.61a + 0.79a^2$。令 $4a(1-a) = 0.6 + 0.61a + 0.79a^2$，根据该式可求出轴向诱导因子的近似解为 $0.3539^{[14]}$。

当 $a > 0.3539$ 时，式（2-18）可修正为

$$\frac{a}{1-a} = \frac{Bc}{8\pi r} \cdot \frac{C_n}{F\sin^2\phi} \cdot \frac{4a(1-a)}{0.6 + 0.61a + 0.79a^2} \tag{2-24}$$

4. 气动载荷计算过程

1）将长度为 R 的叶片分割成 n 等份；

2）初始化每一个叶素上的轴向和周向诱导因子 a、a'，可以取 $a = a' = 0$；

3）按照式（2-6）和式（2-7）计算攻角和入流角；

4）从已知的升力系数 – 攻角关系表格和阻力系数 – 攻角关系表格数据中，读取升力系数和阻力系数；

5）计算普朗特叶尖轮毂损失因子修正、格劳渥特推力系数修正因子；

6）利用式（2-23）和式（2-24）计算轴向和周向诱导因子 a、a'，计算当前步骤中所得的诱导因子与上一步中所求结果的差值，如果不满足设定的误差则重新计算。

7）根据确定的轴向和周向诱导因子计算气动载荷。首先是局部载荷 dF_N、dF_T、dM、dT、dP；然后对所得到的局部载荷分别积分，可以求得总的气动力、弯矩、扭矩、功率及其他系数。

2.3　机械结构力学模型

2.3.1　机舱塔筒振动模型

1. 假设模态法

对连续系统进行离散化处理，根据已知的若干个模态函数，并将其进行线性叠加，从而可以近似地找出系统响应的方法，将其称为假设模态法。

将连续系统已知的若干个模态函数，按照下式进行线性叠加然后进一步分析系统的响应$^{[124,125]}$：

$$y(x,t) = \sum_{i=1}^{\infty} \varphi_i(x)q_i(t) \tag{2-25}$$

式中，$q_i(t)$ 为各阶模态幅值；$\varphi_i(x)$ 为各阶模态函数。

若取前 k 个有限项作为近似解，则有

$$y(x,t) = \sum_{i=1}^{k} \varphi_i(x)q_i(t) \tag{2-26}$$

为了便于分析，将风电机组的塔筒等效为一个悬臂梁，叶轮和机舱为位于悬臂梁顶端的集中质量块。为了求取机舱和叶轮的振动位移，需要先求解塔筒顶端的振

动位移。根据假设模态法，塔筒的振动位移等效为求解其变形，也即将其一系列的振动模态进行线性叠加。在该过程中，对每一阶模态进行了归一化处理，并取其前 k 个模态叠加。这样可以将塔筒的自由度从无限大减小为 k，k 为选取的假设模态数目。因此塔筒在任意时间、任意位置下的变形（振动位移）$u(z,t)$ 与广义坐标 $q_i(t)$ 的关系为[126]

$$u(z,t) = \sum_{i=1}^{k} \varphi_i(z) q_i(t) \qquad (2-27)$$

式中，$\varphi_i(z)$ 为塔筒的第 i 个模态函数，$i = 1, 2, \cdots, k$，它与塔筒沿 Z 方向的高度有关；z 为反映塔筒高度的变量，取值为 $0 \sim Z_0$，Z_0 为塔筒的总高度；$q_i(t)$ 可以取相应模态下的振动幅值，是与时间 t 有关的函数。

2. 塔筒动力学分析

由式（2-27）可知，风力机塔筒在任意时间、任意位置下的变形（振动位移）与各阶的振动模态及其振幅有关。根据相关文献和经验以及假设模态法原理可知，取前 k 个模态振幅进行叠加即可。通过多次分析和对比发现，k 取值为 2 时，与 k 大于 2 时的求解结果类似。因此在式（2-27）中 k 取值为 2 即可满足实际计算需要。

图 2-4 分别给出了塔筒在水平 Y 方向（沿传动主轴方向）和水平 X 方向（垂直于传动主轴方向）的振动模态示意图。

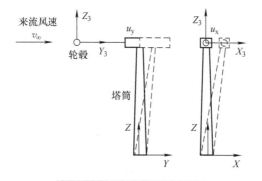

图 2-4　塔筒振动示意图

由于塔筒的各向同性的特性，所以取塔筒在 X 方向上的模态振型与 Y 相同，也为 $\varphi_1(z)$ 和 $\varphi_2(z)$。模态振型可以通过建模并进行有限元分析获得，本文利用已知的模态振型来进行分析，为了减少计算的复杂性，参照文献［127］采用了归一化的阵型，在塔筒的顶端（也即机舱和叶轮所在处）取模态振型的值为 1，即 $\varphi_1(Z_0) = \varphi_2(Z_0) = 1$。假设塔筒在前后方向的一阶、二阶模态振幅分别为 $q_{x1}(t)$、$q_{x2}(t)$，$q_{y1}(t)$、$q_{y2}(t)$ 分别为塔筒在 Y 方向的一阶、二阶模态振幅，根据式（2-27），在任意时刻 t 塔筒高度 z 处 X 和 Y 方向的振动位移可以表示成两阶模态振型的线性叠加，即有下式：

$$\begin{cases} u_x(z,t) = \varphi_1(z)q_{x1}(t) + \varphi_2(z)q_{x2}(t) \\ u_y(z,t) = \varphi_1(z)q_{y1}(t) + \varphi_2(z)q_{y2}(t) \end{cases} \quad (2\text{-}28)$$

由于需要获取的是叶轮和机舱的振动位移，因此只需要根据上式（2-28）计算求取任意时刻 t，塔筒顶端在 X、Y 方向上的振动位移，也即下式：

$$\begin{cases} u_x(Z_0,t) = \varphi_1(Z_0)q_{x1}(t) + \varphi_2(Z_0)q_{x2}(t) = q_{x1}(t) + q_{x2}(t) \\ u_y(Z_0,t) = \varphi_1(Z_0)q_{y1}(t) + \varphi_2(Z_0)q_{y2}(t) = q_{y1}(t) + q_{y2}(t) \end{cases} \quad (2\text{-}29)$$

接下来进一步讨论塔筒 X、Y 方向上各阶模态振幅的求取方法。采用两个自由度的动力学方程可以求解这两个方向上的模态振幅，如下式所示[125]：

$$m^* \ddot{Q}_y(t) + c^* \dot{Q}_y(t) + k^* Q_y(t) = F_y^*(t) \quad (2\text{-}30)$$

式中，$Q_y(t)$ 为沿主轴方向上的模态振幅，可表示为

$$Q_y(t) = \begin{bmatrix} q_{y1} \\ q_{y2} \end{bmatrix} \quad (2\text{-}31)$$

式中，m^* 为广义质量；c^* 为广义阻尼；k^* 为广义刚度；$F_y^*(t)$ 为广义力。m^*、c^* 和 k^* 为模型常系数，可由虚功原理计算出来，具体公式如下：

$$m^* = \begin{bmatrix} \int_0^H m(z)\varphi_1^2(z)\,\mathrm{d}z + m_{\text{top}} + J_{\text{top}}\varphi'_1(Z_0) & 0 \\ 0 & \int_0^H m(z)\varphi_2^2(z)\,\mathrm{d}z + m_{\text{top}} + J_{\text{top}}\varphi'_2(Z_0) \end{bmatrix}$$

$$(2\text{-}32)$$

$$k^* = \begin{bmatrix} \int_0^{Z_0} EI(z)\left[\varphi''_1(z)\right]^2 & 0 \\ 0 & \int_0^{Z_0} EI(z)\left[\varphi''_2(z)\right]^2 \end{bmatrix} \quad (2\text{-}33)$$

$$c^* = \begin{bmatrix} 2\delta_1 \int_0^{Z_0} EI(z)\left[\varphi''_1(z)\right]^2\,\mathrm{d}z/\omega_{y1} & 0 \\ 0 & 2\delta_2 \int_0^{Z_0} EI(z)\left[\varphi''_2(z)\right]^2\,\mathrm{d}z/\omega_{y2} \end{bmatrix} \quad (2\text{-}34)$$

式中，δ_1、δ_2 分别为塔筒在 Y 方向的一阶、二阶模态阻尼比；ω_{y1}、ω_{y2} 为一阶、二阶模态圆频；m_{top} 和 J_{top} 分别为机舱和叶轮的等效质量和转动惯量；EI 为刚度系数。

在 m^*、c^*、k^* 计算出来之后，可以进一步计算塔筒各阶的无阻尼固有频率：

$$f_n = \frac{\sqrt{m^*/k^*}}{2\pi} \quad (2\text{-}35)$$

接下来根据虚功原理分析动力学方程中的广义力，在沿着主轴线方向做功的广义外力包括总的气动推力 F_{Ng}、叶轮气动力产生的弯矩 M、叶轮自身重力作用于主轴的弯矩 M_G（$M_G = m_w g h_{\text{wn}}$，$m_w$ 为叶轮质量，h_{wn} 为叶轮质心距塔筒顶端的距离），

因此广义力可表示为

$$F_y^*(t) = \begin{bmatrix} F_{Ng}(t) + [M(t) + M_G]\varphi_1'(Z_0) & 0 \\ 0 & F_{Ng}(t) + [M(t) + M_G]\varphi_2'(Z_0) \end{bmatrix}$$

$$(2\text{-}36)$$

式中，轴向气动力及其产生弯矩 M 由 2.2.2 小节标题 3 所述的气动载荷计算过程来计算。

塔筒 X 方向的振动位移的求解过程与 Y 方向类似，亦可用式（2.30）的动力学方程来计算。由于塔筒是圆环形截面，各项是同性的，塔筒在 X、Y 方向上的结构属性一样，故式中的广义质量、广义刚度与广义阻尼与 Y 方向是一样的。不同之处在与式（2.36）中的广义力有所变化，X 方向上的广义力在正常工况下认为是零，但叶轮不平衡时产生了 X 方向广义力。其中在叶轮质量不平衡时，广义力指不平衡质量块产生的离心力在 X 方向的分量，表示成 $F_x = m\omega_w^2 R\sin(\omega_w t)$；在气动不对称时，广义力则指切向气动力产生的附加项在水平 X 方向的分量 F_x（详见第 8 章分析）。因此 X 方向的广义力表示成：

$$F_x^*(t) = \begin{bmatrix} F_x & 0 \\ 0 & F_x \end{bmatrix}$$

$$(2\text{-}37)$$

与式（2-30）~式（2-35）的过程可以求出塔筒 X 方向的一阶和二阶模态振幅，并用 $Q_x(t)$ 表示：

$$Q_x(t) = \begin{bmatrix} q_{x1} \\ q_{x2} \end{bmatrix}$$

$$(2\text{-}38)$$

将式（2-31）和式（2-38）求出的结果代入到式（2-29）中，便可求出 t 时刻塔筒顶端（机舱）X 和 Y 方向的振动位移 $u_x(Z_0, t)$、$u_y(Z_0, t)$。

3. 求取气动载荷

结合图 2-3 和图 2-4 可知，叶轮质量不平衡故障导致的塔筒振动将会改变来流风速 v_∞ 相对于叶素的相对速度，也即图 2-3 中的相对速度 W，从而进一步改变气动力、弯矩和气动转矩的输出。通过坐标变换的方法，可以求得故障后驱动发电机的气动转矩等气动载荷。上一小节所求得的塔筒顶端 X 和 Y 方向的振动位移 $u_x(Z_0, t)$、$u_y(Z_0, t)$ 可以用在坐标变换矩阵里，进行坐标之间的转换。这一过程在第 8 章中有详细叙述，在此不再赘述。

2.3.2　传动链模型

一般来说，风电机组传动系可等效为一、二至三个质量块[128]。文献［128］针对双馈风电机组中可以进行简化或降阶的模块分别进行了简化处理，由此获得了不同的双馈风电机组简化模型，然后分别对三个质量块模型、两个质量块模型和一个质量块模型的特点进行了分析和研究。文献［129］以及文献［130］也分别对机组传动链等效成各种模块情况下传动系的特点以及对发电机组运行性能的影响进行了分析。通过对比分析发现，一个质量块模型和两个质量块模型较三个质量块模型在分析过程中更为准确，而且两个质量块模型中不仅包含了机组的主要组件，还考虑了机组传动链的柔性和阻尼，能够更加准确地代表传动链特性。

图 2-5 所示为双馈风力发电机组传动链示意图，据此分别给出了机组等效为一个质量块和等效成两个质量块的数学模型，如图 2-6 所示。

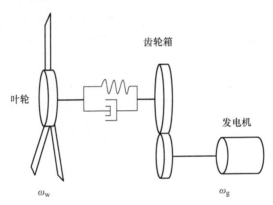

图 2-5　双馈风力发电机组传动链示意图

1）一个质量块模型，通常是将整个传动系（叶轮、齿轮箱和发电机）看作为一个整体的集中质量块，认为风力机传动链刚性连接，等效成一个质量块的数学模型如图 2-6a 所示。其传动链运动方程可表示为

$$T_{\mathrm{m}} - T_{\mathrm{e}} = J\frac{\mathrm{d}\omega_{\mathrm{g}}}{\mathrm{d}t} + D\omega_{\mathrm{g}} + K\theta_{\mathrm{r}} \tag{2-39}$$

式中，T_{m} 为叶轮输出的机械转矩；T_{e} 为发电机电磁转矩；ω_{g} 为发电机角速度；θ_{r} 为转子位置角；J 为等效集中质量块的转动惯量；D 为阻尼系数；K 为刚度系数。

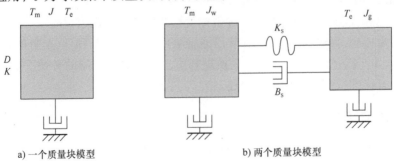

图 2-6　机组传动链等效模型

2）两个质量块模型，将叶轮看作为一个质量块，发电机和齿轮箱看作为第二个质量块，两质量块之间有表征传动轴柔性的弹簧和阻尼连接，模型示意图如 2-6b 所示，根据图 2-6b 可得机组传动链运动方程：

$$\begin{bmatrix} \dot{\theta}_s \\ \dot{\omega}_w \\ \dot{\omega}_g \end{bmatrix} = \begin{bmatrix} 0 & 1 & -1 \\ -K_s/J_w & -B_s/J_w & B_s/J_w \\ K_s/J_g & B_s/J_g & -B_s/J_g \end{bmatrix} \begin{bmatrix} \theta_s \\ \omega_w \\ \omega_g \end{bmatrix} + \begin{bmatrix} 0 \\ T_m/J_w \\ -T_e/J_g \end{bmatrix} \tag{2-40}$$

式中，θ_s 为机组传动轴扭转角度；J_w 为叶轮的转动惯量；J_g 为齿轮箱和发电机的等效转动惯量；K_s 为传动链等效刚性系数；B_s 为传动链等效阻尼系数。

2.4　双馈风力发电机及其控制模型

2.4.1　DFIG 数学模型

采用下述惯例给定正方向：定子侧是遵循发电机惯例，机侧遵循电动机惯例。由此可得 DFIG 在两相同步速旋转 dq 坐标系中的数学模型，并可表示为如下三式[3,131]：

1）磁链方程：

$$\begin{cases} \psi_{sd} = -L_s i_{sd} + L_m i_{rd} \\ \psi_{sq} = -L_s i_{sq} + L_m i_{rq} \\ \psi_{rd} = -L_m i_{sd} + L_r i_{rd} \\ \psi_{rq} = -L_m i_{sq} + L_r i_{rq} \end{cases} \tag{2-41}$$

式中，ψ_{sd}、ψ_{sq} 为定子磁链的 d、q 轴分量；ψ_{rd} 和 ψ_{rq} 为转子磁链的 d、q 轴分量；i_{sd}、i_{sq}、i_{rd} 和 i_{rq} 分别为定、转子电流的 d、q 轴分量；L_s 为旋转坐标系中定子绕组自感；L_r 为旋转坐标系中转子绕组自感；L_m 为定子与转子绕组间的互感。

2）电压方程：

$$\begin{cases} u_{sd} = -R_s i_{sd} + \dfrac{\mathrm{d}\psi_{sd}}{\mathrm{d}t} - \omega_1 \psi_{sq} \\[2mm] u_{sq} = -R_s i_{sq} + \dfrac{\mathrm{d}\psi_{sq}}{\mathrm{d}t} + \omega_1 \psi_{sd} \\[2mm] u_{rd} = R_r i_{rd} + \dfrac{\mathrm{d}\psi_{rd}}{\mathrm{d}t} - \omega_z \psi_{rq} \\[2mm] u_{rq} = R_r i_{rq} + \dfrac{\mathrm{d}\psi_{rd}}{\mathrm{d}t} + \omega_z \psi_{rd} \end{cases} \tag{2-42}$$

式中，u_{sd}、u_{sq} 分别为定子电压的 d、q 轴分量；u_{rd}、u_{rq} 分别为转子电压的 d、q 轴分量；R_s、R_r 分别为定、转子绕组电阻；ω_1、ω_2 分别为同步角速度和转差角速度。

3) 电磁转矩方程：

$$T_e = n_p L_m (i_{sq} i_{rd} - i_{sd} i_{rq}) = n_p (i_{sq} \psi_{sd} - i_{sd} \psi_{sq}) \tag{2-43}$$

式中，n_p 为极对数。

2.4.2 DFIG 机侧变流器控制策略

DFIG 转子励磁变流器的控制策略主要有矢量控制（VC）和直接功率控制（DPC）。当前，像 Vestas、GE 和 Gamesa 等厂商均采用了矢量控制策略。

DFIG 的机侧变流器（RSC）常采用定子磁链定向矢量控制（SFO-VC）和定子电压定向矢量控制（SVO-VC）。在定子磁链定向矢量控制中，一般要对定子的磁链进行分析与观测计算，在一定程度上会增加控制程序的复杂性，影响计算效率。因此 DFIG 的 SVO-VC 在目前成为了双馈发力发电系统中较常采用的一种控制策略，接下来对该控制策略进行简要分析。

1. DFIG 的 SVO-VC 等效模型

采用定子电压矢量 U_s 定向，即将同步速旋转 dq 坐标系的 d 轴定向于定子电压合成矢量 U_s 的方向，则有

$$\begin{cases} u_{sd} = |U_s| = U_s \\ u_{sq} = 0 \end{cases} \tag{2-44}$$

式中，U_s 为定子电压合成矢量 U_s 的幅值。

忽略双馈发电机定子电阻，根据式（2-42）的定子电压方程得：

$$\begin{cases} \psi_{sd} = 0 \\ \psi_{sq} = -\dfrac{U_s}{\omega_1} \end{cases} \tag{2-45}$$

将式（2-45）代入式（2-41）的定子磁链方程得：

$$\begin{cases} i_{sd} = \dfrac{L_m}{L_s} i_{rd} \\ i_{sq} = \dfrac{1}{L_s}\left(\dfrac{U_s}{\omega_1} + L_m i_{rq}\right) \end{cases} \tag{2-46}$$

将式（2-46）代入式（2-41）的转子磁链方程得：

$$\begin{cases} \psi_{rd} = \left(L_r - \dfrac{L_m^2}{L_s}\right) i_{rd} = \sigma L_r i_{rd} \\ \psi_{rq} = \sigma L_r i_{rq} - \dfrac{L_m}{\omega_1 L_s} U_s \end{cases} \tag{2-47}$$

式中，σ 为 DFIG 漏磁系数，$\sigma = 1 - L_m^2/(L_s L_r)$。

把式（2-47）代入式（2-42）的转子电压方程可得：

$$\begin{cases} u_{rd} = R_r i_{rd} + \sigma L_r \dfrac{di_{rd}}{dt} + \omega_z \left(\dfrac{L_m}{L_s} \dfrac{U_s}{\omega_1} - \sigma L_r i_{rq} \right) \\ u_{rq} = R_r i_{rq} + \sigma L_r \dfrac{di_{rq}}{dt} + \omega_z \sigma L_r i_{rd} \end{cases} \tag{2-48}$$

式中，$\omega_z L_m U_s / L_s \omega_1$、$\omega_z \sigma L_r i_{rq}$ 和 $\omega_z \sigma L_r i_{rd}$ 是引入的交叉耦合扰动项。

DFIG 定子输出复功率表示为[3,131]

$$P_s + jQ_s = \boldsymbol{U}_s \hat{\boldsymbol{I}}_s = (u_{sd} + ju_{sq})(i_{sd} - ji_{sq}) = u_{sd}i_{sd} - ju_{sd}i_{sq} \tag{2-49}$$

式中，$\hat{\boldsymbol{I}}_s$ 为电流 $\boldsymbol{I}_s$ 的共轭。

将式（2-44）和式（2-46）代入式（2-49）整理得：

$$\begin{cases} P_s = \dfrac{L_m}{L_s} U_s i_{rd} \\ Q_s = -\left(\dfrac{L_m}{L_s} U_s i_{rq} + \dfrac{U_s^2}{L_s \omega_1} \right) \end{cases} \tag{2-50}$$

根据式（2-50）可知，在忽略了双馈发电机定子电阻的前提下，采用定子电压定向矢量控制策略时，双馈发电机输出的有功功率和无功功率实现了近似的解耦。也即通过控制转子电流的 d 轴分量 i_{rd} 就可以实现对 DFIG 输出的有功功率 P_s 的控制；而 DFIG 与电网之间无功功率的交换则是通过对转子电流的 q 轴分量进行控制实现的。

2. 转子电流控制设计

转子电流的闭环控制可根据式（2-42）中的 DFIG 转子电压公式来设计，将电压方程中的电压矢量根据派克转换写成 d、q 轴分量的形式，可得转子电流的 PI 控制方程为

$$\begin{cases} u_{rd} = \left(k_{irp} + \dfrac{k_{iiI}}{s} \right) (i_{rd}^* - i_{rd}) + \omega_z \left(\dfrac{L_m}{L_s} \dfrac{U_s}{\omega_1} - \sigma L_r i_{rq} \right) \\ u_{rq} = \left(k_{irp} + \dfrac{k_{irI}}{s} \right) (i_{rq}^* - i_{rq}) + \omega_z \sigma L_r i_{rd} \end{cases} \tag{2-51}$$

式中，k_{irI}、k_{irp} 分别为转子电流内环 PI 控制器的积分、比例系数；i_{rd}^*、i_{rq}^* 为转子电流 d、q 分量的给定值。

由式（2-51）可以进行 DFIG SVO – VC 的转子电流闭环设计。通过对转子电流采用闭环控制策略，可实现对 i_{rd}、i_{rq} 的有效控制，进而实现对 DFIG 定子侧输出有功功率和无功功率的控制，从而间接地控制发电机轴上的转矩和发电机转速。

3. DFIG SVO – VC 的功率模式

双馈风力发电系统变速恒频发电运行的主要控制目标包括两个，第一是对最大风能追踪的 DFIG 的转速控制，实际中一般通过对 DFIG 输出的有功功率进行控制来间接实现；第二是对 DFIG 无功功率（功率因数）的控制。这两个控制目标都是

利用机侧变流器按照式（2-51）对转子电流进行控制实现的。下面对基于功率反馈的双 PI 控制外环的功率控制策略进行简单分析。

（1）功率外环控制模式

基于功率反馈的双 PI 控制，外环为有功和无功功率 PI 控制，内环为转子电流 PI 控制，根据最大风能追踪控制策略获得的有功功率参考值代入有功功率外环控制，其输出将作为内环转子电流 d 轴分量的给定值。根据系统功率因数调节的需要给定外环无功功率，经 PI 控制后的输出作为内环转子电流 q 轴分量的给定值。内环转子电流经 PI 控制后进入 PWM 分析处理，并最终进行转子电压和电流的调节。

（2）功率外环设计及控制策略

外环为有功和无功功率 PI 控制器，分别输出转子电流给定值 i_{rd}^*、i_{rq}^*：

$$\begin{cases} i_{rd}^* = \left(k_{Pp} + \dfrac{k_{PI}}{s} \right)\left(P_s^* - P_s \right) \\ i_{rq}^* = -\left(k_{Qp} + \dfrac{k_{QI}}{s} \right)\left(Q_s^* - Q_s \right) \end{cases} \tag{2-52}$$

式中，k_{Pp}、k_{PI} 分别为有功功率外环 PI 控制的比例、积分系数；k_{Qp}、k_{QI} 分别为无功功率外环 PI 控制的比例、积分系数；P_s^*、Q_s^* 分别为 DFIG 有功、无功功率给定值。

由此可得 DFIG 功率模式 SVO – VC 策略框图，如图 2-7 所示。

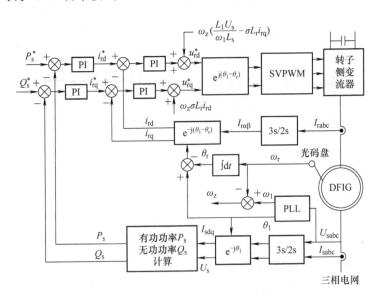

图 2-7　功率模式 SVO – VC 策略框图

2.4.3　DFIG 网侧变流器控制模型

DFIG 网侧变流器（GSC）的主要作用是保持直流母线电压的稳定、输入的电流正弦波形好以及控制输入的功率因数。直流母线电压的控制实际是对有功功率的控制，输入功率因数的控制实际是对无功功率的控制。图 2-8 所示为网侧变流器电路的示意图。图中 u_{gcabc} 为网侧变流器三相电压；u_{gabc} 为电网三相电压；C 为中间直流环节电容；U_{dc} 为直流母线电压；i_{ga}、i_{gb}、i_{gc} 分别为网侧变流器三相电流；R_g、L_g 代表线路电阻和电感。

网侧变流器的电压暂态方程可表示为[3,131]：

$$\begin{bmatrix} u_{ga} \\ u_{gb} \\ u_{gc} \end{bmatrix} = R_g \begin{bmatrix} i_{ga} \\ i_{gb} \\ i_{gc} \end{bmatrix} + L_g \frac{\mathrm{d}}{\mathrm{d}t} \begin{bmatrix} i_{ga} \\ i_{gb} \\ i_{gc} \end{bmatrix} + \begin{bmatrix} u_{gca} \\ u_{gcb} \\ u_{gcc} \end{bmatrix} \tag{2-53}$$

通过三相静止到同步旋转轴系的坐标变化可得：

$$\begin{cases} u_{gd} = R_g i_{gd} + L_g \dfrac{\mathrm{d}i_{gd}}{\mathrm{d}t} - \omega_1 L_g i_{gq} + u_{gcd} \\[3mm] u_{gq} = R_g i_{gq} + L_g \dfrac{\mathrm{d}i_{gq}}{\mathrm{d}t} - \omega_1 L_g i_{gd} + u_{gcq} \end{cases} \tag{2-54}$$

式中，u_{gd}、u_{gq} 分别为电网电压 d、q 轴分量；u_{gcd}、u_{gcq} 分别是网侧变流器电压的 d、q 轴分量；i_{gd}、i_{gq} 分别为网侧变流器电流的 d、q 轴分量；ω_1 为电网电压的角频率。

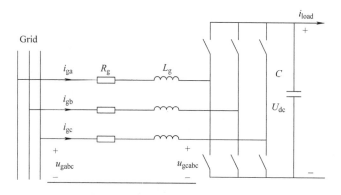

图 2-8　网侧变流器电路的示意图

网侧变流器常用的矢量控制策略包括两种，第一种是基于电网电压定向矢量控制（GVO – VC）；第二种是基于虚拟电网磁链定向矢量控制（VGFO – VC）。这两种控制策略，采用最多的是 GVO – VC 方案。接下来对网侧变流器 GVO – VC 策略的实现过程进行分析。

进行 GVO – VC 是将电网电压向量定向于旋转坐标系 d 轴，根据式（2-54）可得到网侧变流器有功和无功功率的表达式：

$$\begin{cases} P_{\text{g}} = u_{\text{gd}}i_{\text{gd}} + u_{\text{gq}}i_{\text{gq}} = u_{\text{gd}}i_{\text{gd}} \\ Q_{\text{g}} = u_{\text{gq}}i_{\text{gd}} - u_{\text{gd}}i_{\text{gq}} = -u_{\text{gd}}i_{\text{gq}} \end{cases} \tag{2-55}$$

根据双馈风力发电机组直流母线两侧的功率平衡关系有

$$u_{\text{dc}}i_{\text{load}} = u_{\text{gd}}i_{\text{gd}} \tag{2-56}$$

根据上述两公式可知，控制 GSC 电流的 d 轴分量 i_{gd} 可以控制直流母线电压的稳定，以及实现网侧变流器与电网之间电压的调节；

同理，网侧变流器从电网吸收的无功功率的调节则可以通过对网侧变流器的电流 q 轴分量 i_{gq} 进行控制来实现，从而间接实现功率因数的调节与稳定。根据式（2-54）可以进一步推导出电网电压定向矢量控制情况下，网侧变流器交流侧电压的 d、q 分量形式的表达式为

$$\begin{cases} u_{\text{gcd}}^* = u_{\text{gd}} - R_{\text{g}}i_{\text{gd}} - L_{\text{g}}\dfrac{\mathrm{d}i_{\text{gd}}}{\mathrm{d}t} + \omega_1 L_{\text{g}}i_{\text{gq}} \\[2mm] u_{\text{gcq}}^* = -R_{\text{g}}i_{\text{gq}} - L_{\text{g}}\dfrac{\mathrm{d}i_{\text{gq}}}{\mathrm{d}t} - \omega_1 L_{\text{g}}i_{\text{gd}} \end{cases} \tag{2-57}$$

令 GSC 电流 PI 控制器的输出为 u_{gcd}' 和 u_{gcq}'：

$$\begin{cases} u_{\text{gcd}}' = L_{\text{g}}\dfrac{\mathrm{d}i_{\text{gd}}}{\mathrm{d}t} \\[2mm] u_{\text{gcq}}' = L_{\text{g}}\dfrac{\mathrm{d}i_{\text{gq}}}{\mathrm{d}t} \end{cases} \tag{2-58}$$

由上述公式可以构建电网电压定向矢量控制模式下电压外环控制、电流内环控制体系的基本理论依据。其具体的控制流程如图 2-9 所示。外环为电压控制，主要目的是保证直流母线的稳定；内环则为变流器电流闭环控制。

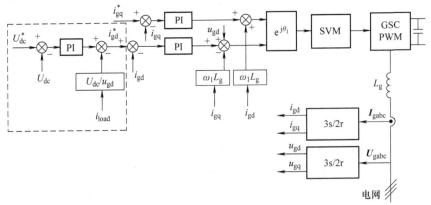

图 2-9 网侧变流器控制流程

2.5　双馈风力发电机组仿真模型验证分析

　　将上述的双馈风电机组各个组成模块进行整合，并在 MATLAB/Simulink 环境下编制了各个模块的功能函数，从而完成了整个仿真平台的创建，仿真平台总体结构如图 2-10 所示。其中机侧变流器采用图 2-7 所示的基于定子电压定向矢量控制（SVO – VC），控制量为 DFIG 输出的有功和无功功率。网侧变流器采用图 2-9 所示的基于 GVO – VC 的方案。风力机参数和 DFIG 参数参考了沈阳工业大学风能技术研究所的 SUT – 1500 风电机组，具体参数分别见表 2-1 和表 2-2。在仿真模型创建好之后，首先进行了两种正常工况下阶跃风速和阶跃功率的仿真。

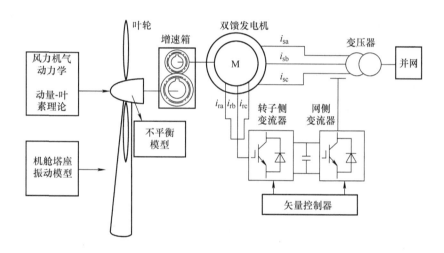

图 2-10　仿真平台总体结构

表 2-1　风力机参数

参数	数值	参数	数值
叶轮直径/m	70.5	额定功率/MW	1.5
叶片数	3	最佳风能利用系数	0.45
翼型系列	DU	切入风速/(m/s)	4
轮毂直径/m	3	切出风速/(m/s)	25
轮毂高度/m	75	空气密度/(kg/m³)	1.225
额定风速/(m/s)	12.5	最佳叶尖速比	6.7
额定转速/(r/min)	20	齿轮箱增速比	90

表 2-2 仿真 DFIG 参数

发电机参数	数值
额定功率/MW	1.5
额定电压/V	690
定子电阻（p. u.）	0.0059
定子漏感（p. u.）	0.1425
转子电阻（p. u.）	0.0042
转子漏感（p. u.）	0.13
极对数	2
电网频率/Hz	50

2.5.1 阶跃风速仿真

首先进行了阶跃风速下的仿真分析。风速初始值为 10m/s，保持运行 50s，并在 50s 时阶跃为 8m/s，再持续运行 50s，总计仿真 100s。给定风速模型见图 2-11。图 2-12 ~ 图 2-17 给出了阶跃风速下机组主要参数的变化曲线。

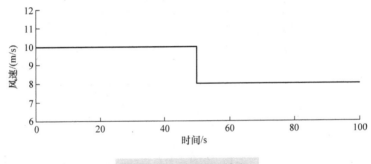

图 2-11 阶跃风速给定

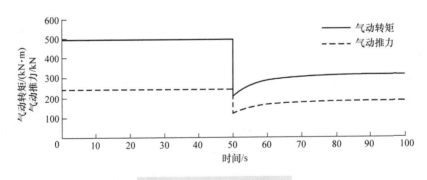

图 2-12 气动转矩和推力

图 2-12 所示为叶轮输出的总的气动转矩和推力。在风速发生阶跃减小时，转矩和推力开始都迅速变小，但由于机组实行最大风能追踪控制策略，经过控制系统的调节，捕获到该风速下最大风能，故此转矩和推力又逐渐上升至稳定状态。位于塔架顶端的叶轮和机舱随塔架的振动发生位移，在沿主轴的 Y 方向上，由于推力降低使得位移减小。在前后方向（X 方向），由于未考虑其他的外力影响，也没有叶轮不平衡故障，故位移为零，如图 2-13 所示。

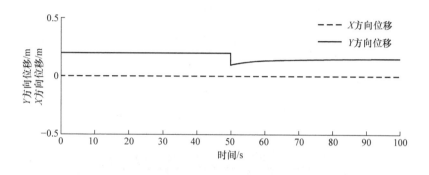

图 2-13　塔架顶端位移

图 2-14 所示为有功功率和无功功率的仿真结果，在 50s 时开始，有功功率开始逐渐下降并最后保持稳定。无功功率参考值设置为 0，在风速改变前后，机组输出的无功功率基本无变化，保持在参考值 0 附近。图 2-15 所示为发电机转速的仿真结果，在 50s 时开始逐渐下降，由 1638r/min 下降到 1305r/min，由超同步进入到次同步状态。图 2-16 所示为定子电流的仿真结果，在 52s 后定子电流也出现了明显的下降。图 2-17 所示为转子电流的波形图，可以明显地观察到当电机由超同步变化到次同步状态时转子电流的变化。

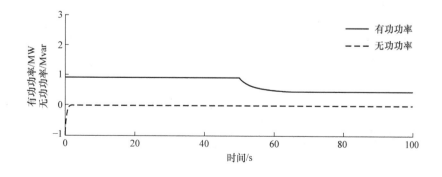

图 2-14　有功和无功功率

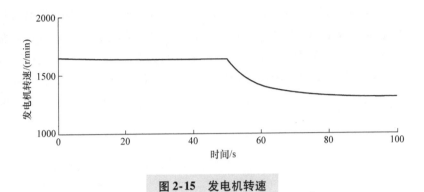

图 2-15　发电机转速

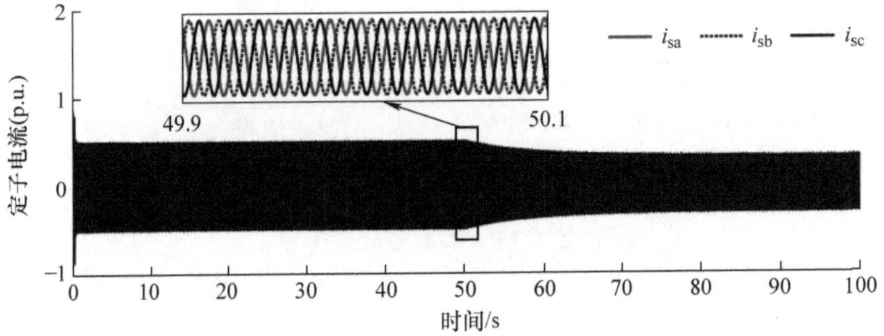

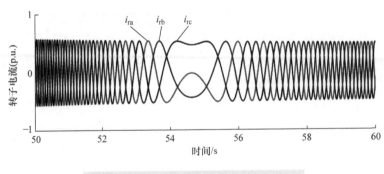

图 2-16　定子三相电流（彩图见插页）

图 2-17　转子三相电流（彩图见插页）

2.5.2　无功功率阶跃仿真

图 2-18 所示为给定的无功功率的参考值，在 50s 时由 0 阶跃到 0.2Mvar，仿真机组功率因数的调节。

由图 2-19 和图 2-20 可知，通过调节转子的 q 轴电流可以调节机组的无功功率。并且由于转子 q 轴电流控制无功功率、转子 d 轴电流控制有功功率的输出，定子有功和无功功率之间没有耦合，因此在无功功率变化时，有功功率仍能基本保持恒定，如图 2-21 所示，有功功率在 50s 时发生扰动，后又逐渐恢复到之前的大小。可见，改变 DFIG 无功功率可以调节机组的功率因数。

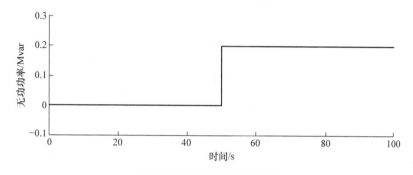

图 2-18　无功功率给定

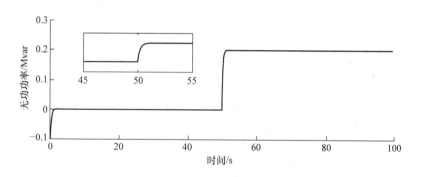

图 2-19　DFIG 输出无功功率

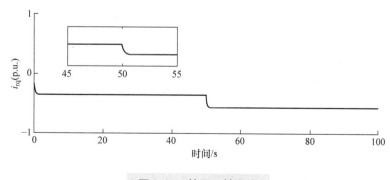

图 2-20　转子 q 轴电流

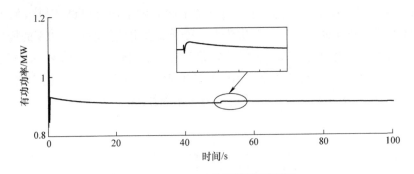

图 2-21 DFIG 输出有功功率

2.6 本章小结

本章主要针对双馈风电机组主要组成部分进行了研究以及模型分析，搭建了双馈风电机组仿真平台，并进行了初步的仿真分析，具体内容包括：

1）建立了适合叶轮不平衡故障仿真的风力机气动模型；

2）建立了机舱和塔筒的机械动力学模型，采用假设模态法求解塔筒的振动位移，并根据振动变形重新分析来流风速相对叶素的速度，进一步求解出叶轮输出的气动力、气动弯矩和气动转矩；

3）分析了双馈发电机的暂态数学模型和机侧变流器、网侧变流器矢量控制策略，建立了 DFIG 及其相关控制策略的模型。

Chapter 3
第3章

永磁风力发电系统建 ◄◄◄
模设计及仿真

3.1 引言

　　永磁风力发电系统主要包括永磁直驱和永磁半直驱两种类型，目前永磁直驱风力发电系统应用较为广泛，其基本结构模型如图 3-1 所示。风力机通过叶轮吸收能量获得气动转矩和功率，气动转矩和功率由轮毂传递到永磁发电机（PMSG），发电机发出三相电流，三相定子电流经过交 – 直变换环节（AC/DC）、直流母线环节再到直 – 交变换环节（DC/AC），最后并入电网。

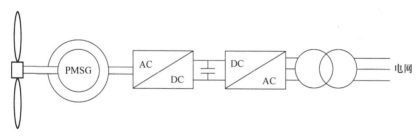

图 3-1　直驱式永磁风力发电系统基本结构

3.2 永磁风力发电机及其控制模型

3.2.1 PMSG 的数学模型

　　PMSG 采用的是永磁式结构转子，常见的有内转子和外转子两种结构。相比于双馈发电机（DFIG），其具有以下优点：其磁场主要由永磁体产生，无需励磁绕组，因此不需要励磁电源以及电刷、集电环等，使得发电机结构紧凑，并且避免了励磁绕组损耗，有着功质比高、效率高的优点。直驱式永磁风电机组，风力机与发电机直接同轴相连，省去了齿轮箱部分，提高了系统可靠性。此外，由于较低的叶轮转速会导致发电机的转速低，同步发电机需要较大的极对数来保证发电机端的输出频率不至于过低，同时也可以提高发电机的效率。但是永磁发电机也有一系列缺点：永磁体磁场无法调节，发电机无法通过调节励磁的方法调节输出电压和无功功率，所以定子电流需要整流和逆变后才能并网；此外永磁体对温度敏感，输出电压随着环境温度变化而变化，从而导致发电机输出电压偏离额定电压，系统准确度不高。

为了建立 PMSG 的数学模型，必须对实际的三相同步发电机做必要的一系列假定，以便进行分析计算。通常假定：

1）发电机的转子空间结构上完全相同，空间上完全对称；

2）忽略电磁饱和、磁滞和涡流损耗，假设发电机磁铁部分的磁导率为常数；

3）发电机定子的三个绕组在空间上互差 120° 电角度，绕组在气隙中均产生磁动势正弦型分布；

4）发电机定子和转子的电感不受其他因素影响。

1. 三相静止坐标系模型

PMSG 一相等效电路如图 3-2 所示，其基本公式为[43,44]：

$$E_0 = 4.44 f N k_N \Phi \qquad (3-1)$$

$$\dot{U}_s = \dot{E}_0 + R_s \dot{I}_s + j X_s \dot{I}_s \qquad (3-2)$$

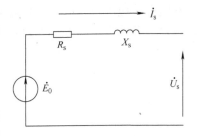

图 3-2 PMSG 一相等效电路

式中，E_0 为 PMSG 空载电动势；f 为频率；N 为每相电枢绕组匝数；k_N 为绕组因数；Φ 为每极空载气隙磁通；U_s、I_s 为 PMSG 定子端电压和电流；R_s、X_s 为 PMSG 电枢电阻和电抗。

永磁三相发电机一般为星形联结且无中线，在三相静止坐标系下电压平衡方程可表示为

$$
\begin{bmatrix} u_{sa} \\ u_{sb} \\ u_{sc} \end{bmatrix} = \begin{bmatrix} e_{sa} \\ e_{sb} \\ e_{sc} \end{bmatrix} + \begin{bmatrix} R_s & & \\ & R_s & \\ & & R_s \end{bmatrix} \begin{bmatrix} i_{sa} \\ i_{sb} \\ i_{sc} \end{bmatrix} + \begin{bmatrix} L_s - M_s & & \\ & L_s - M_s & \\ & & L_s - M_s \end{bmatrix} \begin{bmatrix} di_{sa}/dt \\ di_{sb}/dt \\ di_{sc}/dt \end{bmatrix}
$$

$$(3-3)$$

式中，u_{sa}、u_{sb}、u_{sc} 为定子三相电压；e_{sa}、e_{sb}、e_{sc} 为定子三相电动势；i_{sa}、i_{sb}、i_{sc} 为定子三相电流；R_s 和 L_s 为定子各相电阻和电感；M_s 为定子互感。

2. 两相旋转坐标系模型

在基于转子磁场定向的两相同步旋转坐标系下，PMSG 数学模型的方程

如下[132,133]：

$$
\begin{cases}
u_{sd} = R_s i_{sd} + L_d \dfrac{di_{sd}}{dt} - \omega_0 L_q i_{sq} \\
u_{sq} = R_s i_{sq} + L_q \dfrac{di_{sq}}{dt} + \omega_0 L_d i_{sd} + \omega_0 \psi_r
\end{cases}
\tag{3-4}
$$

式中，u_{sd}、u_{sq}、i_{sd}、i_{sq} 分别为定子电压和电流 d、q 轴分量；L_d、L_q、R_s 是定子电感和电阻；ω_0 为发电机电角速度；ψ_r 是转子永磁体磁链。

图 3-3 所示为 dq 轴的等效电路，其中 q 轴的反电势为 $e_q = \omega_0 \psi_r$，d 轴的反电势 $e_d = 0$。

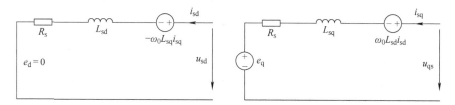

图 3-3　发电机 dq 轴等效电路

两相旋转坐标系下，发电机电磁转矩 T_e 可由下式确定：

$$
T_e = -\frac{3}{2} n_p i_{sq} \left[(L_d - L_q) i_{sd} - \psi_r \right]
\tag{3-5}
$$

式中，n_p 为发电机极对数。

3.2.2　PMSG 的并网运行控制

风速时刻变化，风机转速也相应变化。PMSG 发电的频率和电压也随之变化，所以不能将发电机直接接负载，也不能直接接电网。如果接电网，需将变频变压的电能转换为恒频恒压的电能才行。这需要先经过 AC/DC 变换，然后再经 DC/AC 变换。目前风机上常用的变换装置主要区别在 AC/DC 这一变换上。永磁风力发电系统常见变换装置有两种，分别为不控整流加 Boost 控制以及双 PWM 变流器控制。其中，双 PWM 变流器控制是目前应用最为广泛的变换装置。

变速恒频 PMSG 风电机组一般采用背靠背双 PWM 变流器，具有能量双向流动、控制灵活、并网电流谐波含量小等优点，结构如图 3-4 所示。PMSG 风电机组变流器的主要作用是实现 PMSG 风电机组的变速恒频交流并网；使有功、无功功率能够解耦控制并实现最大风能跟踪。连接 PMSG 定子的 PWM 变流器即机侧变流器，连接电网的 PWM 变流器即网侧变流器。机侧变流器的作用是将发电机发出的电能转换为直流有功功率传送到直流母线。网侧变流器的作用是将发电机发出的能量转换为电网能够接受的形式并传送到电网。

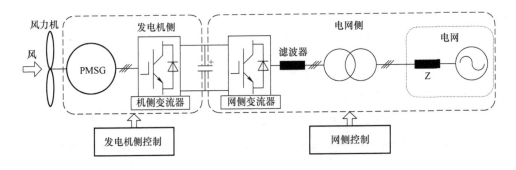

图 3-4　PMSG 风电机组变流器

1. 变流器数学模型

实际上，机侧、网侧两个变流器的结构是一致的，下面以网侧变流器为例分析其数学模型。网侧变流器结构如图 3-5 所示。

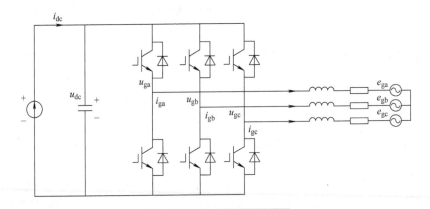

图 3-5　网侧变流器结构

网侧变流器一般采用三相三线制接入电网，当电网电压对称时，其在三相静止坐标系的数学方程可写作[133,134]：

$$\begin{bmatrix} L_g \dfrac{di_{ga}}{dt} \\[2ex] L_g \dfrac{di_{gb}}{dt} \\[2ex] L_g \dfrac{di_{gc}}{dt} \end{bmatrix} = \begin{bmatrix} -R_g & 0 & 0 \\ 0 & -R_g & 0 \\ 0 & 0 & -R_g \end{bmatrix} \begin{bmatrix} i_{ga} \\ i_{gb} \\ i_{gc} \end{bmatrix} + \begin{bmatrix} \dfrac{2}{3} & -\dfrac{1}{3} & -\dfrac{1}{3} \\[2ex] -\dfrac{1}{3} & \dfrac{2}{3} & -\dfrac{1}{3} \\[2ex] -\dfrac{1}{3} & -\dfrac{1}{3} & \dfrac{2}{3} \end{bmatrix} \begin{bmatrix} S_{ga} \\ S_{gb} \\ S_{gc} \end{bmatrix} u_{dc} - \begin{bmatrix} e_{ga} \\ e_{gb} \\ e_{gc} \end{bmatrix}$$

$$(3-6)$$

$$\begin{bmatrix} u_{\mathrm{ga}} \\ u_{\mathrm{gb}} \\ u_{\mathrm{gc}} \end{bmatrix} = \begin{bmatrix} \dfrac{2}{3} & -\dfrac{1}{3} & -\dfrac{1}{3} \\ -\dfrac{1}{3} & \dfrac{2}{3} & -\dfrac{1}{3} \\ -\dfrac{1}{3} & -\dfrac{1}{3} & \dfrac{2}{3} \end{bmatrix} \begin{bmatrix} S_{\mathrm{ga}} \\ S_{\mathrm{gb}} \\ S_{\mathrm{gc}} \end{bmatrix} u_{\mathrm{dc}} \tag{3-7}$$

$$C\frac{\mathrm{d}u_{\mathrm{dc}}}{\mathrm{d}t} = i_{\mathrm{dc}} - S_{\mathrm{ga}} i_{\mathrm{ga}} - S_{\mathrm{gb}} i_{\mathrm{gb}} - S_{\mathrm{gc}} i_{\mathrm{gc}} \tag{3-8}$$

式中，e_{ga}、e_{gb}、e_{gc}、i_{ga}、i_{gb}、i_{gc} 为电网侧三相电压和电流；u_{ga}、u_{gb}、u_{gc} 为变流器输出相电压；u_{dc}、i_{dc} 为变流器直流母线电压和电流；S_{ga}、S_{gb}、S_{gc} 为变流器三相桥臂的开关函数：$S_{gk}=1$ 表示上桥壁导通，下桥壁关断，$S_{gk}=0$，表示下桥壁导通，上桥壁关断（$k=a$，b，c）；R_{g}、L_{g} 为线路电阻和电感；C 为直流环节电容。

对式（3-6）进行 Park 变换后，可得到变流器在两相旋转坐标系下的数学方程：

$$\begin{bmatrix} L_{\mathrm{g}} \dfrac{\mathrm{d}i_{\mathrm{gd}}}{\mathrm{d}t} \\ L_{\mathrm{g}} \dfrac{\mathrm{d}i_{\mathrm{gq}}}{\mathrm{d}t} \\ C \dfrac{\mathrm{d}u_{\mathrm{dc}}}{\mathrm{d}t} \end{bmatrix} = \begin{bmatrix} -R_{\mathrm{g}} & \omega L_{\mathrm{g}} & S_{\mathrm{gd}} \\ -\omega L_{\mathrm{g}} & -R_{\mathrm{g}} & S_{\mathrm{gq}} \\ -S_{\mathrm{gd}} & -S_{\mathrm{gq}} & -R_{\mathrm{g}} \end{bmatrix} \begin{bmatrix} i_{\mathrm{gd}} \\ i_{\mathrm{gq}} \\ u_{\mathrm{dc}} \end{bmatrix} - \begin{bmatrix} e_{\mathrm{gd}} \\ e_{\mathrm{gq}} \\ -i_{\mathrm{dc}} \end{bmatrix} \tag{3-9}$$

式中，e_{gd}、e_{gq}、i_{gd}、i_{gq} 为电网电压和电流的 d、q 轴分量；ω 为电网角频率；S_{gd}、S_{gq} 为开关函数的 d、q 轴分量。

在上式中，变流器控制电压满足下列关系：

$$\begin{bmatrix} u_{\mathrm{gd}} \\ u_{\mathrm{gq}} \end{bmatrix} = \begin{bmatrix} S_{\mathrm{gd}} \\ S_{\mathrm{gq}} \end{bmatrix} u_{\mathrm{dc}} \tag{3-10}$$

式中，u_{gd}、u_{gq} 为变流器电压 d、q 轴分量。

2. PMSG 并网运行控制

带全功率变流器的永磁风力发电系统在正常运行时实现的目标为：低风速时进行最大风能追踪、高风速时进行限速和限功率、维持直流母线电压的稳定、保证网侧输入电流为正弦波形并在单位功率因数下运行。变流器的控制借助于机侧变流器和网侧变流器的两个控制器来实现。变流器的控制可使用不同的控制策略来实现，分别有着各自的优点和缺点。下面介绍一种常见的机侧控功率、网侧控母线电压的控制策略，图 3-6 给出了这种控制模式的结构图。

PMSG 发出的电通过机侧变流器和网侧变流器进行整流和逆变，最后并网。网侧变流器主要负责并网控制和保证直流母线电压的稳定，网侧变流器一般采用电网电压矢量定向，实现有功和无功解耦控制，以及提供稳定的直流母线电压。电机侧变流器多采用转子磁链定向，通过控制 PMSG 电枢电流调节功率因数和发电机电磁转矩，并根据风速进行最大风能跟踪。

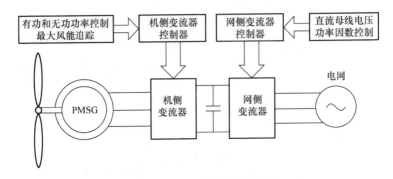

图 3-6   变流器控制结构图

3. 网侧变流器控制策略分析

网侧变流器的主要功能有两个：一个是保持直流电压稳定以保证发电机发出的功率可以全部馈入电网；另一个则是根据电网的需求发出无功功率以调整并网的功率因数。下面分析直流电压和无功功率的解耦控制。

在 d 轴定向为电网电压矢量方向的条件下，有 $e_{gd} = e_g$，$e_{gq} = 0$。将其带入式（3-9）中，可得两相旋转坐标系下，网侧变流器的电压控制方程为[133,134]

$$\begin{cases} u_{gd} = e_{gd} + L_g \dfrac{\mathrm{d}i_{gd}}{\mathrm{d}t} + R_g i_{gd} - \omega L_g i_{gq} \\[2mm] u_{gq} = L_g \dfrac{\mathrm{d}i_{gq}}{\mathrm{d}t} + R_g i_{gq} + \omega L_g i_{gd} \end{cases} \tag{3-11}$$

网侧变流器馈入电网的有功功率和无功功率为

$$\begin{cases} P_g = \dfrac{3}{2} u_g i_g \cos\theta \\[2mm] Q_g = \dfrac{3}{2} u_g i_g \sin\theta \end{cases} \tag{3-12}$$

式中，u_g、i_g 为电网电压和电流的幅值；θ 为功率因数角。

对式（3-12）进行坐标变换，得到在两相旋转坐标系下的表达式：

$$\begin{cases} P_g = \dfrac{3}{2}(e_{gd} i_{gd} + e_{gq} i_{gq}) = \dfrac{3}{2} e_{gd} i_{gd} \\[2mm] Q_g = \dfrac{3}{2}(e_{gq} i_{gd} - e_{gd} i_{gq}) = -\dfrac{3}{2} e_{gd} i_{gq} \end{cases} \tag{3-13}$$

由式（3-13）可知，只要分别控制电网电流 i_{gd} 和 i_{gq}，就可以实现有功和无功功率的解耦控制。

并网稳定运行后，系统的有功功率传输有以下关系：

$$P_m = P_s + \frac{J\omega_w \mathrm{d}\omega_w}{\mathrm{d}t} = P_g + P_c + \frac{J\omega_w \mathrm{d}\omega_w}{\mathrm{d}t} = -\frac{3}{2} e_{gd} i_{gq} + \frac{Cu_{dc} \mathrm{d}u_{dc}}{\mathrm{d}t} + \frac{J\omega_w \mathrm{d}\omega_w}{\mathrm{d}t}$$

$$\tag{3-14}$$

式中，P_m 为风力机输出功率；P_s 为 PMSG 输出功率；P_c 为电容储能；P_g 为网侧变流器输出功率；J 为发电机转动惯量；ω_w 为发电机机械角速度，也即叶轮角速度。

由式（3-13）和式（3-14）可知，只要动态调节 i_{gd} 使 P_g 小于或大于 P_m，就可以使电容充电或放电，从而控制直流母线电压上升或下降。

网侧变流器的控制原理一般为：外环为直流母线电压和无功功率控制，内环为电网 dq 轴电流控制。根据该原理并结合上述公式，可以建立网侧变流器的控制框图，如图 3-7 所示。外环的控制对象是直流电压和无功功率。实际直流母线电压 u_{dc} 与参考值相减之后得到的电压误差信号经过 PI 调节器得到 d 轴电流参考指令 i_{gd}^*，而 q 轴电流参考值 i_{gq}^* 根据功率因数和无功功率设定，在下图中设为 0，两者分别与检测得到的 dq 电流分量实际值相减之后得到电流误差分量，将其送入 PI 调节器得到调制信号的 dq 轴分量 u_{gd} 和 u_{gq}。然后，将其经过 2r/2s 变换得到调制信号在两相静止坐标系下的分量 u_α 和 u_β，最后将其送入 PWM 调制模块得到驱动脉冲控制 IGBT 的通断，保证发电机发出的有功功率可全部通过变流器进入电网。

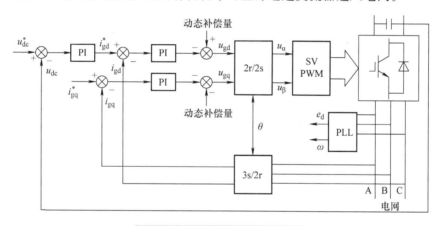

图 3-7　网侧变流器控制框图

4. 机侧变流器控制策略分析

机侧变流器同样有两个主要功能：一为功率控制；二为根据风速实现最大风能跟踪。图 3-8 所示为风力机的功率 – 转速曲线。可以看到，在桨距角一定时，不同风速 v 下的功率曲线均呈现先上升后下降的趋势，且只有一个转速（最佳转速）使得其对应风速下的功率达到最大，将这些最大功率点连接起来即可得到风力机的最优功率曲线。

根据相关理论可得最优功率曲线对应公式如下：

$$P_{opt} = k_w (\omega_w)^3 \tag{3-15}$$

式中，$k_w = 0.5\rho S_w (R/\lambda_{opt})^3 C_{pmax}$；$\rho$ 为空气密度；S_w 为叶轮扫掠面积；R 叶轮半径；λ_{opt} 为最佳叶尖速比；C_{pmax} 为最佳风能利用系数。当风力机机型确定后，k_w 一般为

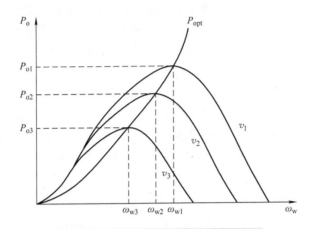

图 3-8　风力机最优功率 - 转速曲线

确定的值。

式（3-15）表明，当风力机机型确定后，相应的参数 k_w 也确定，风力机输出的最优机械功率与叶轮（发电机）转速的三次方成正比。

由式（3-14）可知，当直流母线电压稳定且不计损耗时，发电机发出的有功功率 P_s 近似等于网侧变流器馈入电网的有功功率 P_g。因此，通过控制发电机的输出功率按图 3-8 所示最优功率曲线变化，就能实现风电机组并网功率的最大化。

PMSG 常采用的是转子磁链定向矢量控制策略，选择 d 轴沿着转子磁场方向，q 轴滞后，则 PMSG 的定子电压方程为[132-134]：

$$\begin{cases} u_{sd} = R_s i_{sd} + L_d \dfrac{di_{sd}}{dt} - \omega_0 L_q i_{sq} \\ u_{sq} = R_s i_{sq} + L_q \dfrac{di_{sq}}{dt} + \omega_0 L_d i_{sd} + \omega_0 \psi_r \end{cases} \tag{3-16}$$

式中，R_s 为定子电阻；L_d、L_q 为定子 dq 轴电感；u_{sd}、u_{sq}、i_{sd}、i_{sq} 为定子电压和电流的 dq 轴分量；ω_0 为发电机电角速度；ψ_r 为转子永磁体磁链。

若发电机和变流器之间没有无功功率交换，d 轴分量与无功功率无关，故设 d 轴电流参考值为 0，即采用定子电流 $i_{sd} = 0$ 的控制策略，此时发电机电磁转矩为

$$T_e = -\frac{3}{2} n_p \psi_r i_{sq} \tag{3-17}$$

由上式可知，q 轴电流分量反应了转矩的大小，一般转矩指令电流可从 q 轴的速度控制器得到。由于电磁转矩 T_e 与 i_{sq} 的线性关系，在已知电磁转矩参考值 T_e^* 的前提下，就可以很容易地得出 q 轴电流的参考值 i_{sq}^*。故风力发电机的 d、q 轴电流的参考值可根据下式计算出来：

$$\begin{cases} i_{sd}^* = 0 \\ i_{sq}^* = \dfrac{2T_e^*}{3n_p\psi_r} \end{cases} \tag{3-18}$$

由式（3-17）和式（3-18）可知，在 ω_0 保持不变的情况下，通过控制电流 i_{sq}，就能控制电磁转矩 T_e，进而控制功率，实现对 PMSG 发电功率的调节。

由式（3-16）可知，d 轴和 q 轴之间存在耦合项，为了消除 d 轴电流和 q 轴电流之间的相互耦合，不仅要设计两个单独的电流控制器，还必须设计解耦控制器，通过增加补偿项的方式，实现 dq 轴电流的解耦控制。

基于上述分析，可以建立永磁风力发电机组机侧变流器的典型控制框图，也即基于转速和电流的双闭环控制，如图 3-9 所示。根据式（3-18），q 轴电流的参考值由发电机的转矩来决定，它们之间为线性关系。风力发电系统为了实现最大风能追踪，发电机的转速也必须跟随风速发生变化。使用机组功率信号回馈的方式，即根据式（3-15）或者实验方法得到的风场功率 – 转速特性曲线，确定最优功率对应的发电机转速参考值 ω^*，此即外环的转速控制。转速经 PI 控制后可获得 q 轴电流的参考值 i_{sq}^*，而 d 轴电流指令 i_{sd}^* 则为 0。两者分别与检测得到的 dq 电流分量实际值相减之后得到电流误差分量，将其送入 PI 调节器得到调制信号的 d、q 轴分量 u_{sd} 和 u_{sq}。然后，将其经过 2r/2s 坐标变换得到调制信号在两相静止坐标系下的分量 u_α 和 u_β，最后将其送入 PWM 调制模块得到驱动脉冲来控制 IGBT 的通断，实现有功和无功功率的独立控制。

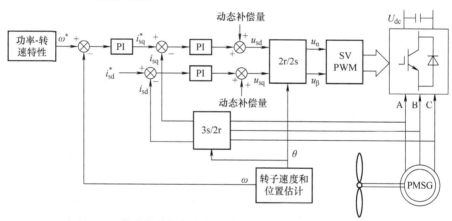

图 3-9　机侧变流器典型控制框图

3.3　永磁风力发电机组仿真模型验证分析

图 3-10 所示为所搭建的永磁直驱风电机组仿真模型结构示意图。仿真模型主要包括风力机及风速计算模块、永磁发电机、机侧变流器、网侧变流器以及控制模

块等。永磁同步发电机通过 AC – DC – AC 全功率变流器接入无穷大电网，机端电压为 380V，频率为 50Hz。表 3-1 给出了仿真模型的部分参数。

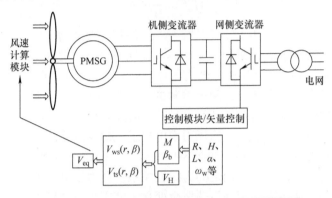

图 3-10 永磁直驱风电机组仿真模型结构示意图

表 3-1 仿真模型的部分参数

参数	数值	参数	数值
额定功率/kW	40	塔架高度/m	18
叶轮半径/m	7.5	最佳风能利用系数	0.48
最佳叶尖速比	8.1	发电机极对数	20
额定风速/(m/s)	10	额定电压/V	380

3.3.1 恒定风速仿真

首先进行恒定风速下的仿真分析。设定恒定风速为 9.5m/s，如图 3-11 所示。然后对该风速下的转速、定子电流和电压、有功和无功功率以及直流母线电压分别进行分析。

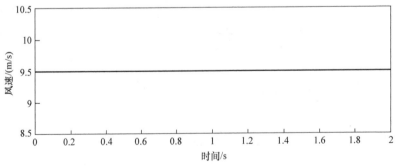

图 3-11 恒定风速

图 3-12 所示为恒定转速下风力机转速的仿真结果，可以看到在仿真开始时，经过一个暂态的变化之后，最终在 9.5m/s 恒定风速下，转速基本稳定在 11.2rad/s。图 3-13 所示为恒定风速下发电机有功功率和无功功率的分析结果，由于仿真模型初始状态为 11m/s，因此有无功功率均有一个暂态的变化过程，但最终均达到稳定。由于机组的功率因数设定为 1，因此无功功率稳定在 0 附近，表明模型的功率控制策略是准确的。

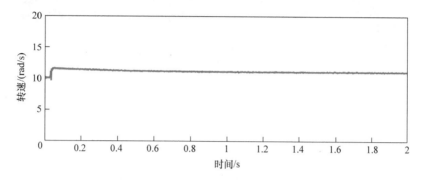

图 3-12　恒定风速下风力机转速的仿真结果

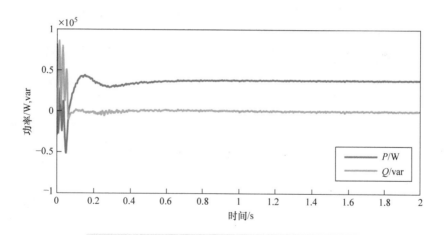

图 3-13　恒定风速下发电机有功功率和无功功率

图 3-14 和图 3-15 分别所示为恒定风速下的定子三相电流和电压。电流经过一个暂态过程后最终达到稳定值 100A。机端三相电压则基本一值比较稳定，电压幅值在 380V 左右，满足机组的性能要求。图 3-16 所示为仿真过程中，直流母线电压的变化曲线，同其他曲线类似，经过一个短暂的暂态过程，母线电压最终稳定在 800V。

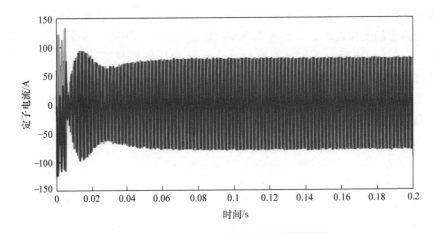

图 3-14   恒定风速下的定子三相电流

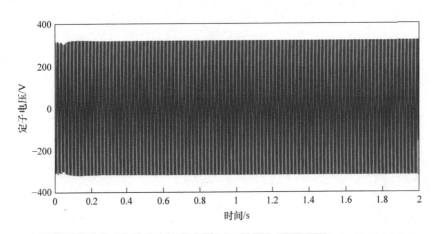

图 3-15   恒定风速下的定子三相电压

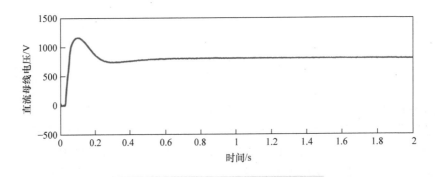

图 3-16   恒定风速下的直流母线电压

3.3.2　阶跃风速仿真

在仿真模型中，设置阶跃仿真风速模型，初始风速为 7m/s，在 2s 时阶跃为 9m/s，如图 3-17 所示，总共仿真时间为 4s。

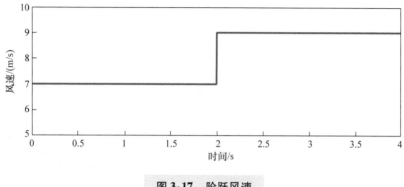

图 3-17　阶跃风速

图 3-18 所示为阶跃转速下风力机转速的仿真结果，可以看到在仿真开始时，以及在风速阶跃的时间，转速经过短暂的暂态过程后，均分别达到相应风速下对应的转速稳态值。图 3-19 所示为电机有功功率和无功功率的分析结果，在整个仿真过程中，同样出现两次的暂态过程，但随后均达到稳定。机组的功率因数设定为 1，无功功率基本稳定在 0 附近。

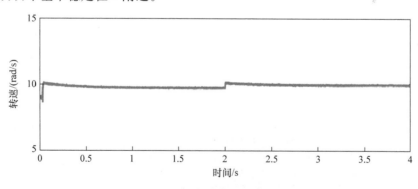

图 3-18　阶跃转速下风力机的转速

图 3-20 和图 3-21 分别所示为阶跃风速下的定子三相电流和电压。电机三相电流在开始经过一个暂态过程后最终达到稳定值，然后在 2s 时由于风速改变，电流又经历一个短暂的暂态过程后很快达到新的稳定值。机端三相电压则基本一值比较稳定，电压幅值在 380V 左右，满足机组的性能要求。图 3-22 为仿真过程中，直流母线电压的变化曲线，同其他曲线类似，在开始和风速阶跃时间，经过一个短暂的暂态过程，母线电压最终均稳定在 800V。

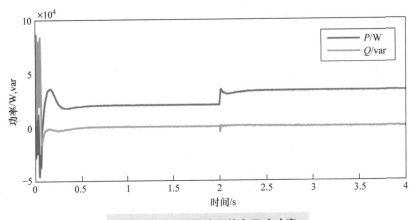

图 3-19　阶跃风速下的有无功功率

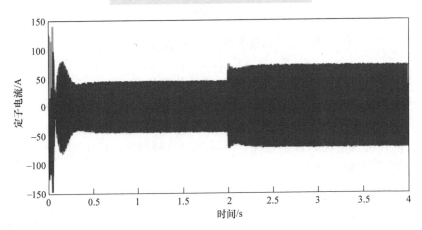

图 3-20　阶跃风速下的定子三相电流

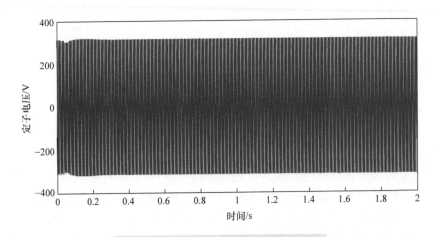

图 3-21　阶跃风速下的定子三相电压

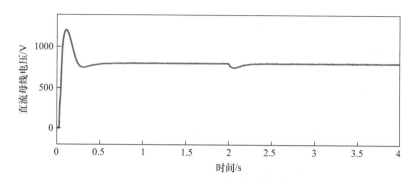

图3-22 阶跃风速下的直流母线电压

综上可见，风速阶跃时机端电压和直流母线电压基本维持恒定，说明了机组变流器控制策略起到了较好的作用，维持了直流母线、电网稳定和能量的平稳传递。转速随着风速变大而增加，随着风速减小而降低，电机电流和功率随着风速的增加而增大，但电压和电流频率维持在50Hz，体现了风机变速恒频的优良特性。

3.4 本章小结

本章主要针对永磁风力发电机组主要组成结构进行了研究以及模型分析，搭建了永磁风电机组仿真平台，并进行了初步的仿真分析，具体内容包括：

1）分析了永磁发电机的数学模型和变流器控制策略，建立了永磁风电机组仿真模型；

2）对所搭建的永磁风电机组仿真模型进行了仿真分析，验证了模型的正确性。

Chapter 4
第**4**章

风力发电机组实验平 ◀◀◀◀
台设计

4.1　引言

　　考虑到风电机组本身的结构特点，在一台真正的风电机组上来进行多种工况、多种故障的实验非常困难。因此，为了能更方便地进行实验，一般使用缩比模型机组来搭建故障模拟平台。根据目前主流的风力发电机的种类，故障模拟平台一般可分为双馈风电机组故障模拟平台和永磁风电机组故障模拟平台。

　　下面以某 5.5kW 双馈风电机组实验平台的设计过程为例，简述该故障与性能模拟平台的设计过程。

4.2　实验平台设计

4.2.1　实验平台系统配置

1. 总体构成

　　该实验平台主要由驱动电机、齿轮箱（平行轴齿轮箱和行星齿轮箱）、双馈发电机组成，其中驱动电机配有控制器，采用电机对拖控制技术，能够完成风速模拟实验、转矩模拟实验。行星齿轮箱采用易于拆卸设计方案，能够完成行星齿轮箱故障模拟实验。双馈发电机配备有变频器可实现变速恒频运行，并且能够模拟双馈发电机故障和控制实验等。实验台总体结构示意图如图 4-1 所示。

2. 驱动电机

　　可以选择直流电机或者伺服电机带减速机方式，为了模拟叶轮的低转速，并结合电机合理的输出特性，选择合适传动比的减速机，设定合适的输出转速，额定功率和额定转速根据配套的发电机型号选择。

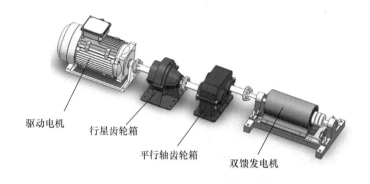

驱动电机　行星齿轮箱

平行轴齿轮箱　双馈发电机

图4-1　实验台总体结构示意图

电机控制器的控制软件能输入不同的转速变化函数，根据这些函数输出不同的转速曲线，并控制驱动电机按照转速曲线运行。如图4-2所示，该曲线为模拟受风剪切和塔影效应影响的转速变化曲线。

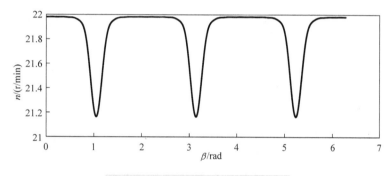

图4-2　可编程实现的转速曲线

3. 行星、平行轴齿轮箱及故障模拟

齿轮箱及故障模拟，基本要求如下。

1）基本功能：齿轮箱便于安装和整体拆卸，便于齿轮和轴承更换。

能模拟故障：齿轮点蚀、断齿、磨损，以及轴承内外圈和滚动体磨损、点蚀等缺陷。

2）方案：

① 传动比：均为增速齿轮箱，行星齿轮箱为5∶1，平行轴系齿轮箱为3∶1，总传动比设计为15，拖动电机转速范围为80～120r/min，对应发电机的转速1200～1800r/min。

② 结构：便于拆卸并更换齿轮和轴承，但应保证齿轮箱能够正常、平稳的运行。

3）故障模拟件："太阳轮 + 轴"故障件、行星齿轮故障件，模拟点蚀凹坑、磨损和断齿故障，平行轴齿轮箱高速轴轴承、行星齿轮箱低速轴轴承，模拟内外圈磨损、点蚀故障。

4. 叶轮质量不平衡故障模拟

目标为模拟实际风机因叶轮的质量分布不均匀所造成的不平衡故障。设计一个圆形联轴器，如图4-3所示，图中 L_i 所标注处为正常联轴器的螺栓连接孔，图中 Y_i 所标注处为模拟质量不平衡的附加螺栓安装处。正常运行时，只在 L_i 处安装螺栓；在模拟不平衡故障时，可以在 Y_i 处选择合适的位置安装若干个附加螺栓。另一种方案是不对联轴器进行更改，而单独制造一个与图4-3类似的平衡盘，将其安装在轴系的一端。正常运行时可不加螺栓，需模拟不平衡故障时，在圆盘上安装若干不平衡螺栓。

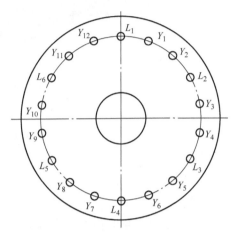

图4-3 叶轮质量不平衡故障模拟方式

5. 双馈发电机

发电机选用 YR132M – 4 为原型的三相绕线转子异步发电机，机组容量为 5.5kW，4 极，额定转速为 1500 r/min（转速范围 1200 ~ 1800r/min）。后期根据电机和变频器的控制参数进行绕组参数的调节，以适应变频控制的需要。除此之外，为了模拟匝间短路故障，绕组需设置若干短路抽头。

双馈发电机通过变流器控制实现变速恒频运行。发电机可模拟的故障包括电气故障和机械故障。电气故障主要包括定、转子绕组不对称故障和定、转子的匝间短路故障。机械故障则主要是模拟气隙偏心故障。

4.2.2 发电机故障方案设计

1. 定、转子绕组匝间短路故障模拟方案

在电机外部设有一个带转子绕组短路抽头和定子绕组短路抽头的接线盘，可设置不同程度的转子绕组匝间短路和定子绕组匝间短路故障。

定子绕组 A、B 两相均设置短路故障，其中 A 相的两层绕组均分别设置不同故障程度的短路抽头，而 B 相只设置一层不同故障程度的短路抽头。

考虑到发电机转子绕组集电环装置的复杂性，过多的短路抽头会导致引出不方便，因此在转子绕组匝间短路故障方面，设置了较少的短路抽头。抽头由集电环电刷引出。

匝间短路转子引线示意图如图4-4所示。

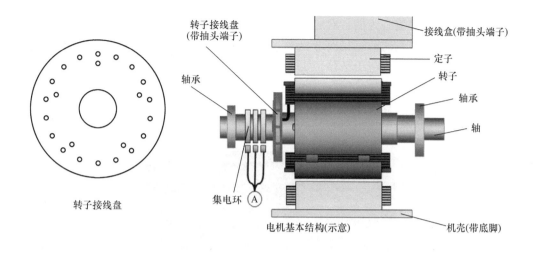

转子接线盘
(带抽头端子)

接线盒(带抽头端子)

定子

轴承

转子

轴承

轴

转子接线盘

集电环

电机基本结构(示意)

机壳(带底脚)

图 4-4　匝间短路转子引线示意图

2. 气隙偏心故障模拟方案

气隙偏心故障主要包括径向静偏心、轴向静偏心和动偏心等。

（1）径向静偏心和轴向静偏心的模拟设置方法

如图 4-5 所示，在实验平台上设置有固定板 3，用以固定发电机和螺栓等部件。在固定板 3 上沿着水平径向装有 4 个径向螺栓，即图中 1 所指，用以模拟发电机径向静偏心。为了保证同一侧两个螺栓移动量的一致性，使用百分表 8 来同时测量一侧两个螺栓的偏移量。同理，在固定板 3 上还装有 4 个轴向的螺栓，也即图中 2 所指，用以实现轴向静偏心的模拟。

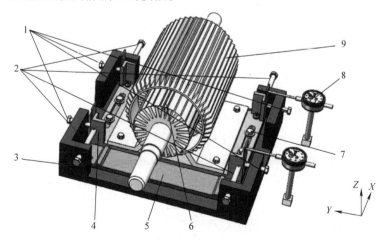

图 4-5　气隙偏心故障的模拟方法示意图

1—径向螺栓　2—轴向螺栓　3—固定板　4—内侧调节板　5—底板
6—转子切槽处　7—动偏心调节装置　8—百分表　9—发电机

下面以径向静偏心为例，对照图4-5及实物装置图4-6，说明偏心故障的调节方式。首先拧动右侧的两颗径向螺栓1，推动内侧调节板4沿 Y 方向微量平移，内侧调节板4带动发电机定子平移，实现定、转子间的相对移动，模拟定、转子径向（Y 方向）的偏心。为了保证同一侧螺栓移动量相同，使用两个百分表8测量内侧调节板的移动量，当两个百分表的读数基本一致时，停止调节并记下百分表的读数。

内侧调节板
固定板
轴向螺栓
径向螺栓
发电机
轴向螺栓
径向螺栓
动偏心调节装置

图4-6　模拟气隙偏心故障的实物装置

（2）动偏心的模拟设置方法

动偏心故障通常是由于转子形变和转子旋转中心与转子轴心不重合引起的，表现为定转子间气隙最小处的位置将会随着转子的旋转而变化，定子轴心不与转子轴心重合。在发电机气隙动偏心模拟方法方面，有学者提出可以采用在转子上切槽并利用拆装槽楔的方法，实现动偏心和正常工况的转换。但该方法拆装不方便，实现难度较大。

采用下述方法来模拟动偏心：将发电机转子加长并切槽。在正常情况下，转子一端伸出了定子。在转子伸出部分的某一个磁轭上切槽，如图4-5中的6所示，槽的长度等于转子伸出部分的长度。在需要模拟动偏心故障时，松开动偏心调节装置7处的螺栓（图4-5中7所示），推动发电机沿着导轨平移，调整发电机定子的轴向位置，使转子切槽的部分进入定子内部，待旋转运行后实现气隙的动态变化，模拟动偏心故障。这种方法实验难度小，但动偏心的程度不可调。另外还需要对转子上切槽的深度以及外伸的长度进行理论分析之后，才能获得合适的参数。

4.3　双馈风力发电机组故障模拟平台简介

风电机组是十分复杂的机电系统，故障模拟平台很难完全还原真正的风力发电机组所有的结构。一般来说，故障模拟平台主要由发电机、齿轮箱、伺服电机、控制系统以及负载箱构成，分别对应风电机组的发电机本体、传动系统、叶轮、控制系统以及电网负载，而机舱、塔架等结构在故障模拟平台中一般不做考虑。下面以华北电力大学电力机械装备健康维护与失效预防河北省重点实验室的风电机组故障模拟及性能测试分析平台为例，对双馈风电机组故障模拟平台进行简单的介绍。

4.3.1　整体结构

故障模拟平台如图 4-7 所示，从左至右依次为控制柜、双馈发电机、传动系统（包括 1 个平行轴齿轮箱、1 个行星齿轮箱以及轴承）、伺服电机和负载箱，下面对模拟平台各个部分进行介绍。

图 4-7　故障模拟平台

1—控制柜　2—双馈发电机　3—传动系统　4—伺服电机　5—负载箱

1. 控制柜

故障模拟平台的控制柜包含了双馈发电机的控制系统，可以实现变速恒频的运行要求。此外由于模拟平台是用伺服电机来模拟叶轮输入，控制柜还包含了伺服电机的控制系统，可以模拟恒定风速以及变风速的工况。对伺服电机具体的转速调节通过 PLC 程序实现。

2. 双馈发电机

平台所用的双馈异步发电机额定功率 $P_N = 5.5 \text{kW}$，额定频率 $f_N = 50 \text{Hz}$，极对数 $n_P = 2$，定子绕组为三角形联结，转子绕组为星形联结，可以模拟发电机常见的电气故障（定转子匝间短路、相间短路）和机械故障（气隙动静偏心）。

如图 4-8a 所示，转子可模拟两种不同故障程度的转子匝间短路。定子在 A、B 两相分别设置了 4 种不同的故障程度，可完成 8 种不同的定子匝间短路程度，如图 4-8b 所示。此外还可连接 A、B 两相的抽头来模拟相间短路。

发电机气隙偏心故障的模拟则是按照图 4-5 所示的方法实现的。通过调整径向和轴向螺栓可以完成气隙静偏心的模拟；气隙动偏心则是通过在转子加长部分铣槽的方式实现的。利用图 4-5 中的动偏心调节装置，调整发电机定子在实验平台上的

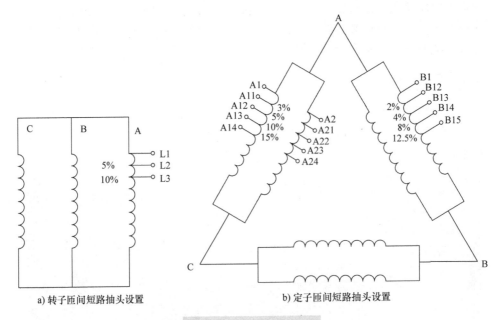

a) 转子匝间短路抽头设置　　　　　　b) 定子匝间短路抽头设置

图 4-8　匝间短路设置

位置，使转子切槽的部分进入定子内部，待旋转运行后实现气隙的动态变化，模拟动偏心故障。

3. 传动系统

传动系统包括了 1 个一级平行齿轮箱，其齿轮可更换为故障齿轮，故障包括点蚀、磨损和断齿；1 个行星齿轮箱，其太阳轮和行星轮均可更换为故障齿轮，故障种类同平行齿轮箱；齿轮箱两端的轴承，可更换为故障轴承，故障包括内外圈磨损和点蚀。

4. 伺服电机

伺服电机用于模拟实际风力发电机组的叶轮部分，可以通过控制伺服电机来模拟不同的风况，包括恒定风速输入、变风速输入（如阶跃风速、包含风剪切和塔影效应的等效风速等）。以等效风速为例，其原始表达式非常复杂，经过傅里叶拟合后，等效风速函数可简化为一系列三角函数和的形式，见式（4-1）。使用 PLC 进行编程，将此式输入控制软件中，从而完成等效风速的模拟。

$$V_{eq} = c_0 + c_i \cos(i\omega x) \tag{4-1}$$

式中，V_{eq} 为风速；c_0、c_i 为常系数，i 为正整数；ω 为角速度；x 为时间变量。

4.3.2　实验结果

图 4-9 ~ 图 4-11 分别为转子转速 1200r/min、1460r/min 以及 1700r/min 的定转

子电流实验结果，在不同的运行状态下定子电流均能保持频率为 50Hz，说明故障模拟平台可以满足变速恒频的运行要求。

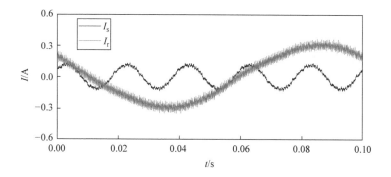

图 4-9　1200r/min 时定转子电流时域图

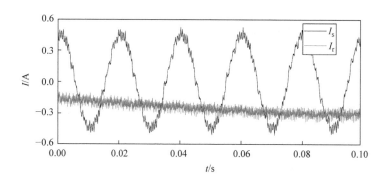

图 4-10　1460r/min 时定转子电流时域图

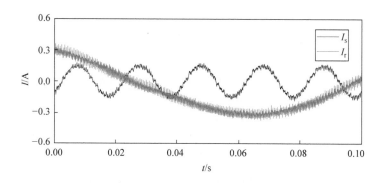

图 4-11　1700r/min 时定转子电流时域图

下面对等效风速和恒定风速下的实验结果进行对比分析。按照式（4-1）将等效风速函数输入到控制软件，当 $\omega = 3.14\mathrm{rad/s}$ 时，定子电流的 FFT（Fast Fourier Transform，快速傅里叶变换）对比结果如图 4-12 所示。与恒定风速时的频谱不同，等效风速输入情况下，可以明显地在定子电流基频两侧观察到等效风速带来的有规律的调制频率，并且大小为 0.5Hz，与输入等效风速参数一致。而在恒定风速情况下，则没有出现这一系列调制频率成分。

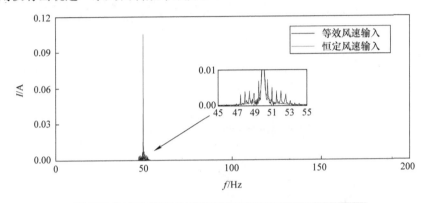

图 4-12 不同输入时定子电流频谱对比（彩图见插页）

图 4-13 所示为发生定子匝间短路时的转子电流频谱，可以看到，相比于正常工况，在发生定子匝间短路后，转子电流明显出现了故障特征频率。

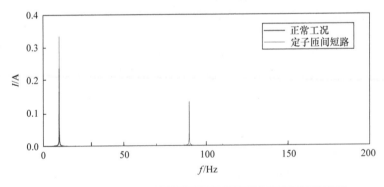

图 4-13 不同工况时转子电流频谱对比（彩图见插页）

4.4 本章小结

本章主要介绍了双馈风力发电机组故障实验平台的设计过程，并给出了自行研制的双馈风力发电机组模拟实验台，以及在该实验台所进行的实验结果分析。本章内容对后续研究的实验分析打下基础。

Chapter 5
第5章

等效风速建模及其空 ◀◀◀
间分布

5.1 引言

随着风电机组向大型化方向发展，机组的尺寸在不断增大，风机塔架越来越高，叶片半径越来越长，使得风剪切和塔影效应对风机的影响也越发显著。由于风剪切和塔影效应的存在，风速值在整个叶轮扫略面上是处处不同的，并且随叶轮直径、塔筒外径等几何参数的影响变化很大，由此所引起的俯仰弯矩、偏航弯矩等叶轮附加载荷的变化也随之增大[135]。因此基于风剪切（Wind Shear，WS）和塔影（Tower Shadow，TS）效应研究风速在整个叶轮扫略面上的空间分布情况具有重要的工程实用价值，建立精确的等效风速（Equivalent Wind Speed，EWS）模型对叶轮载荷计算、机组运行特性分析乃至风机的未来发展趋势等都具有重要意义。本章主要研究考虑风剪切和塔影效应以及两者共同影响下的风速模型，并定义推导各自干扰分量的数学表达式和空间分布，建立叶轮扫略面内的等效风速模型。然后深入研究和分析机组相关参数如叶轮半径、轮毂高度、塔架半径、悬垂距离、叶片数目以及风剪指数对等效风速的影响。

5.2 等效风速建模

兆瓦级的水平轴上风向三叶片风电机组是目前世界风电行业的主流机型，这些风机的叶轮直径巨大，2020 年 Vestas 推出的 15MW 海上风电机组叶轮直径已达236m，3 个叶片彼此间的夹角为120°；荷兰的 2 - B Energy 公司开发的 2B6 风电机组采用的是颠覆性的下风向两叶片设计，额定功率 6.2MW，叶轮直径达 140.6m，轮毂高度为 100m，两叶片之间夹角为 180°。无论风力机有几个叶片，其基本原理和构造均相差无几，图 5-1 定义了典型的风力发电机组若干几何参数：H 是轮毂中心高度、R 是叶轮半径、β 是叶片方位角、A 是塔筒半径、x 是悬垂距离（叶尖到塔筒中线的距离）。对于旋转叶片上的叶素，随着其距叶轮旋转轴线的距离不同以及叶片方位角的不断变化，风剪切和塔影效应所产生的影响差异显著。这些空间差异引起了叶轮上周期性的载荷波动。对现代风电机组各种控制技术如独立变桨距控制、转速波动抑制、转矩波动抑制等的研究改进，都需要以建立动态、精确的风速模型为前提。

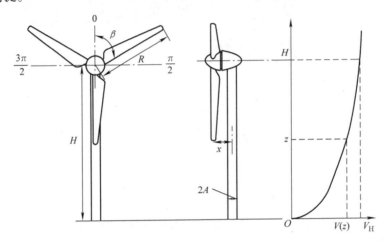

图 5-1   风剪切和塔影效应模型中若干参数的定义

5.2.1   风剪切

风是地球表面的空气运动，地表摩擦导致气流产生湍流，这使得风电机组所在的近地面层空气流具有半混沌性质，风速发生高度方向上的梯度变化，如图 5-1 所示。根据大气物理学，在大气边界层内风速随高度的增加而逐渐增大，风速在地表面等于零，而在大气边界层外缘同梯度风速相等，此变化规律称为风剪切。根据指数型经验公式，可得轮毂高度为 H 的风机所处的风剪切流场为[136,137]

$$V(z) = V_{\mathrm{H}} \left(\frac{z}{H} \right)^{\alpha} \tag{5-1}$$

式中，$V(z)$ 为高度 z 处的剪切风速；V_{H} 为轮毂高度处风速；α 为风剪切指数（与地面粗糙度有关）。

一般地，对于一台正常运行的 n 叶片风力机，叶轮每旋转 1 周，每个叶片都将旋转到最高位和最低位 1 次，即每个叶片都会经历风剪切流场中的最大风速和最小风速 1 次。因此，相对于旋转的叶片，剪切风速按 nP（P 为叶轮旋转角频率）的频率在周期性变化。为了深入研究风剪切对风速的影响，将式（5-1）变形为叶片上叶素距叶轮轴线的距离 r 和方位角 β 的函数形式[137]：

$$V(r,\beta) = V_{\mathrm{H}} \left(\frac{r\cos\beta + H}{H} \right)^{\alpha} \qquad (5\text{-}2)$$

将 V_{H} 移到公式左边以消除轮毂风速的局限，整理得到适用于全风速的函数表达式

$$\frac{V(r,\beta)}{V_{\mathrm{H}}} = \left(\frac{r\cos\beta + H}{H} \right)^{\alpha} = 1 + W_{\mathrm{ws}}(r,\beta) \qquad (5\text{-}3)$$

式中，$W_{\mathrm{ws}}(r,\beta)$ 是一个无量纲量，将其定义为风剪切对风速产生的扰动分量，可用泰勒级数进行展开。

本小节计算了 $W_{\mathrm{ws}}(r,\beta)$ 的前六阶泰勒级数展开项并对三阶到六阶的展开项进行了误差对比，如图 5-2 所示。从图中可以看到，各阶展开项均随着 r 的增大而增大。当叶轮半径小于 60m 时，各阶展开项（尤其是四阶及以上）产生的误差值都很小，因此在实际的计算应用中会将其忽略[137,138]。但是，当叶轮半径大于 60m 时，各阶展开项产生的误差值迅速增大，以叶轮半径达到 100m 时为例，当叶片所处方位角为 0 时，三阶项产生的误差约为 +3.4%，四阶项产生的误差约为 −1.8%；当叶片所处方位角为 π 时，三阶项产生的误差约为 −11.5%，四阶项产生的误差约为 −4.6%，五阶和六阶项产生的误差相对较小，均在 −3% 以内。可见，随着 r 的增大，$W_{\mathrm{ws}}(r,\beta)$ 泰勒级数展开项中的前四阶不能再被当做高阶无穷小量而忽略掉。

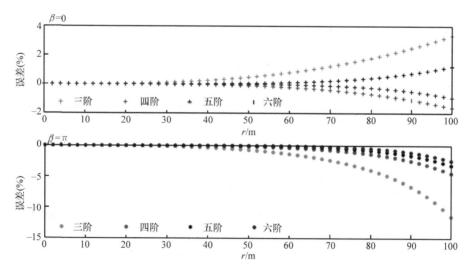

图 5-2　$W_{\mathrm{ws}}(r,\beta)$ 泰勒级数高阶展开项的误差（彩图见插页）

基于上述泰勒级数高阶项的误差分析，为了提高模型精度，同时有效降低计算量，本文对 $W_{\mathrm{ws}}(r,\beta)$ 进行了四阶泰勒级数展开，得到

$$W_{ws}(r,\beta) \approx \alpha\left(\frac{r}{H}\right)\cos\beta + \frac{\alpha(\alpha-1)}{2}\left(\frac{r}{H}\right)^2\cos^2\beta + \frac{\alpha(\alpha-1)(\alpha-2)}{6}\left(\frac{r}{H}\right)^3\cos^3\beta +$$

$$\frac{\alpha(\alpha-1)(\alpha-2)(\alpha-3)}{24}\left(\frac{r}{H}\right)^4\cos^4\beta$$

$$(5-4)$$

5.2.2 塔影效应

由于塔筒对气流的堵塞作用，塔筒上游和下游特定区域内的气流大小和方向都会受到影响，这种现象称为塔影效应，气流受塔筒影响的区域称为塔影区。塔影效应是水平轴风电机组运行过程中不可避免的一种负面效应[139]。塔筒是支持风电机组的关键部件，随着风机单机容量的增加，机舱重量以及巨大叶轮所受的风载迅速增大，因此塔筒的几何尺寸也随之增大以保证足够的支撑强度，因此现代大型风机的塔影效应越来越明显。

一般对于一台正常运行的 n 叶片风电机组，叶轮每旋转 1 周，每个叶片都将旋转到塔影区 1 次，当叶片旋转到最低位与塔筒平行时，其受到的塔影效应最显著。因此，相对于旋转的叶片，塔影风速也以按 nP（P 为叶轮旋转角频率）的频率在周期性变化。

由于塔筒的位置总是位于机舱下部，因此塔影效应仅存在于叶轮扫略平面的下半部分。因此，塔影效应可通过在叶轮扫略平面的下半部分（$\pi/2 \leq \beta \leq 3\pi/2$）添加一个额外扰动分量来表示[137-139]，见式（5-5）：

$$V(r,\beta) = V(z) + V_{ts}(r,\beta,x) \tag{5-5}$$

此额外干扰分量的数学表达式为

$$V_{ts}(r,\beta,x) = V_0\frac{A^2(r^2\sin^2\beta - x^2)}{(r^2\sin^2\beta + x^2)^2} \tag{5-6}$$

式中，A 为塔筒半径；r 为叶片上微元到轮毂中心的距离；β 叶轮方位角；x 为叶片到塔筒中心线的距离；V_0 为空间平均风速。

注意到，式（5-1）中的剪切风速和式（5-6）中的塔影风速应用了不同的参考风速：剪切风速的参考风速为轮毂高度处的风速 V_H，塔影风速的参考风速为空间平均风速 V_0。为了后续研究的方便，需要将他们统一到相同的参考风速 V_H 上。

空间平均风速 V_0 是通过在整个叶轮扫略面上各点的剪切风速进行积分然后再除以叶轮扫略面积得到的：

$$V_0 = \frac{1}{\pi R^2}\int_0^{2\pi}\int_0^R V_H[1 + W_{ws}(r,\beta)]r\mathrm{d}r\mathrm{d}\beta \tag{5-7}$$

$$V_0 = \frac{1}{\pi R^2}\int_0^{2\pi}\int_0^R V_H\left[1 + \alpha\left(\frac{r}{H}\right)\cos\beta + \frac{\alpha(\alpha-1)}{2}\left(\frac{r}{H}\right)^2\cos^2\beta + \right.$$

$$\left.\frac{\alpha(\alpha-1)(\alpha-2)}{6}\left(\frac{r}{H}\right)^3\cos^3\beta + \frac{\alpha(\alpha-1)(\alpha-2)(\alpha-3)}{24}\left(\frac{r}{H}\right)^4\cos^4\beta\right]r\mathrm{d}r\mathrm{d}\beta$$

$$(5-8)$$

$$V_0 = \frac{V_H}{\pi R^2} \int_0^R \left[2\pi r + \frac{\pi\alpha(\alpha-1)r^3}{2H^2} + \frac{\pi\alpha(\alpha-1)(\alpha-2)(\alpha-3)r^5}{24H^4} \right] \mathrm{d}r \quad (5\text{-}9)$$

$$V_0 = \frac{V_H}{\pi R^2} \left[2\pi \frac{R^2}{2} + \frac{\pi\alpha(\alpha-1)}{2H^2} \frac{R^4}{4} + \frac{\pi\alpha(\alpha-1)(\alpha-2)(\alpha-3)}{24H^4} \frac{R^6}{6} \right] \quad (5\text{-}10)$$

$$V_0 = V_H \left[1 + \frac{\alpha(\alpha-1)R^2}{8H^2} + \frac{\alpha(\alpha-1)(\alpha-2)(\alpha-3)R^4}{144H^4} \right] = MV_H \quad (5\text{-}11)$$

$$M = \frac{V_0}{V_H} = 1 + \frac{\alpha(\alpha-1)R^2}{8H^2} + \frac{\alpha(\alpha-1)(\alpha-2)(\alpha-3)R^4}{144H^4} \quad (5\text{-}12)$$

可将 M 定义为风速转换系数，M 与 α 和 R/H 的关系如图 5-3、图 5-4 所示，可以看出，对于任意 R/H 比值，当 $\alpha = 0.5$ 时，M 取得最小值；当 $0 \leqslant \alpha \leqslant 1$、$R/H < 3/4$ 时，$0.98 < M \leqslant 1$；当 $\alpha = 0.5$、$R/H = 1$ 时，$M = 0.9688$。因此，对于大多数情况下可以近似地认为 $V_0 = V_H$，如果精度要求高则可采用式（5-11）进行计算。

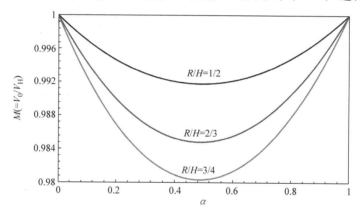

图 5-3   不同 R/H 比值时 M 随 α 的变化

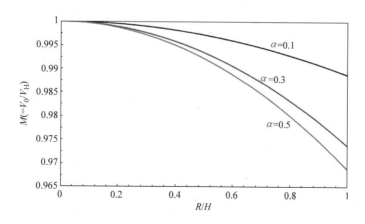

图 5-4   不同 α 时 M 随 R/H 比值的变化

将式（5-11）代入式（5-6），然后将 V_H 移到公式左边，消除轮毂风速的局限，并整理得到适用于全风速的函数表达式：

$$W_{ts}(r,\beta,x) = MA^2 \frac{r^2\sin^2\beta - x^2}{(r^2\sin^2\beta + x^2)^2} \tag{5-13}$$

式中，$W_{ts}(r,\beta,x)$ 是无量纲量，将其定义为塔影效应对风速产生的扰动分量。

现在，将 $W_{ws}(r,\beta)$ 和 $W_{ts}(r,\beta,x)$ 综合在一起，即可得到风剪切和塔影效应共同影响下的风速扰动分量 $W_+(r,\beta,x)$

$$W_+(r,\beta,x) = W_{ws}(r,\beta) + W_{ts}(r,\beta,x)$$

$$\approx \alpha\left(\frac{r}{H}\right)\cos\beta + \frac{\alpha(\alpha-1)}{2}\left(\frac{r}{H}\right)^2\cos^2\beta +$$

$$\frac{\alpha(\alpha-1)(\alpha-2)}{6}\left(\frac{r}{H}\right)^3\cos^3\beta +$$

$$\frac{\alpha(\alpha-1)(\alpha-2)(\alpha-3)}{24}\left(\frac{r}{H}\right)^4\cos^4\beta + \tag{5-14}$$

$$MA^2 \frac{r^2\sin^2\beta - x^2}{(r^2\sin^2\beta + x^2)^2}$$

需要注意的是，$W_+(r,\beta,x)$ 对风速的扰动区域仅在叶轮扫略圆面的下半区，即 $\pi/2 \le \beta \le 3\pi/2$。

通过风剪切和塔影效应的建模过程可知，整个叶轮扫略圆面被边界 $\beta=\pi/2$ 和 $\beta=3\pi/2$ 分为上、下两部分，见图5-1。在上半平面（即 $0\le\beta\le\pi/2$ 和 $3\pi/2\le\beta\le 2\pi$），风速仅受风剪切的扰动影响；在下半平面（即 $\pi/2<\beta<3\pi/2$），风速受风剪切和塔影效应的共同扰动影响。

5.2.3 等效风速模型

基于上述风剪切和塔影效应的数学模型，建立整个叶轮扫略圆面上的风速分布模型为：

$$V(t,r,\beta,x) = V_H(t)\left[1 + W_{ws}(r,\beta) + W_{ts}(r,\beta,x)\right] \tag{5-15}$$

式中，$W_{ws}(r,\beta)$ 由式（5-4）给定，β 的取值范围为 $0\sim 2\pi$；$W_{ts}(r,\beta,x)$ 由式（5-13）给定，β 的取值范围为 $\pi/2\sim 3\pi/2$。

$$V(t,r,\beta,x) = V_H(t)\left[1 + \alpha\left(\frac{r}{H}\right)\cos\beta + \frac{\alpha(\alpha-1)}{2}\left(\frac{r}{H}\right)^2\cos^2\beta +\right.$$

$$\frac{\alpha(\alpha-1)(\alpha-2)}{6}\left(\frac{r}{H}\right)^3\cos^3\beta +$$

$$\frac{\alpha(\alpha-1)(\alpha-2)(\alpha-3)}{24}\left(\frac{r}{H}\right)^4\cos^4\beta +$$

$$\left. MA^2 \frac{r^2\sin^2\beta - x^2}{(r^2\sin^2\beta + x^2)^2}\right] \tag{5-16}$$

对于 n 叶片风电机组，将式（5-16）在叶轮扫略圆面内沿叶片轴向积分可得到整个叶轮扫略圆面上的风速空间分布函数，整理后得

$$
\begin{aligned}
V_{\text{eq}}(t,r,\beta) &= \frac{2}{n(R^2 - r_0^2)} \sum_{b=1}^{n} \int_{r_0}^{R} V(t,r,\beta)\, r\mathrm{d}r \\
&= \frac{2V_{\text{H}}(t)}{n(R^2 - r_0^2)} \sum_{b=1}^{n} \int_{r_0}^{R} \left[1 + \alpha\left(\frac{r}{H}\right)\cos\beta + \frac{\alpha(\alpha-1)}{2}\left(\frac{r}{H}\right)^2 \cos^2\beta + \right. \\
&\quad \frac{\alpha(\alpha-1)(\alpha-2)}{6}\left(\frac{r}{H}\right)^3 \cos^3\beta + \\
&\quad \frac{\alpha(\alpha-1)(\alpha-2)(\alpha-3)}{24}\left(\frac{r}{H}\right)^4 \cos^4\beta + \\
&\quad \left. MA^2 \frac{r^2 \sin^2\beta - x^2}{(r^2 \sin^2\beta + x^2)^2} \right] r\mathrm{d}r
\end{aligned}
\tag{5-17}
$$

式中，$V_{\text{eq}}(t,r,\beta)$ 为等效风速；r_0 为叶根到叶轮旋转轴线的距离；β_b 为第 b 个叶片的方位角。

式（5-17）中的等效风速可分解为 3 个风速分量：轮毂风速（v_{eq0}）、剪切风速（v_{eqws}）和塔影风速（v_{eqts}）。等效风速及其各分量解析公式如式（5-18）～式（5-22）所示。

$$
v_{\text{eq}} = v_{\text{eq0}} + v_{\text{eqws}} + v_{\text{eqts}}
\tag{5-18}
$$

$$
v_{\text{eq0}} = \frac{2V_{\text{H}}}{n(R^2 - r_0^2)} \sum_{b=1}^{n} \int_{r_0}^{R} r\mathrm{d}r = V_{\text{H}}
\tag{5-19}
$$

$$
\begin{aligned}
v_{\text{eqws}} &= \frac{2V_{\text{H}}}{n(R^2 - r_0^2)} \sum_{b=1}^{n} \int_{r_0}^{R} \left[\alpha\left(\frac{r}{H}\right)\cos\beta_b + \right. \\
&\quad \frac{\alpha(\alpha-1)}{2}\left(\frac{r}{H}\right)^2 \cos^2\beta_b + \frac{\alpha(\alpha-1)(\alpha-2)}{6}\left(\frac{r}{H}\right)^3 \cos^3\beta_b + \\
&\quad \left. \frac{\alpha(\alpha-1)(\alpha-2)(\alpha-3)}{24}\left(\frac{r}{H}\right)^4 \cos^4\beta_b \right] r\mathrm{d}r
\end{aligned}
\tag{5-20}
$$

$$
v_{\text{eqts}} = \frac{2V_{\text{H}}}{n(R^2 - r_0^2)} \sum_{b=1}^{n} \int_{r_0}^{R} \left[MA^2 \frac{r^2 \sin^2\beta_b - x^2}{(r^2 \sin^2\beta_b + x^2)^2} \right] r\mathrm{d}r
\tag{5-21}
$$

$$
\beta_1 = \beta \quad \beta_b = \beta_{b-1} + \frac{2\pi}{n} \quad n \geq 1
\tag{5-22}
$$

为了便于研究，同样将式（5-17）中的 $V_{\text{H}}(t)$ 移到左边，消除轮毂风速的局限，整理得到适用于全风速的函数表达式

$$W_{eq}(t,r,\beta) = \frac{V_{eq}(t,r,\beta)}{V_H(t)}$$

$$= 1 + \frac{2}{n(R^2-r_0^2)}\sum_{b=1}^{n}\int_{r_0}^{R}\left[\alpha\left(\frac{r}{H}\right)\cos\beta + \frac{\alpha(\alpha-1)}{2}\left(\frac{r}{H}\right)^2\cos^2\beta + \right.$$

$$\frac{\alpha(\alpha-1)(\alpha-2)}{6}\left(\frac{r}{H}\right)^3\cos^3\beta + $$

$$\frac{\alpha(\alpha-1)(\alpha-2)(\alpha-3)}{24}\left(\frac{r}{H}\right)^4\cos^4\beta + $$

$$\left. MA^2\,\frac{r^2\sin^2\beta - x^2}{(r^2\sin^2\beta + x^2)^2}\right]r\mathrm{d}r \tag{5-23}$$

$W_{eq}(t,r,\beta)$ 也是无量纲量，可简写为 W_{eq}，并将其定义为叶轮等效风速变换因数，它能够描述基于风剪切和塔影效应的 n 叶片水平轴风电机组整个叶轮扫略平面内等效风速的空间分布和变化。

5.3 等效风速的空间分布

5.3.1 仿真数据

为了获得更直观的叶轮扫略圆面内的风速空间分布，本文以中国南方某风场 2.5MW 风力机的机组参数为例进行了数值模拟，该机型为三叶片上风向水平轴风电机组，机组设计参数为轮毂中心高度为 87m，叶片半径为 56.5m，风场的风剪切指数接近 0.4，锥形塔筒的平均半径为 1.92m，机组运行时叶尖距离塔筒中线的悬垂距离约为 5.2m。

同时，为了更好的研究机组参数对等效风速及其空间分布的影响，本文收集整理了若干风电产业领域具有代表性的经典机型及其相关参数，基本囊括了风电发展史上早期、中期和现代各个阶段的机组。这些机组的相关参数[137-141]见表 5-1。

表 5-1　风电史上若干典型风机的相关参数

项目	P/kW	R/m	H/m	$2A/\mathrm{m}$	x/m
参数	50	7.5	30	1.5/0.9（1.2）	2.5
	600	21.6	50	3.2/1.8（2.5）	3.6
	1500	35	70	4.0/2.8（3.4）	4.5
	2500	56.5	87	4.6/3.2（3.9）	5.2
	5000	63	123	5.3/3.5（4.4）	6.0
	8000	88.5	131	6.0/4.0（5.0）	7.5

风电机组通常使用变截面的锥形塔筒，本文在计算时将其视作等截面的圆柱形塔筒，半径取为相应锥形塔筒半径的平均值（表 5-1 中括号内直径数值的一半）。这种近似在现代大型风电机组设计计算中是可以接受的[137]。

5.3.2　等效风速空间分布的数值模拟

基于上述仿真数据，本节采用 MATLAB 软件对所建的风剪切、塔影效应及两者共同影响下的风速扰动模型和 n 叶片风电机组等效风速模型进行数值模拟。

图 5-5 所示为风剪切对风速产生的扰动分量 $W_{ws}(r, \beta)$ 在整个叶轮扫略圆面内的空间分布图。从图中可以看出，$W_{ws}(r, \beta)$ 的空间分布具有两个基本特征：第一，离轮毂中心越远，风速波动越大；第二，最大风速出现在 $\beta = 0$ 或 $\beta = 2\pi$ 处，最小风速出现在 $\beta = \pi$ 处。这表明当叶轮处于此剪切风速场中运转时，叶片上不同的叶片微元处的风速是不同的，并且随着叶轮的旋转方位的变化而变化，叶片微元距离叶根越远，受此风速波动的影响越大。这会造成整个叶片的转矩、弯矩等风载的波动和不平衡。

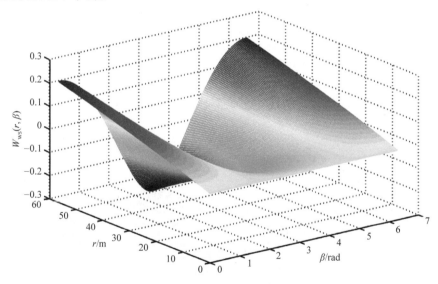

图 5-5　风剪切对风速产生的扰动分量 $W_{ws}(r, \beta)$ 的空间分布（彩图见插页）

图 5-6 所示为塔影效应对风速产生的扰动分量 $W_{ts}(r, \beta, x)$ 在整个叶轮扫略圆面内的空间分布图。可见，塔影效应对风速的影响在整个叶轮扫略圆面的下半部分（$\pi/2 \leqslant \beta \leqslant 3\pi/2$）是不均匀的，塔影区的风速在 $\beta = \pi$ 两侧的较小范围内存在急剧下降；另外还需注意到，风速在急剧下降前、后的一定范围内存在轻微的上升，这与风流分布理论是一致的，塔筒的存在迫使气流在塔前分离，并使塔筒两侧的局部风速略有提升。当叶轮处于此塔影风速场中时，叶片旋转到最低方位角即 $\beta = \pi$ 时，叶片处于塔筒正前方，此时塔影效应最显著。此外，塔影效应的不均匀

性使得接近叶根部位的叶片微元所受的风载波动周期和幅度与叶尖部位的叶片微元所受的风载波动周期和幅度相差很大，这会造成整个叶片出现周期性波动的附加内应力，同时也会造成周期性波动和不平衡的叶片转矩、弯矩等。

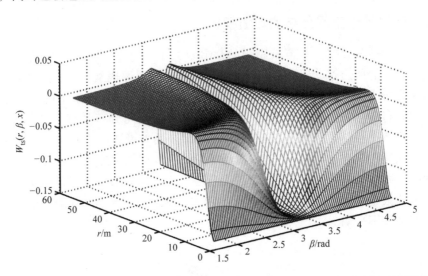

图 5-6　塔影效应对风速产生的扰动分量 $W_{ts}(r, \beta, x)$ 的空间分布（彩图见插页）

图 5-7 所示为风剪切和塔影效应共同对风速产生的扰动分量 $W_+(r, \beta, x)$ 在

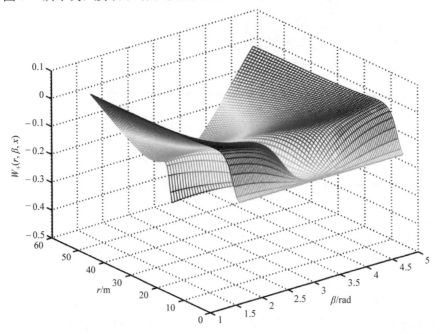

图 5-7　风剪切和塔影效应共同对风速产生的扰动分量 $W_+(r, \beta, x)$ 的空间分布（彩图见插页）

整个叶轮扫略圆面内的空间分布图。由于剪切风速和塔影风速的最小值都出现在 $\beta = \pi$ 处，因此二者的叠加不但没有改善风速的扰动，反而加剧了风速的波动，使风速的空间分布变得更加不均匀。

扰动分量 $W_{ws}(r, \beta)$、$W_{ts}(r, \beta, x)$ 和 $W_{+}(r, \beta, x)$ 是在仅考虑风剪切和塔影效应以及两者的共同影响得出的，其函数表达式中的参数仅用来表示叶轮扫略面上空间中点的位置，并没有涉及任何风电机组的具体参数。与之不同的是，等效风速变换因数 $W_{eq}(t, r, \beta)$ 中的参数一方面表示叶轮扫略面上空间中点的位置参数，另一方面也表示具体的机组参数诸如叶片数 n，叶轮半径 R，轮毂高度 H，塔筒半径 A，悬垂距离 x 以及风场参数 V_H 和 α，这些参数的变化将导致等效风速变换因数截然不同，即叶轮扫略面内的等效风速将发生很大变化。这些参数对等效风速变换因数 $W_{eq}(t, r, \beta)$ 的影响将在 5.4 节进行深入研究和分析。

图 5-8、图 5-9 和图 5-10 分别所示为 2 叶片、3 叶片和 4 叶片风力发电机组叶轮扫略面内的等效风速变换因数 $W_{eq}(t, r, \beta)$ 的空间分布图。可见，$W_{eq}(t, r, \beta)$ 的空间分布存在 nP（n 为叶片数，P 为叶轮旋转角频率）脉动分量，这也反映了在风剪切和塔影效应共同影响下，三叶片叶轮所受的等效风速的空间分布特点。

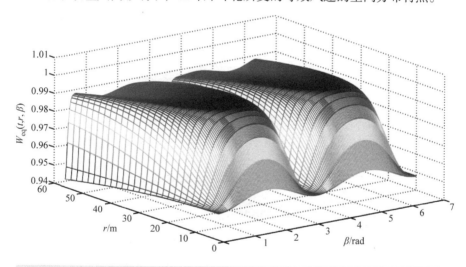

图 5-8　2 叶片叶轮等效风速变换因数 W_{eq} (t, r, β) 的空间分布（彩图见插页）

与文献［137］中建立的风速模型相比，本文建立的等效风速模型具有以下几个优点：第一，本等效风速模型充分考虑了风剪切和塔影效应，能够充分准确的反映叶轮上的风载状况；第二，本模型具有更一般的普遍适用性，它不仅适用于现代主流的三叶片水平轴风电机组，也适用于不多见的单叶片、两叶片及多叶片（多于 3 个）风力发电机组；第三，本模型无论是应用在小型、中型或大型风力发电机组的载荷分析、功率分析等，都具有很高的精度。

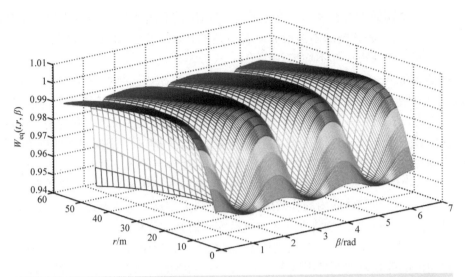

图5-9　3叶片叶轮等效风速变换因数 $W_{eq}(t, r, \beta)$ 的空间分布（彩图见插页）

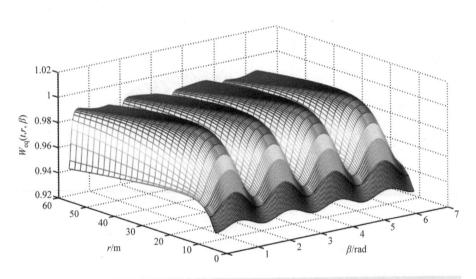

图5-10　4叶片叶轮等效风速变换因数 $W_{eq}(t, r, \beta)$ 的空间分布（彩图见插页）

5.4　等效风速空间分布的参数影响分析

目前，世界风电行业主流风电机组的叶片数是3片，这是多种因素综合考虑及作用下的最优结果，其中的主要因素是空气动力学效率与叶轮结构复杂程度之间的优化与平衡，其他因素还有气动载荷对称性、视觉优雅性等，前者是决定机组优劣以及制造与维护成本的重要指标，具有决定性作用，而后者只是锦上添花的附加结果并非决定因素。其他叶片数目的风机占比很小，因此本节重点以三叶片风电机组为研究对象，基于前文建立的等效风速模型及其空间分布展开全面的数值模拟和分析，深入研究各参数的影响规律。

5.4.1 叶轮半径 R 对 W_{eq} 的影响

用于数值分析和对比的叶轮半径 R 的取值分别为 7.5m、21.6m、35m、56.5m、63m 和 88.5m（见表 5-1）。如图 5-11 所示，叶轮旋转时等效风速变换因数 W_{eq} 中存在非常明显的 $3P$ 脉动分量，等效风速的脉动最小值分别出现在 $\beta = \pi/3$、$\beta = \pi$ 和 $\beta = 2\pi/3$ 处。当 $R = 7.5$m 时脉动幅值约为 0.033；当 $R = 21.6$m 时脉动幅值约为 0.067；当 $R = 35$m 时脉动幅值约为 0.048；当 $R = 56.5$m 时脉动幅值约为 0.049；当 $R = 63$m 时脉动幅值约为 0.050；当 $R = 88.5$m 时脉动幅值约为 0.058。可见，当叶轮半径由小变大时，等效风速的脉动幅值先迅速增大，然后略有回落并趋于稳定（增幅很小）。塔影效应的影响在等效风速 $3P$ 脉动分量中一直占有主导地位，远远大于风剪切产生的影响。但这并不意味着风剪切的影响就可以完全被忽略，其对 W_{eq} 的影响不是恒定不变的，而是随着叶轮半径 R 的增大逐渐变强。当 R 较小，如 $R = 7.5$m 和 $R = 21.6$m 时，风剪切产生的影响很小，可以将其忽略而只考虑塔影效应的影响。但当 R 较大，如 $R = 63$m 和 $R = 88.5$m 时，风剪切的影响变得非常显著。这表明叶轮半径越小，叶轮扫略面内最大和最小风速之间的差值越小，即风速变化范围小；叶轮半径越大，叶轮扫略面内最大和最小风速之间的差值越大，即风速变化范围大。

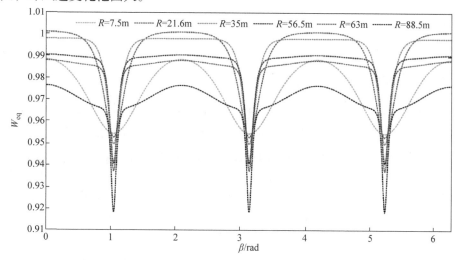

图 5-11 R 取不同值时 W_{eq} 与 β 的关系曲线（彩图见插页）

　　由于风剪切和塔影效应产生的风速脉动会使风机叶片所受的气动载荷也含有周期性脉动分量（主要为 $3P$ 分量），从而使机组整个传动系统更易出现振动、疲劳损坏等问题，不利于机组的长期运行。

　　图 5-12 给出了不同叶轮方位角 β 值时等效风速变换因数 W_{eq} 与 R 的关系曲线。可以看出，随着 R 的增大，叶片处于不同方位角时其所受的等效风速变化规律是不同的。当 $\beta = 0$ 时，W_{eq} 首先随着 R 的增加迅速增大，在 $R = 25m$ 时达到最大值，然后平缓下降；当 $\beta = \pi$ 时，W_{eq} 则随着 R 的增加始终平缓下降。这表明，当叶轮旋转时，叶片上不同位置的叶片微元所受的等效风速是不同的，并且随着叶轮的旋转以 $3P$ 频率周期性变化。

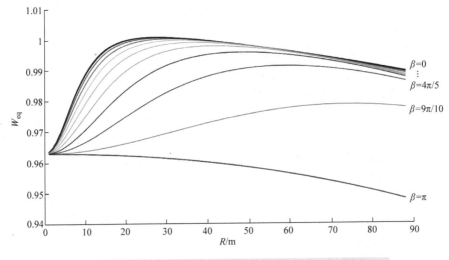

图 5-12　3 叶片叶轮的 W_{eq} 与 R 的关系曲线（彩图见插页）

5.4.2　塔筒高度 H 对 W_{eq} 的影响

　　用于数值分析和对比的塔筒高度 H 的取值分别为 30m、50m、70m、87m、123m 和 131m（见表 5-1）。从图 5-1 可知，随着塔筒高度 H 的增大，轮毂风速会变大，但对于相同的高度差，风剪切产生的风速变化范围趋于减小。基于这个因素，对于不同的 H 值，$W_{eq} - H$ 曲线具有不同的垂向位置，如图 5-13 所示。但是，这些曲线具有几乎相同的形状，这是因为当塔筒、叶轮的其他参数不变仅改变塔筒高度 H 时，塔筒的塔影效应是恒定不变的，$W_{eq} - H$ 曲线的变化仅受对高度值敏感的风剪切效应的影响。

5.4.3　塔筒半径 A 对 W_{eq} 的影响

　　用于数值分析和对比的塔筒半径 A 的取值分别为 0.6m、1.25m、1.7m、

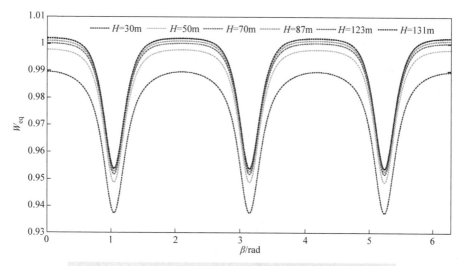

图 5-13 *H* 取不同值时 W_{eq} 与 β 的关系曲线（彩图见插页）

1.95m、2.2m 和 2.5m（见表 5-1）。如图 5-14 所示，等效风速变换因数 W_{eq} 在塔影区内急剧下降，并且随着塔筒半径 *A* 的增大下降的幅度也增大，但在远离塔影区的位置则变化不大。这表明，塔影效应与塔筒半径正相关，而风剪切则与塔筒半径不相关。

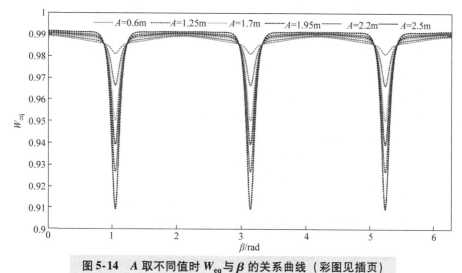

图 5-14 *A* 取不同值时 W_{eq} 与 β 的关系曲线（彩图见插页）

5.4.4　悬垂距离 *x* 对 W_{eq} 的影响

风力机运行时叶片与塔筒间的距离（悬垂距离 *x*）会随风载的变化而变化[142]。用于数值分析和对比的悬垂距离 *x* 的取值分别为 2.5m、3.6m、4.5m、

5.2m、6.0m 和 7.5m（见表 5-1）。如图 5-15 所示，与塔筒半径 A 对等效风速变换因数 W_{eq} 的影响相似，W_{eq} 在塔影区内急剧下降，但随着悬垂距离 x 的增大 W_{eq} 的脉动幅值不是增大，而是减小，在远离塔影区的位置同样变化不大。表明叶片越靠近塔筒，所受到的塔影效应越显著，塔影效应与悬垂距离也是正相关，风剪切与悬垂距离不相关。

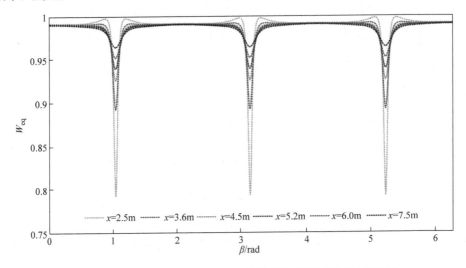

图 5-15 x 取不同值时 W_{eq} 与 β 的关系曲线（彩图见插页）

5.4.5 风剪切指数 α 对 W_{eq} 的影响

用于数值分析和对比的风剪切指数 α 的取值分别为 0.1、0.2、0.3、0.4、0.5 和 0.6，见表 5-1。风剪切指数反应了风速随高度的变化情况，即当 α 较小时，风速的变化梯度较小，风速随高度变化缓慢；当 α 较大时，风速的变化梯度大，风速随高度变化快。如图 5-16 所示，随着 α 取值的不同，$W_{eq}-\beta$ 曲线不但在垂向位置上不同，而且曲线形状也发生显著改变，这是因为虽然在塔影区塔影效应占主导地位，风剪切的影响相对较小，但在远离塔影区的位置，塔影效应消减殆尽，风剪切的影响凸显，两者的叠加使得曲线形状发生显著改变。

5.4.6 叶片数目 n 对 W_{eq} 的影响

对于叶片数目 n 对等效风速及其空间分布的影响研究，本文选取了风电技术发展史上具有代表性的 2 叶片叶轮、3 叶片叶轮和 4 叶片叶轮进行了数值模拟分析和对比，其中 3 叶片叶轮的等效风速及其空间分布已在上文重点研究，对于 2 叶片叶轮和 4 叶片叶轮的等效风速分布简要分析如下。

图 5-17 给出了不同叶轮方位角 β 值时 2 叶片叶轮的等效风速变换因数 W_{eq} 与 r

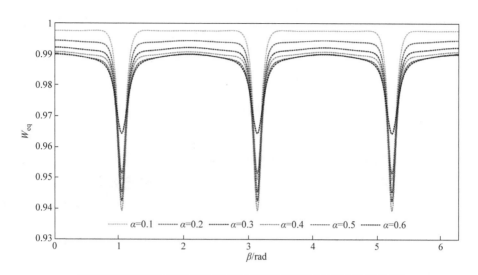

图 5-16　α 取不同值时 W_{eq} 与 β 的关系曲线（彩图见插页）

的关系曲线。可以看出，随着 r 的增大，叶片处于不同方位角时其所受的等效风速变化规律差异很大。与 3 叶片叶轮的等效风速不同，当 $\beta=0$ 时，W_{eq} 随着 r 的增加始终平缓下降；当 $\beta=\pi$ 时，W_{eq} 首先随着 r 的增加迅速增大，在 $r=16\mathrm{m}$ 时达到最大值，然后平缓下降。β 从 0 逐渐变化到 π 时，W_{eq} 随着 r 的变化规律存在一个拐点，这表明，当叶轮旋转时，叶片上不同位置的叶片微元所受的等效风速以 $2P$ 频率周期性变化。

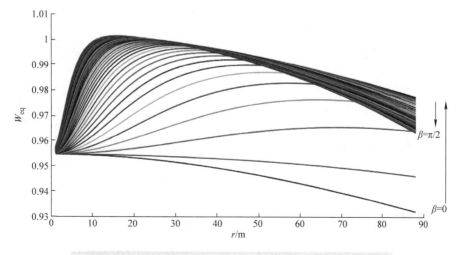

图 5-17　2 叶片叶轮的 W_{eq} 与 r 的关系曲线（彩图见插页）

图 5-18 给出了不同叶轮方位角 β 值时 4 叶片叶轮的等效风速变换因数 W_{eq} 与 r 的关系曲线。可以看出，随着 r 的增大，叶片处于不同方位角时其所受的等效风速变化规律差异很大。与 2 叶片叶轮和 3 叶片叶轮的等效风速均不同，无论取何值，W_{eq} 均首先随着 r 的增加迅速增大，然后趋于平缓下降或上升。当叶轮旋转时，叶片上不同位置的叶片微元所受的等效风速以 4P 频率周期性变化。

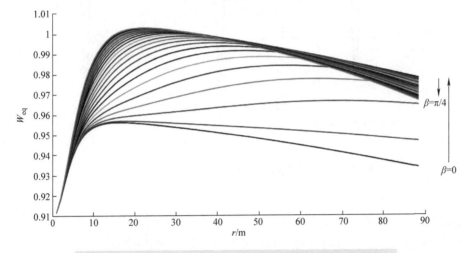

图 5-18　4 叶片叶轮的 W_{eq} 与 r 的关系曲线（彩图见插页）

图 5-19 和图 5-20 分别所示为叶轮半径分别为当 $R = 56.5$m 和 $R = 88.5$m 时的等效风速变换因数 W_{eq} 与 β 的关系曲线。通过不同叶片数目的 $W_{eq} - \beta$ 曲线间的对比分析可以得出以下结论：

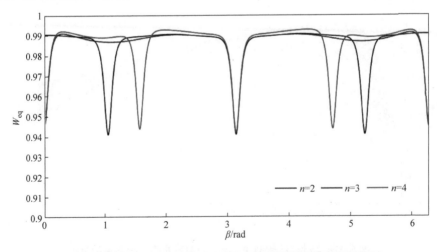

图 5-19　$R = 56.5$m 时 W_{eq} 与 β 的关系曲线（彩图见插页）

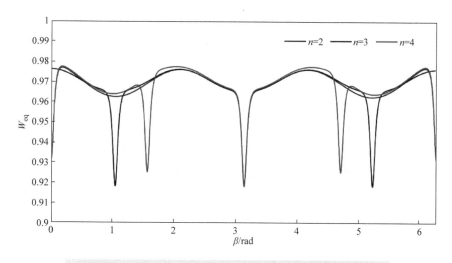

图 5-20　$R = 88.5\text{m}$ 时 W_{eq} 与 β 的关系曲线（彩图见插页）

1）叶轮旋转时存在非常明显的 nP（$n = 2$，3，4）脉动分量，其中塔影效应在等效风速 nP 脉动分量中一直占有主导地位，远远大于风剪切产生的影响。

2）$\beta = \pi$ 处的 W_{eq} 波动量值几乎相同，并未随叶片数目的不同而出现显著差异，表明相同几何参数下，叶片间的相互作用对等效风速的影响可以忽略不计。

3）叶片数目不同，风剪切和塔影效应的综合叠加效果不同，因此在叶轮旋转一周时，等效风速转换因数 W_{eq} 在一个完整周期中的数次脉动峰值不尽相同。

4）对于 2 叶片叶轮，等效风速的脉动最小值分别出现在 $\beta = 0$（$\beta = 2\pi$）和 $\beta = \pi$ 处。当 $R = 56.5\text{m}$ 时 W_{eq} 的脉动幅值约为 0.045，当 $R = 88.5\text{m}$ 时脉动幅值约为 0.051。对于 4 叶片叶轮，等效风速的脉动最小值分别出现在 $\beta = 0$（$\beta = 2\pi$）、$\beta = \pi/2$、$\beta = \pi$ 和 $\beta = 3\pi/2$ 处。W_{eq} 的脉动幅值与 2 叶片叶轮的等效风速脉动幅值相差无几。

5）从图中可以明显的看出，$R = 56.5\text{m}$ 和 $R = 88.5\text{m}$ 时，风剪切给 W_{eq} 的带来的脉动影响差别非常显著。当 $R = 56.5\text{m}$ 时，风剪切造成的脉动幅值约为 0.003，当 $R = 88.5\text{m}$ 时，风剪切造成的脉动幅值约为 0.015，相差约 5 倍。这表明随着叶轮半径的增大风剪切造成的影响会成倍增加，对于不断发展的现代大型风力发电机组来说，这一点会变得举足轻重。

综上所述，通过应用 MATLAB 软件对建立的 W_{ws}、W_{ts}、W_{+} 和 W_{eq} 模型及其空间分布进行数值模拟，得出以下结论：

1）W_{ws} 主要取决于风机参数 R、H 和风电场风剪切指数 α；W_{ts} 主要取决于风机参数 R、H、A 和 x，W_{+} 是 W_{ws} 和 W_{ts} 的叠加，因此取决于 R、H、A、x 和 α；W_{eq} 不仅取决于 R、H、A、x、和 α，还与风机的叶片数 n 有很大关系。

2）上述各参数对 W_{eq} 的影响不尽相同：R 可以改变 W_{eq} 的形状；H 可以使 W_{eq} 在垂向产生一定量的平移，但曲线形状几乎保持不变；α 决定了风剪切的影响；A 的增大会使塔影效应更加显著，而 x 的增大则会降低塔影效应对等效风速空间分布的影响；叶片数 n 可以影响等效风速的频率及其空间分布等。

3）当风电机组较小时，风剪切和塔影效应几乎可以忽略不计，但是随着机组向大型化快速发展，塔筒和叶轮的几何尺寸也在不断增大，此时风剪切和塔影效应对风力机的影响也越来越大，因此，在大型风电机组的设计、计算中继续应用简单的风速模型而忽略其影响显然不合时宜。

5.5　本章小结

本章针对 n 叶片风电机组建立了基于风剪切和塔影效应的等效风速模型，并对目前的主流机型——3 叶片风电机组深入展开数值模拟和分析，分别研究了风剪切和塔影效应以及风力机相关参数对等效风速的影响：

1）分别建立了风剪切、塔影效应以及两者共同影响下风速扰动分量 W_{ws}，W_{ts} 和 W_+ 的数学模型，并基于风剪切和塔影效应数学模型建立了具有普适性的 n 叶片风电机组等效风速模型，提出并推导了等效风速变换因数 W_{eq} 的数学描述。

2）采用 MATLAB 数值模拟了等效风速的空间分布情况，给出了 2 叶片叶轮、3 叶片叶轮和 4 叶片叶轮的等效风速空间分布图并分析了其分布特点，并分析了等效风速模型的优点：首先，充分考虑了风剪切和塔影效应，能够充分准确的反映叶轮上的风载状况；第二，具有更一般的普遍适用性，它不仅适用于现代主流的 3 叶片水平轴风电机组，也适用于不多见的单叶片、两叶片及多叶片（多于 3 个）风电机组；第三，无论是应用在小型、中型或大型风电机组的载荷分析、功率分析等，都具有很高的计算精度。从等效风速的空间分布特点看，由于风剪切和塔影效应的存在，叶轮扫略面内的等效风速不是均匀的或静态的，而是在整个叶轮扫略面内是处处不同的，并且相对于叶片周期性波动。

3）深入研究了等效风速与风机相关参数 R、H、A、x 以及 α 和 n 的关系，这些参数对等效风速的影响各不相同。

综上所述，基于本章的研究成果，将有助于更好地了解等效风速的空间分布特性以及风机相关参数对等效风速的影响。

Chapter 6
第6章

风力发电机及叶轮故障◀◀◀◀ 诊断研究基础

6.1 引言

　　风电机组受风速不断变化的影响，长期运行于交变载荷工况下。在实际运行中，叶片受到交变载荷的作用，然后通过主轴传递到风电机组的其他关键零部件，例如轴承、齿轮箱和发电机等，对风电机组的运行造成极大的影响。风力发电机作为风电机组的关键部件，长期运行在交变工况下，加之外界环境、机组振动、绕组过电压及机组运行时间长等因素，极易发生机械及电气部分的故障，其可靠性直接影响风电机组的正常运行。对风电机组的运行状态进行监测，根据监测结果指导风电机组的维护工作，可有效降低机组的维护和维修成本。

　　本章将主要介绍关于风电机组叶轮和发电机故障诊断方面的研究基础，对常见的故障及其机理、故障诊断方法和信号分析方法等进行详细介绍。

6.2 风力发电机常见故障及机理

　　风力发电机常见故障主要包括电气故障（绕组故障）和机械故障（气隙偏心和发电机轴承故障等）。其中绕组故障主要包括匝间短路故障、相间短路以及对地短路和三相不对称等。永磁发电机还有一种常见的退磁故障。

1. 气隙偏心故障

　　气隙偏心是发电机的一种常见故障[87,143]，电机定转子在安装或运行过程中，转子中心与定子中心不重合，导致定转子之间的气隙不均匀则被称为气隙偏心。当发生气隙偏心故障时，不均匀的气隙将导致电机内磁通的不均匀分布，进而产生不平衡磁拉力。最常见的偏心故障包括如图6-1a所示的静态偏心、图6-1b所示的动态偏心以及二者混合偏心。当发生静态偏心时，转子轴向与定子内径轴向有偏斜，转子轴的中心线对定子的中心是有一个常值的偏移，转子轴与定子是相对静止的，非均匀的气隙不随着时间而变化。当发生动态偏心时，轴的中心线对定子中心的偏移量是一个变化量，气隙长度也会随着转子的旋转而不停地变化。混合偏心是动偏心和静偏心同时存在的情况，在实际当中也很常见。

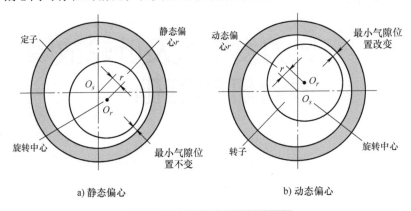

a) 静态偏心　　　　　　b) 动态偏心

图 6-1　气隙偏心故障示意图

2. 匝间短路故障

定转子绕组匝间短路故障亦是发电机常见故障之一，发电机在运行过程中，定转子绕组的同相线圈之间由于振动和热效应等因素，导致一个线圈中相邻两匝或几匝导线之间的绝缘损伤后接触称为匝间短路[144]。在匝间短路故障的早期阶段，将在匝间短路回路产生大的回路电流，导致绕组温度上升。若不能有效地检测和判断其故障严重程度，将对电机定子绕组造成不可挽回的损害，甚至切机。因此，研究发电机绕组匝间短路故障对提高风电机组运行的可靠性具有重要意义。按照故障发展过程匝间短路故障可分为萌芽期、发展期和故障期，其中发展期多为非金属匝间短路，且持续时间较长，如不及时诊断，将发展为故障期，成为金属性匝间短路。电机发生匝间短路故障后，绕组结构不再对称分布，气隙磁通密度的对称性遭到破坏，气隙磁通谐波会发生变化，三相电流不再平衡[145]。匝间短路时，将短路回路作为新的一相，图 6-2 所示为星形联结的绕组 A 相匝间短路故障示意图。

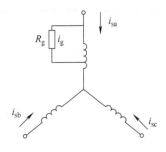

图 6-2　匝间短路示意图

3. 绕组不对称故障

绕组不对称故障一般是由于加工工艺、热和振动等因素造成的定转子绕组阻值变化，是发电机常见的电气故障之一。绕组不对称故障发生时，只有相电阻增加，相电感不变，从而会导致三相电流和电压不平衡、转矩脉动和过热等现象[67,146]，并影响电机的安全运行。该故障的建模一般是通过在一相绕组串联一个附加电阻实现，如图 6-3 所示为星形联结的一相绕组不对称示意图。

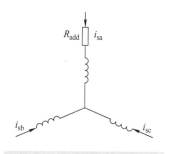

图 6-3　绕组不对称示意图

4. 永磁发电机退磁故障

永磁体是永磁电机中最重要的部件之一，退磁故障分别有均匀退磁和不均匀退磁故障。均匀退磁是指所有的永磁体都发生退磁故障，不均匀退磁是指部分永磁体发生退磁故障。永磁体可能由于热应力、外消磁磁力、电气故障（例如绕组短路）、环境因素（例如氧化）、不平衡负载、转子故障（偏心、转子磁体损坏）等多种原因而产生退磁[147]。退磁会进一步导致或者弱化不平衡转子磁通，同时伴随过热、振动增大和转子故障等。这些故障最终会通过热、磁现象表现出来。

5. 发电机轴承故障

轴承是发电机的关键部件，前后端轴承支撑发电机转子的运转。由于风力机的运行工况复杂多变，轴承也承受了交变载荷，因而容易发生故障。采用传感器采集发电机振动或定子电流等信号，并对信号进行分析，可以诊断轴承的故障。

6.3　风力发电机常用故障诊断方法

1. 基于信号分析的诊断方法

1）机械振动信号：这是一种较为广泛使用的信号，对于气隙偏心故障和发电机轴承故障来说，振动信号能够从时域、频域等多个维度反映其运行状态，因而基于振动信号分析的旋转机械故障诊断技术发展比较成熟[143]，广泛应用于实际风电机组故障诊断和状态监测等领域。另外对于气隙偏心和匝间短路故障，由于故障导致磁场不均匀，从而引起电磁力的变化，会使得电机有规律的振动，同样可以利用发电机的振动信号进行故障诊断，但是故障类型和特征不能唯一对应，需要结合电气信号特征进行更加准确的诊断。

2）冲击信号：该信号使用脉冲信息来描述，具有持续时间短，振幅高的特点。滚动轴承在工作时，滚动体与滚道表面之间的润滑油产生波动，且对外滚道产生能量较小但是频率较高的冲击；同时滚动体经过某一轴承缺陷位置时会产生能量较大但是频率较低的冲击，此冲击会随着缺陷程度的加重而增大，冲击信号法即利用传感器对其放人之后再进行采集，经分析之后以确定轴承的运动状态。

3）温度信号：发电机的故障造成的内部气隙分布不均匀，会导致定、转子铁心内的磁场发生变化，进而影响铁心的损耗及线圈的损耗，导致发电机局部温度上升，性能下降，因此对发电机局部进行温度检测，也可以为故障诊断提供参考。

4）噪声信号：振动、冲击和噪声信号是体现电机是否正常运行的重要表现。在设计电机和安装阶段，会尽量选择减小噪声的设计。但是发电机在运行时，由于负载、环境和故障等原因，会导致振动噪声过大。所以对振动噪声进行分析，可以有效地检测发电机的运行状态。在发电机工作时，由于定转子磁场的相互作用，会产生电磁力，该力会使得定子和机座随着发电机的运动有周期性的形变，即导致定子振动，产生电机电磁振动噪声。定子故障、转子故障（匝间短路、永磁发电机退磁）、气隙偏心、发电机轴承故障等情况会使电机产生机械噪声。

5）电流信号：电机电流信号分析（Motor Current Signature Analysis, MCSA）是电机故障诊断中广泛使用的方法之一。该方法采用非侵入式的监测手段，通过对电机电流信号进行频谱分析，提取故障的特征量，从而实现对故障的诊断。发电机很多故障都会引起电机电流信号随着时间规律性的变化，如匝间短路故障、气隙偏心故障和轴承故障等，均可以在定子电流中产生特征频率，所以可以通过分析电流信号的频率谐波成分，辅助确定故障类型。

6）电磁场信号：发电机发生电气故障（匝间短路、绕组不对称等）和机械故障时（气隙偏心），会对电流产生影响，电流的变化将会导致发电机的磁场产生变化，影响气隙磁密，同时也会导致发电机起动和稳定运行时的磁密发生变化，可通过安装传感器，测量发电机不同运行状态时的磁密，为发电机状态的确定提供参考。

7）功率信号：发电机匝间短路时，短路回路会有一附加环流，其产生的磁场为以短路匝绕组为中心的脉振磁场，脉振频率为电流基频，电磁转矩会产生基频的2倍频谐波。而发电机气隙偏心时，气隙磁导也会发生变化，同样会导致电磁转矩产生特征频率。这些特征频率会直接反映在电机输出功率中，可通过对输出功率的检测进行故障的诊断。

2. 基于模型的诊断方法

常见模型包括多回路模型[148]和有限元模型[81]。基于多回路模型的诊断方法，常用于发电机匝间短路故障诊断中，建立短路后的多回路数学模型，可以定量地计算发生故障后的短路数与定子并联支路环流之间的关系。基于有限元模型的诊断方法是在有限元软件中建立发电机机械故障和电气故障的模型，其中匝间短路故障需要场路耦合模型，可模拟不同故障程度以及不同的故障位置，从而分析故障发生时的电气特性和力学特性。有限元模型的建立需要准确的发电机结构参数。

3. 基于人工智能的诊断方法

常用的人工智能诊断方法有基于模糊逻辑的诊断方法、神经网络诊断方法、专家系统诊断方法和深度学习算法等。尤其是基于深度学习算法的故障诊断技术目前受到广泛关注。

基于模糊逻辑诊断方法，由于不同的故障特征和故障的原因之间会有不同程度的因果关系，但是故障特征和故障并不是一对一，故障特征的随机性、模糊性和一些信号的不确定性，导致了故障表征的多样性，一般不能用数学公式精确的描述，于是可以用模糊逻辑和模糊诊断矩阵来分析故障与各故障特征之间的关系。此方法可以模拟人类的推理能力，但是在使用中缺少在线学习能力，不具有普适性，且模糊系统的建立大多来源于专家经验和人工调试[149]。

神经网络（Neural Networks，NN）是使用最多的用于提取故障特征信号的智能算法，在经过充分训练后能够有效的排除噪声、供电不平衡等因素的影响，并实现对故障的定位[150]。神经网络为自适应的模式识别技术，结构包括输入层、隐含层和输出层。通过网络学习来确定系统的各个参数与结构，以实现训练。待检测的信息训练完成之后，即可自动对被识别对象进行分类。但是当学习样本较大时，收敛速度会变慢，陷入局部极小值，且分类的准确性受到多个不确定因素的影响。

专家系统诊断方法是经过长期的实践经验和大量的故障信息知识，所设计出的计算机程序系统，用以模拟人类专家的思维来实现诊断。主要包括全局数据库、知识库、推理机、解释部分和人机接口[151]。

深度学习（Deep Learning，DL）思想最早是由学者Hinton等人在2006年提出的，深度学习思想认为通过深度多层的网络结构得到的数据特征可以比较完整地描述原始数据，通过逐层初始化的方法能够简化神经网络的训练。近年来，深度学习算法在故障诊断方面得到迅速发展。当前使用较多的深度学习模型包括自编码网络、深度置信网络、卷积神经网络和循环神经网络等[152]。基于深度学习理论的风力发电机故障诊断的研究，大多集中在发电机轴承故障方面，针对发电机其他故障的诊断研究相对较少。

6.4　基于信号处理的诊断方法

6.4.1　气隙偏心故障

双馈发电机发生气隙偏心故障时，定子电流频域图中会出现新的故障特征频率，故障特征频率可以用下面的公式计算[81]：

$$f_{ec} = f_1 \left[(R_d \pm n_d) \frac{1-s}{n_p} \pm n_{ws} \right] \tag{6-1}$$

式中，f_1为电网频率；R_d为定子槽数；n_d代表动偏心；s为转差率；n_p为极对数；n_{ws}为奇整数。

在永磁发电机发生偏心故障后，近气隙处和远气隙处的电磁场将发生明显改变，近气隙处磁场增强，反之减弱，且在空载条件下气隙磁场与偏心度呈线性变化。偏心发生时气隙磁场中将出现偶次谐波分量，当电机增加负载后，其气隙磁密将由于电枢反应的影响而发生倾斜，且气隙磁密幅值将随着负载的增加而增加。因此定子电流中会出现新的特征频率，可以用以下公式计算[153]：

$$f_{\text{field}} = f_1\left(A \pm \frac{B}{n_{\text{p}}}\right) \tag{6-2}$$

式中，A 一般取 1，对应定子电流基波频率；B 取整数，为故障引起的调制谐波次数。

式（6-2）表示在基波频率 f_1 两侧会出现多个故障谐波频率，比如 $f_1 \pm 1/n_{\text{p}}$、$f_1 \pm 2/n_{\text{p}}$、$f_1 \pm 3/n_{\text{p}}$ 等。

6.4.2 匝间短路故障

1. 电机电流信号分析

以发电机定子绕组匝间短路故障为例，短路故障造成三相绕组不对称，对电机气隙磁场产生影响，会在气隙磁场和漏磁通中产生如下频率分量[154]：

$$f_{\text{st}} = f_1\left[n_{\text{ws}} \pm k\frac{1-s}{n_{\text{p}}}\right] \tag{6-3}$$

式中，$k = 1$，2，3，$\cdots$，$(2n_{\text{p}} - 1)$。

定子绕组匝间短路故障发生时，由于定子和转子之间的互感，产生有一定规律的谐波频率成分。在定子中产生基频的奇数倍，即 $f_{s1} = k_1 f_1 (k_1 = 1，3，5\cdots)$，在转子绕组中产生频率 $f_{r1} = (k_2 \pm s)f_1 (k_2 = 2,4,6\cdots)$。

即发生定子匝间短路时，在双馈发电机和永磁同步发电机的定子电流中，都会产生基频的奇数倍，尤其以三倍频最为明显，因此可利用此频率作为定子匝间短路故障的诊断。

为提取电流中的特征频率，一般使用快速傅里叶变换（FFT）对故障电流波形进行频率成分分析。但是 FFT 不适用于变频率变负载的运行工况，针对这一问题，一种办法是使用短时傅里叶变换（Short Time Fourier Transform，STFT），通过加窗来计算各个部分信号的傅里叶变换结果。但是 STFT 由于窗函数事先定好，不能更改，导致其不能兼顾时间分辨率和频率分辨率，只能在有限的转速和负荷条件下进行诊断[155]。另一种方法是使用小波变换。小波变换通过使用随频率改变的窗口，实现了在高频信号和低频信号区都能得到足够的信息[156,157]。为了排除噪声等因素的干扰，研究者们不断尝试将人工智能、机器学习和深度学习等方法应用于匝间短路故障诊断。

2. 负序分量分析

匝间短路故障会引起电机三相绕组不对称，从而在电流中产生负序分量。但是负序电流同样会来自电机运行中电压不平衡和绕组不对称故障等，不能唯一确定故障类型。而负序阻抗相对于电压不平衡和负载的波动敏感度较低[158,159]，对于小型感应电机来说，可利用负序阻抗来进行诊断。

3. 磁信号分析

电机的绕组匝间短路故障会造成三相绕组不对称，并对电机气隙磁场产生影响，从而产生相应的谐波分量。在预先确定电机正常运行时磁通大小的情况下，可通过使用探测线圈检测电机磁通的大小及谐波分量，以实现匝间短路故障的检测[160,161]。从探测线圈或传感器放置的位置上来分，主要分为安装在电机外和电机内两大类。

基于磁信号的监测方法相对于电信号测量，能够获得更多的位置信息，对各种类型故障的区分能力较强。但是漏磁信号本身信号强度较弱，且容易受到在线运行时电磁干扰的影响；而气隙磁场信号的测量需要对电机结构进行改变，不具备非侵入性的优点。

4. 瞬时功率分析

分解电机的瞬时功率，可以有效的计算出电机绕组不对称、温度变化和电机非线性对负序电流的影响，并且排除了电压不平衡产生的负序电流，从而得到仅由绕组故障引起的负序电流，有较高的准确度[148,162]。功率分解法中需要用到电机的电抗等参数，若能准确获得电机参数，将大幅提高该方法故障诊断的精度。

5. 振动信号分析

定子匝间短路时，作用于定子内圈的脉振电磁力也会发生规律性变化，也可以利用振动信号对其进行故障诊断：

1）基波磁密，将产生脉振频率为 $2f_1$ 的电磁力作用于定子内表面。

2）2 次谐波磁密，将产生脉振频率为 $4f_1$ 的电磁力；并与基波磁密相互作用，产生脉振频率为 f_1、$3f_1$ 的电磁力。

3）3 次谐波磁密，将产生脉振频率为 $6f_1$ 的电磁力；与基波磁密相互作用，将产生脉振频率为 $2f_1$、$4f_1$ 的电磁力；与 2 次谐波磁密相互作用，将产生脉振频率为 f_1、$5f_1$ 的电磁力作用于定子内表面。

4）由于定子匝间短路首先引起负序磁场，然后通过气隙在转子绕组感应附加的 2 次谐波电势，再通过气隙在定子绕组中感应附加的 3 次谐波电动势。因此由转子绕组 2 次谐波电流产生的气隙 2 次谐波磁密和由定子绕组 3 次谐波电流产生的气隙 3 次谐波磁密，与基波磁密相比，幅值较小。定子绕组发生故障前后，频率为 $2f_1$ 的定子振动变化量相对较大[163]。

6.4.3　绕组不对称故障

根据相关研究，绕组不对称故障情况下，定子电流中会出现基频及其奇数次谐波，其中以 3 倍频谐波分量为主。此外可利用零序电压中基波、5 次和 7 次等谐波来诊断定子绕组不对称故障，并且在新出现的谐波中，基波的幅值明显地比 5 次和 7 次等谐波的幅值大，幅值大表明其对故障更为敏感。零序电流中也会出现新的基波、5 次和 7 次等谐波[47,60]。

6.4.4 轴承故障

轴承的不同故障的故障特征频率与轴承参数和转速有关，常见的外圈故障、内圈故障、滚动体故障和保持架故障的特征频率 f_{BPFO}、f_{BPFI}、f_{BSF}、f_{Cage} 计算如下[164]：

$$f_{BPFO} = \frac{nf_r}{2}\left(1 - \frac{D_1}{D_2}\cos\eta\right) \tag{6-4}$$

$$f_{BPFI} = \frac{nf_r}{2}\left(1 + \frac{D_1}{D_2}\cos\eta\right) \tag{6-5}$$

$$f_{BSF} = \frac{nf_rD_2}{2D_1}\left(1 - \left(\frac{D_1}{D_2}\cos\eta\right)^2\right) \tag{6-6}$$

$$f_{Cage} = \frac{f_r}{2}\left(1 - \frac{D_1}{D_2}\cos\eta\right) \tag{6-7}$$

式中，n 为滚动体的数量；f_r 为轴承的转频；D_1 为滚动体直径；D_2 为轴承的节径；η 为滚动体与轨道的接触角。

对于恒转速下的轴承故障，可以通过对轴承的振动信号进行包络分析，在包络谱中辨别故障特征频率，来进行轴承的故障诊断。

发电机轴承故障时，每旋转经过故障点，会对转矩产生冲击，按照与故障点接触的频率，故障会在转矩中引入频率为故障频率 f_c（根据式（6-4）至式（6-7）计算）的周期性脉冲，从而影响转速的波动，进而影响磁密，会对定子电流造成调制影响：

$$I_m = I_0\sin\left[2\pi f_1 t + nA_c\cos(2\pi f_c t)\right] \tag{6-8}$$

式中，I_0 为电流基波幅值；A_c 为调制部分的幅值；n 取整数。

故障特征在电流中会表示为 $|f_1 \pm nf_c|$。

对于变转速时，除了振动信号之外，还可以从发电机电流中估计转速和实现阶次分析。

6.4.5 退磁故障

目前，常用于退磁故障诊断的特征信号包括径向磁感应强度、反电动势、定子电流和电磁转矩。当发生退磁故障时，径向磁感应强度会随着退磁故障程的增加而减小，气隙合成磁密的奇数次谐波含量会增加，发电机电磁转矩会发生脉动振荡，进而引起发电机整体的振动，严重时会影响电机运行[145]。

永磁发电机发生退磁故障时，定子电流中会产生与式（6-2）所示类似的特征频率。

对定子电流进行信号处理，得到其谐波成分，可有助于故障的识别。但是，失磁故障下的特征频率在气隙偏心故障时也会产生，因此还需要通过其他特征进行辅助判断，才能准确地确定故障类型。

6.5 叶轮故障及诊断研究基础

6.5.1 叶轮不平衡故障

针对叶轮不平衡故障，研究方法主要包括基于电气信号（功率和电流）和机组振动信号的故障特征分析。

1. 振动信号特征分析

图 6-4 所示为 3 叶片风机叶轮的简化模型。

叶轮的每个叶片可以用质量 m_i（对于 3 叶片叶轮，$i = 1$，2，3）来描述，质量 m_i 位于叶片重心，与转子轴的距离为 r_i。对于质量完全平衡的转子，如图 6-4a 所示，每个叶片的离心力绝对值 F_i 相等。由于转子的对称几何形状，3个力矢量之和将为零：

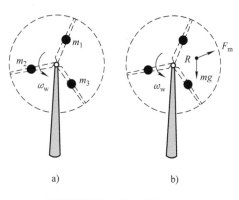

图 6-4　叶轮简化示意图

$$\vec{F}_1 + \vec{F}_2 + \vec{F}_3 = 0 \qquad (6-9)$$

叶轮质量不平衡情况下，相当于在

3 个质量相等的叶片上附加了一个虚拟质量块 m[20-22]，质量块随叶轮一起以角速度 ω_w 旋转，如图 6-4b 所示。在旋转过程中质量块所受到的力主要包括自身的重力 mg 以及离心力 F_m。在离心力的作用下机组发生振动，由于塔筒在竖直方向的刚度比较大，因此将主要引起叶轮、机舱和塔筒在水平方向的振动，离心力水平方向的分力可表示为

$$F_w = m\omega_w^2 R\sin(\omega_w t + \phi_w) \qquad (6-10)$$

式中，R 为距轮毂距离；ω_w 为叶轮旋转角速度；ϕ_w 为叶轮初始位置角度。

由上式可知，离心力将引起机组水平方向振动，振动频率为叶轮转频（即所谓的 $1P$ 频率），但离心力并不会对主轴产生扭矩，故对风力机的气动转矩不会造成影响。因此，不少文献指出，可通过监测机舱等部位振动信号来诊断叶轮质量不平衡故障，特征频率为叶轮一倍转频。

除此之外，还可以根据叶轮质量不平衡和气动不对称与机舱振动的关系，利用非线性规划理论从机舱的振动数据中逆向推算不平衡质量块大小以及造成气动不对称的桨距角偏差，实现根据振动信号重构叶轮质量不平衡和气动不对称程度的途径。

其他方面，还可以利用希尔伯特 - 黄变换、支持向量机[165]、多元信息融

合[166]以及神经网络的方法[167]对振动数据分析和处理，以便诊断与区分叶轮不平衡故障。

2. 功率信号特征分析

虽然基于振动的监测理论比较成熟，但是考虑到风电机组的机舱本身振动就比较复杂，因此振动监测的准确度不高，而且额外的安装加速度传感器成本也较高。而利用发电机端的电气参量来进行风电机组的故障诊断是一种比较成熟可靠的技术。

由上述可知，离心力将引起机组水平方向振动，但离心力并不会对风力机的气动转矩造成影响，而等效不平衡质量块产生的重力矩会对风力机的输出转矩产生影响。因此风力机输出的机械转矩 T_m 可表达为

$$T_m = T_{m0} + mgR\sin(\omega_w t + \phi_w) \qquad (6\text{-}11)$$

式中，T_{m0} 为气动转矩。

在机组传动链等效为一个质量块的模型下，由于式（2-39）中的 K 和 D 一般可近似为 0，则双馈风电机组传动链的运动方程可表示为

$$T_m - T_e = J\frac{d\omega_g}{dt} \qquad (6\text{-}12)$$

而发电机电磁功率可表示为

$$P_e = \Omega T_e = \frac{2\pi f_1 T_e}{n_p} \qquad (6\text{-}13)$$

式中，Ω 为同步电角速度；f_1 为定子同步频率；n_p 为极对数。

联立式（6-11）～式（6-13）可得

$$P_e = 2\pi f_1 \frac{\left[T_{m0} + mgR\sin(\omega_w t + \phi_w) - J\dfrac{d\omega_g}{dt} \right]}{n_p} \qquad (6\text{-}14)$$

从式（6-14）可知，叶轮质量不平衡故障使电磁功率包含一倍转频的谐波，其幅值应为 $2\pi f_1 mgR/n_p$。

通过对叶轮质量不平衡和气动不对称故障情况下发电机输出功率的频谱特性进行分析，两种故障时在功率的频谱中都能发现在叶轮的一倍转频处（1P）存在峰值。而针对随机变转速下傅里叶变换对信号分析的缺陷，可以进一步对功率进行双相干归一化双谱分析以及小波分析等，提取叶轮不平衡故障时的故障特征。

3. 电流信号特征分析

在上述机械振动信号和电功率信号特征分析的基础上，有文献分析了叶轮质量不平衡情况下，风力发电机定子电流的特点，并利用定子电流 Park 变换后求模平方的办法[37]，以及基于导数分析的方法来诊断叶轮质量不平衡故障[38]。但是关于叶轮气动不对称下的电机电流特征和特征提取方法，在之前的研究中较少见到。在本书后续章节中将针对叶轮的气动不对称展开详细研究。

6.5.2　叶轮其他故障

在叶轮其他故障方面，有研究者使用光纤光栅应变传感器分析叶片的微弱变形，对其进行实时的变形监测。采用光学相干断层成像术，对叶片做超声波诊断，可以探及叶片内部的裂纹与缺陷。还可以利用声发射技术对叶片进行疲劳裂纹以及损伤检测。对于叶片的雷击故障，Kramer S. G. M. 等人采用光纤传感器网络采集叶片表面的应变信号，分析叶片的变形，并用以确定叶片被雷击损害的位置[32]。有不少工作者研究了叶片疲劳载荷以及疲劳损伤等相关问题，探讨了 Miner 线性累积损伤理论、利用 $S-N$ 曲线和雨流计数法等工具计算循环寿命和疲劳载荷[33,34]，对于叶片的疲劳损伤识别做出了有益的尝试。

6.6　本章小结

本章主要论述了当前在风力发电机以及叶轮故障诊断方面已有的研究方法和研究基础，可以帮助读者了解风力发电机和叶轮故障诊断的研究现状、常用的故障诊断算法和故障特征，也可得知当前在这些故障诊断方面很少考虑风速时空分布对故障特征的影响。

Chapter 7
第7章

考虑风速时空分布的风 ◀◀◀ 力发电机故障分析

7.1 引言

考虑风剪切、塔影和湍流等因素的影响，叶轮扫掠面内各点的实际风速是不同的，也即叶轮扫掠面上各点的风速随时间和空间的变化而变化，并将这种变化称为风速时空分布（Spatiotemporal Distribution, STD）。下面结合已有的研究和第 5 章所建立的等效风速模型，对风速 STD 模型进行简单梳理。

在考虑风速时空分布的风速模型中，Elkinton 等人[168] 以及 Bulaevskaya 等人[169] 研究了风剪切的数值模型、计算方法和风剪切影响参数。Sintra 等人[170] 研究了考虑风剪切和塔影效应影响的风力机气动特性，分析了气动效率、转矩和机械应力等参数的变化规律。孔屹刚等人[171] 同时考虑风剪切和塔影，对大型风机结构动力学相关的风速进行了建模。上述研究虽然同时考虑了风剪切和塔影效应，但对风速模型进行了简化。Dolan 等[137] 推导分析了一种同时考虑风剪切和塔影效应的三叶片风速公式。本书课题组万书亭等人[172] 研究了一种通用的考虑风剪切和塔影的 n 叶片（其中 n 可以用任何正整数）等效风速模型。但在上述这些模型中并未涉及湍流。

在同时考虑风剪切、塔影和湍流的综合风速模型的相关研究中，Abo – Khalil[173]、Abo – Al – Ez 等人[174]、Li 等人[175] 以及何伟[176] 采用近似风速模拟器生成综合风速模型。但该方法没有考虑叶轮扫掠区域内不同点之间的相互关系。此外，许多研究[177,178] 利用现有的商业软件如 TurbSim（与 AreoDyn 联合）和 Bladed 来生成湍流风场。但是，如果要建立整个风电系统模型，除了这些软件外可能还需要其他的软件（如 FAST 等）进行联合仿真。Smilden 等人[179] 对同时考虑这三个因素的风模型进行了理论数值分析，并使用单一的白噪声和整形滤波器来生成风速序列。

关于风速时空分布对风机系统性能的影响，有研究表明风机的驱动力矩[169-173]、俯仰弯矩[170]、偏航力矩[180]都会随着风速分布参数发生变化。De Koonin 等人[181]在考虑风机惯性前提下研究塔影和风剪切对风速和转矩波动。此外，学者们研究塔影和风剪切对电力系统稳定器[182]、线路功率振荡[135]和设备功率损耗[183]的影响。Stival 等[184]选取北美某风电场的一个地区，考察了风剪切和湍流强度对风机功率性能的影响。研究发现，风力发电系统的波动主要是由风速时空分布差异引起的，特别是大型风力发电系统。

虽然关于风速时空分布问题的研究已经取得了显著的成果，但在以往的研究中，很少讨论风速时空分布对发电机故障诊断特征的影响。对此本研究团队展开了深入研究[185,186]，首先阐述了普适的风速时空分布模型，并建立了考虑风剪切、塔影和湍流因素的湍流等效风速模型，然后结合机组运动方程、发电机的机电磁关系和故障机理，对风力发电机的常见故障展开了新的故障特征分析。

7.2　等效风速模型

当前，在多数风电机组故障诊断研究中，通常使用轮毂中心高度处的风速 V_H 来代表整个叶轮捕获的风速。而风机实际运行中，由于风剪切以及塔影效应等因素的存在，叶轮扫掠面内风速的时空分布并不恒定，并导致叶轮转矩发生周期性的波动，从而进一步影响传动系统和发电机的机电特性。对于直驱式风电机组，叶轮与发电机转子之间没有其他传动结构，叶轮转矩的波动会直接导致风电机组电流以及功率等参数的波动。

7.2.1　等效风速模型的傅里叶拟合方法

在第 5 章中建立了考虑风剪切和塔影效应的等效风速（EWS）模型，该模型可以计算出整个叶轮扫掠区域上任意一点的风速值，并在一定程度上反映风速的分布情况。因此，本节首先简要介绍该模型，风速模型中使用的参数如图 7-1 所示。根据第 5 章内容，风剪切引起的风速影响系数 $W_{ws}(r, \beta)$ 和塔影引起的风速影响系数 $W_{ts}(r, \beta)$ 可分别表示为

$$
\begin{aligned}
W_{ws}(r,\beta) \approx & \alpha\left(\frac{r}{H}\right)\cos\beta + \frac{\alpha(\alpha-1)}{2}\left(\frac{r}{H}\right)^2\cos^2\beta + \\
& \frac{\alpha(\alpha-1)(\alpha-2)}{6}\left(\frac{r}{H}\right)^3\cos^3\beta + \\
& \frac{\alpha(\alpha-1)(\alpha-2)(\alpha-3)}{24}\left(\frac{r}{H}\right)^4\cos^4\beta
\end{aligned} \tag{7-1}
$$

$$
W_{ts}(r,\beta) = MA^2\frac{r^2\sin^2\beta - x^2}{(r^2\sin^2\beta + x^2)^2} \tag{7-2}
$$

式中，H 为轮毂高度；β 为叶片方位角；A 为塔筒的平均半径；x 为叶尖到塔筒中线的距离；r 是一个无限小叶素到轮毂中心的径向距离；α 为风剪切指数；M 为风速换算系数。

因此，考虑风剪切和塔影效应，任意位置 (r,β) 处的风速可表示为

$$V(r,\beta) = V_{\mathrm{H}}[1 + W_{\mathrm{ws}}(r,\beta) + W_{\mathrm{ts}}(r,\beta)] \tag{7-3}$$

式中，V_{H} 为轮毂中心高度风速（m/s）。

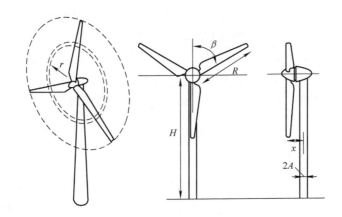

图 7-1　风速模型中的参数

对于三叶片风机，将式（7-3）沿叶片展向在叶轮扫掠面积内进行积分。然后得到整个扫掠面内的风速分布函数，即叶轮捕获的等效风速，见式（7-4）：

$$
\begin{aligned}
V_{\mathrm{eq}} &= \frac{2}{3(R^2 - r_0^2)} \sum_{b=1}^{3} \int_{r_0}^{R} V(r,\beta) r \, \mathrm{d}r \\
&= V_{\mathrm{H}} \Bigg\{ 1 + \Bigg[\frac{\alpha(\alpha-1)}{8} \Big(\frac{R}{H}\Big)^2 + \frac{\alpha(\alpha-1)(\alpha-2)}{60} \Big(\frac{R}{H}\Big)^3 \cos 3\beta + \\
&\quad \frac{\alpha(\alpha-1)(\alpha-2)(\alpha-3)}{576} \Big(\frac{R}{H}\Big)^4 \cos 4\beta \Bigg] + \\
&\quad \frac{M}{3R^2} \sum_{b=1}^{3} \Bigg[\frac{A^2}{\sin^2\beta_b} \ln \frac{R^2 \sin^2\beta_b + x^2}{x^2} - \frac{2A^2 R^2}{R^2 \sin^2\beta_b + x^2} \Bigg] \Bigg\} \\
&= V_{\mathrm{H}} C_{\mathrm{eq}}
\end{aligned}
\tag{7-4}
$$

式中，R、r_0 分别为叶轮半径和叶根到轮毂中心的距离；b 表示叶片数；C_{eq} 为无量纲 EWS 系数。

根据四种不同类型的三叶片风力机的参数，计算出相应的 EWS 系数 C_{eq}，并绘制在图 7-2 中。表 7-1 列出了这四种风力机的尺寸参数。

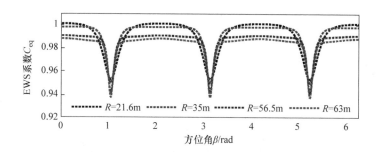

图 7-2　不同风力机尺寸的 EWS 系数（彩图见插页）

表 7-1　四种风力机尺寸参数

R/m	H/m	A/m	x/m
21.6	50	1.2	3.6
35	70	1.7	4.5
56.5	87	1.95	5.2
63	123	2.2	6

从图 7-2 中可以看出，在叶轮的一个旋转周期内，EWS 系数存在三个周期波动，这说明等效风速含有频率为 3P（P 是叶轮转频）的周期波动分量，这是由 EWS 的风剪切和塔影系数引起的。

为了便于后续分析，对 EWS 计算方程进行简化，并对 EWS 系数曲线进行傅里叶拟合。以上述四种不同容量大小风力机的典型参数为例，绘制了原始 EWS 系数曲线和拟合曲线，如图 7-3 所示。

可以观察到拟合曲线与原始 EWS 系数曲线重合度非常高，拟合曲线对应的方程为

$$C_{eqf} = a_0 + a_1\cos(\omega t) + a_2\cos(2\omega t) + \cdots + a_k\cos(k\omega t) \tag{7-5}$$

式中，a_0，a_1，$\cdots$，a_k 为常系数，a_0 接近于 1；ω 接近叶轮旋转角频率的 3 倍。

在式（7-5）中，对于大小不同的叶轮，系数 a_1，$\cdots$，a_k 是不同的，分别可以由 MATLAB 曲线拟合工具计算得到，拟合精度可达 0.998。因此，用拟合得到的 C_{eqf} 代替实际 C_{eq}，则式（7-4）中的等效风速 V_{eq} 可近似为

$$V_{eq} = V_H + \sum_{k=1}^{n} V_k\cos(3k\omega_w t) \tag{7-6}$$

式中，V_k 是风速第 k 项对应的系数，$V_k = V_H a_k$；ω_w 为叶轮旋转角频率。

7.2.2　考虑湍流的等效风速模型

风的湍流特性是风的重要特征之一，也是风电机组产生动载荷的主要原因。就短期湍流风速仿真而言，风速时间序列可以看作是在平均风速之上叠加随机波动的

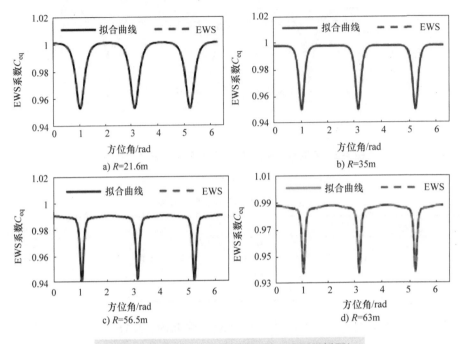

图7-3 原始和拟合的 EWS 曲线（彩图见插页）

湍流风速。这样，距离轮毂中心为 r 处的叶素所受风速可以重新表述为

$$U(r,\beta) = U_{avg} + U'(r,\beta) \qquad (7-7)$$

式中，$U'(r,\beta)$ 为风速的湍流成分。

在大多数相关研究中，式（7-7）中的平均风速 U_{avg} 多采用的是轮毂中心处的平均风速，也即 V_H。然而在本研究中，式（7-3）中的 $V(r,\beta)$ 用来代替平均风速 V_H。$V(r,\beta)$ 是包含了平均风速和风剪切以及塔影效应的风速。

随机波动的湍流风速可以当作零均值平稳高斯过程来处理，其统计特性可以由自相关函数（时域）或功率谱密度（频域）确定。在风力发电研究中，人们通常用 Kaimal 谱来近似风速湍流的功率谱密度。Kaimal 谱是 J. C. Kaimal 等人在大量的大气观测基础上对风速功率谱所作的经验描述，能够比较真实地描述大气风速湍流结构。

对于风电机组而言，根据 IEC61400 - 1[13]，本书选取单侧 Kaimal 谱，风速自功率谱表达式为

$$S_{uu}(f) = \frac{4\sigma_u^2 L_u/U(z)}{\left[1 + 6fL_u/U(z)\right]^{5/3}} \qquad (7-8)$$

式中，S_{uu} 为自功率谱密度；f 为频率；σ_u 为纵向风速的标准差；$U(z)$ 为在测量高度 z 处的平均风速；L_u 为湍流积分尺度参数。

大量观测表明，风场具有空间相关性，研究结构上的脉动风场时必须考虑其空间相关性。而空间任意两点之间的相关性则通过互谱来反映，其表达式可以由两点处的自谱与相干函数的乘积确定，即

$$S_{u_j u_l}(f) = \sqrt{S_{u_j u_j}(f) S_{u_l u_l}(f)} \cdot \gamma_{jl}(f) \cdot e^{-i\theta_{jl}(f)} \tag{7-9}$$

式中，$\gamma_{jl}(f)$ 为相干函数；j 和 l 为整数。

根据上述空间相干特性提出了多种形式的相干函数表达式，其中最具代表性的是 Davenport 指数相干函数，仅考虑纵向的相干性并简化后的相干函数为

$$\gamma_{jk}(f) = \exp\left[-\frac{\omega C_z |z_j - z_k|}{2\pi U_0(z)} \right] \tag{7-10}$$

式中，ω 为脉动风角频率；$U_0(z) = [U(z_j) + U(z_k)]/2$；$C_z$ 为纵向风速衰减系数。

为了进一步计算互相关性，将整个叶轮扫掠的面积沿周向和径向均匀划分为若干离散点，离散点总数为 N，任一点 u_j 的极坐标为 (r, β)，如图 7-4 所示。

接下来，由自功率谱和互功率谱共同构建一维多变量零均值随机过程的谱矩阵，并表示如下：

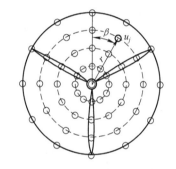

$$S(f) = \begin{bmatrix} S_{u_1 u_1}(f) & S_{u_1 u_2}(f) & \cdots & S_{u_1 u_N}(f) \\ S_{u_2 u_1}(f) & S_{u_2 u_2}(f) & \cdots & S_{u_2 u_N}(f) \\ \vdots & \vdots & \ddots & \vdots \\ S_{u_N u_1}(f) & S_{u_N u_2}(f) & & S_{u_N u_N}(f) \end{bmatrix}$$

图 7-4　叶轮扫掠面内的离散点

$$\tag{7-11}$$

上式中，对角线元素为脉动风自功率谱，取式（7-8）中的纵向脉动风速功率谱计算；非对角元素为互功率谱，其表达式体现了扫掠面内各点脉动风场的相干性，采用式（7-9）计算。通常情况下互谱总是复数形式，由式（7-11）计算所得互谱也是复数形式。为了提取幅值谱矩阵，对式（7-11）进行 Cholesky[175,176] 分解来获得幅值谱矩阵 $H(f)$。

然后对上述功率谱 $H(f)$ 进行傅里叶反变换，即可得到任意点的湍流风速时间序列 $U'(r,\beta)$。最后，将湍流风速时间序列 $U'(r,\beta)$ 加上平均风速 $V(r,\beta)$，从而获得任一叶素处的包含湍流成分的实际风速 $U(r,\beta)$。然后再根据式（7-4），对任一点风速 $U(r,\beta)$ 进行积分，从而获得整个叶轮扫掠面内的综合等效风速。

下面将基于前述的风速模型，详细阐述风速时空分布差异对双馈发电机以及永磁发电机常见故障特征的影响。

7.3　双馈发电机定子绕组故障分析

为了研究风速时空分布对风力发电机故障特性的影响，首先以双馈发电机定子绕组故障为例进行分析。发电机定子故障在风力发电系统中的比例非常高，据不完全统计双馈发电机38%的故障是由定子引起的[45]。定子绕组匝间短路故障是发电机常见故障之一，并且对电机和整个机组的安全运行具有重大影响。为了避免故障对风力发电机和整个机组造成严重损坏，对定子绕组匝间短路和绕组不对称等早期故障检测具有重要的意义。但是由于早期故障特征不明显，诊断的准确性就显得尤为重要。在先前关于双馈发电机定子绕组故障诊断的相关研究中，大都没有考虑实际风速的时空分布。有文献虽然在时变条件下利用小波分析研究了定子绕组故障，但没有考虑风剪切和塔影效应。对此，本节将结合所建立的风速时空分布模型，重新分析定子绕组匝间短路故障的特征。

7.3.1　定子绕组匝间短路故障特征分析

首先简要分析在常规情况下，不考虑风速时空分布差异时，双馈发电机定子绕组匝间短路故障的特征。当发生定子绕组匝间短路故障后，首先会在定子绕组中产生一个反向旋转磁场，并感应出频率为 $-\omega_1$（ω_1 为定子同步角频率）的逆序分量。然后，该逆序分量会在转子中感应出频率为 $(2-s)\omega_1$（s 为转差率）的谐波分量，并引起定子和转子之间的电磁和机械相互作用，从而进一步使得定子和转子绕组上感应出新的谐波分量并不断繁殖。由于这种相互作用，最终会出现如下定子电流谐波频率 $\omega_{ss}=\pm K_1\omega_1$（$K_1=1,3,5,\cdots$）和转子电流谐波频率 $\omega_{sr}=(2K_2\pm s)\omega_1$（$K_2=1,2,3,\cdots$）。

接下来进一步分析在考虑风速时空分布的等效风速模型下，双馈发电机定子绕组匝间短路故障的特征变化。

在等效风速的拟合方法一节中，已经获得了等效风速 V_{eq} 的近似表达式：

$$V_{eq}=V_H+\sum_{k=1}^{n}V_k\cos(3k\omega_w t) \tag{7-12}$$

式中，V_k 是风速第 k 项对应的系数，$V_k=V_H a_k$；ω_w 为风力机旋转角频率。

根据风力机机械转矩与风速二次方的正比关系，得到风力机输出的机械转矩 T_m 表达式为

$$T_m=\rho\pi R^3 C_p V_{eq}^2/2\lambda=T_{m0}+\sum_{k=1}^{n}T_k\cos(3k\omega_w t) \tag{7-13}$$

式中，T_{m0} 为风力机气动转矩的稳态成分；$T_{m0}=0.5\rho\pi R^3 C_p V_H^2/\lambda$；$\rho$ 和 C_p 分别表示空气密度和最佳风能利用系数；λ 和 T_k 分别是最佳的叶尖速比和转矩各谐波分量的幅值。

然后根据风电机组传动链运动方程以及式（7-13），可以得到发电机转子的电角速度 ω_e 如下式所示：

$$\omega_e = \omega_{e0} + \sum_{k=1}^{n} \frac{n_p T_k}{3kJ\omega_w}\sin(3k\omega_w t) \tag{7-14}$$

式中，ω_{e0} 是转子电角速度的基频，$\omega_{e0} = (1-s)\omega_1$；$n_p$ 和 J 分别表示极对数和发电机的等效转动惯量。

当定子绕组发生匝间短路故障时，首先在定子电流中产生频率为 $-\omega_1$ 的逆序分量，然后根据双馈异步风力发电机的速度-频率关系和式（7-14），得到在等效风速下对应的转子电流频率 ω_{z1}：

$$\omega_{z1} = \omega_1 + \omega_{e0} + \sum_{k=1}^{n} \frac{n_p T_k}{3kJ\omega_w}\sin(3k\omega_w t) = (2-s)\omega_1 + \sum_{k=1}^{n} \frac{n_p T_k}{3kJ\omega_w}\sin(3k\omega_w t)$$
$$\tag{7-15}$$

根据上式（7-15）可以进一步求得该频率对应的转子电流：

$$i_{z1} = I_{z1}\cos\left(\int_0^t \omega_{z1}\,\mathrm{d}\tau\right)$$

$$= I_{z1}\cos\left\{\int_0^t\left[(2-s)\omega_1 + \sum_{k=1}^{n}\frac{n_p T_k}{3kJ\omega_w}\sin(3k\omega_w\tau)\right]\mathrm{d}\tau\right\}$$

$$= I_{z1}\cos\left\{\int_0^t\left[(2-s)\omega_1 + \sum_{k=1}^{n}\frac{n_p T_k}{J\omega_k}\sin(\omega_k\tau)\right]\mathrm{d}\tau\right\}$$

$$= I_{z1}\cos\left[(2-s)\omega_1 t - \sum_{k=1}^{n}\frac{n_p T_k}{J\omega_k^2}\cos(\omega_k t)\right]$$

$$= I_{z1}\left\{\cos\left[(2-s)\omega_1 t\right]\cos\left[\sum_{k=1}^{n}W_k\cos(\omega_k t)\right] + \sin\left[(2-s)\omega_1 t\right]\sin\left[\sum_{k=1}^{n}W_k\cos(\omega_k t)\right]\right\}$$

$$\approx I_{z1}\left\{\cos\left[(2-s)\omega_1 t\right] + \sin\left[(2-s)\omega_1 t\right]\left[\sum_{k=1}^{n}W_k\cos(\omega_k t)\right]\right\}$$

$$= I_{z1}\cos\left[(2-s)\omega_1 t\right] + \sum_{k=1}^{n}I_{z1}W_k\sin\left[(2-s)\omega_1 t\right]\cos(\omega_k t)$$

$$= I_{z1}\cos\left[(2-s)\omega_1 t\right] + \sum_{k=1}^{n}\frac{I_{z1}W_k}{2}\left\{\sin\left[(2-s)\omega_1 t + \omega_k t\right] + \sin\left[(2-s)\omega_1 t - \omega_k t\right]\right\}$$

$$= I_{z1}\cos\left[(2-s)\omega_1 t\right] + \sum_{k=1}^{n}I_{zk}\sin\left[(2-s)\omega_1 t + \omega_k t\right] + \sum_{k=1}^{n}I_{zk}\sin\left[(2-s)\omega_1 t - \omega_k t\right]$$

$$= I_{z1}\cos\left[(2-s)\omega_1 t\right] + \sum_{k=1}^{n}I_{zk}\sin\left[(2-s)\omega_1 t + 3k\omega_w t\right] + \sum_{k=1}^{n}I_{zk}\sin\left[(2-s)\omega_1 t - 3k\omega_w t\right]$$
$$\tag{7-16}$$

式中，I_{z1} 为故障频率 $(1-2s)\omega_1$ 处的谐波幅值；I_{zk} 为其他谐波幅值，$I_{zk} = n_p I_{z1} T_k /$
$18k^2 J\omega_w^2$。

由式（7-16）可知，除定子绕组匝间短路引起的故障频率 $(2-s)\omega_1$ 外，转子
电流中还存在等效风速引起的谐波频率 $(2-s)\omega_1 \pm 3k\omega_w$。之后这些谐波将会引起
机组机械转速振荡，其振幅取决于工作条件和机组惯性。速度振荡将会进一步在转
子绕组中感应出频率为 $(2-s)\omega_1$ 和 $(2+s)\omega_1$ 的新的谐波分量。在频率 $(2-s)\omega_1$ 处
最终产生的转子电流是由 i_{z1} 及感应电流组成的。然后频率 $(2+s)\omega_1$ 的转子电流将
在定子绕组中感应出新的频率 ω_{s1}：

$$\omega_{s1} = (2+s)\omega_1 + \omega_e = 3\omega_1 + \sum_{k=1}^{n} \frac{n_p T_k}{3Jk\omega_w} \sin(3k\omega_w t) \tag{7-17}$$

根据式（7-16）的计算过程，频率 ω_{s1} 对应的定子谐波电流可表示为

$$i_{s1} = I_{s0}\cos(3\omega_1 t) - \sum_{k=1}^{n} I_{sk}\sin(3\omega_1 t + 3k\omega_w t) - \sum_{k=1}^{n} I_{sk}\sin(3\omega_1 t - 3k\omega_w t)$$

$$\tag{7-18}$$

式中，I_{s0} 和 I_{sk} 分别为频率为 $3\omega_1$ 和 $3\omega_1 \pm 3k\omega_w$ 的定子电流幅值。

由上式可知，定子电流中又产生了频率为 $3\omega_1$ 和 $3\omega_1 \pm 3k\omega_w$ 的谐波。然而，谐
波分析还没有结束，定子电流中频率为 $3\omega_1$ 的谐波分量会在转子电流中继续感应出
新的谐波。循环往复，定子电流和转子电流中的谐波会按照这一规律继续传播，最
终在定子电流和转子电流中产生以下谐波频率：

1) 定子电流中谐波频率包括 $\pm K_1\omega_1$ 和 $\pm K_1\omega_1 \pm 3k\omega_w$（$k$ 为整数）。

2) 转子电流中，谐波频率包括 $(2K_2 \pm s)\omega_1$ 和 $(2K_2 \pm s)\omega_1 \pm 3k\omega_w$。

由上述分析可知，在等效风速条件下，定子匝间短路故障特征发生了变化，除
了原来已知的故障频率外，还存在其他的特征频率，这些结论进一步完善了风电机
组实际运行工况下匝间短路故障的特征。

7.3.2　定子绕组匝间短路故障仿真分析

为了验证理论分析的正确性，利用 MATLAB/Simulink 环境搭建了 1.5MW 双馈
风电机组的仿真平台，平台结构如图 7-5 所示。仿真平台包括等效风速（EWS）
及湍流等效风速（Turbulence Equivalent Wind Speed，TEWS）、空气动力学模型、
齿轮箱模型、发电机模型和矢量控制模型等。在双馈发电机的故障模拟方面，研究
团队利用标准形式状态空间方程，建立了定子匝间短路故障下 DFIG 数学模型[187]，
然后在 MATLAB/Simulink 环境下建立了其仿真模型——S 函数模块并进行了封装。
能够模拟 DFIG 匝间短路故障的模块如图 7-5b 所示。该仿真平台的参数见表 7-2，
由于更改了双馈发电机模型和参数，故此仿真平台的参数与第 2 章的仿真平台
不同。

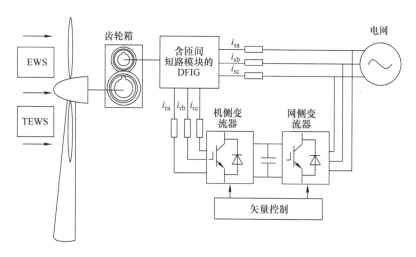

a) 整体仿真模型

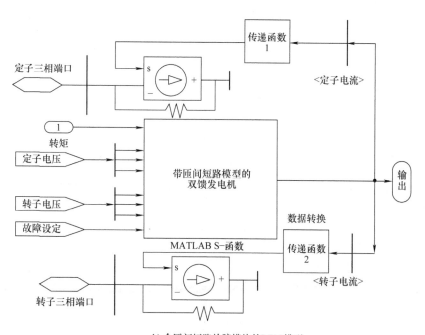

b) 含匝间短路故障模块的DFIG模型

图 7-5　定子绕组匝间短路故障仿真平台

表 7-2　仿真平台基本参数

参　　数	值
额定功率/MW	1.5
额定风速/(m/s)	11
最佳叶尖速比	10
最佳风能利用系数	0.5
叶轮半径/m	35
塔筒半径/m	1.7
轮毂重心高度/m	70
极对数	2
惯性常数/s	0.685
空气密度/(kg/m³)	1.225
电网频率/Hz	50

在图 7-5 所示的平台中，首先计算 EWS 和 TEWS，其次根据计算所得的风速和叶轮气动方程计算风力机输出的气动转矩，然后根据风力机的运动方程、齿轮箱以及双馈发电机的数学方程，分别建立齿轮箱模型和 DFIG 模型。最后分别建立了机侧变流器（RSC）和网侧变流器（GSC）模型以及各自的矢量控制策略。

图 7-5 中 TEWS 模块为考虑风剪切（WS）、塔影（TS）和湍流影响的风速模型。接下来，通过图 7-6 简单介绍 TEWS 模型在 MATLAB/Simulink 中的计算过程。首先，根据式（7-1）和式（7-2）以及风力机的几何和结构参数计算风剪系数 $W_{ws}(r,\beta)$ 和塔影系数 $W_{ts}(r,\beta)$。然后将轮毂中心的平均风速 V_H 与式（7-3）相结合，可以得到转子扫掠面上任意点的风速 $V(r,\beta)$。然后根据式（7-8）~式（7-11）、Cholesky 分解和傅里叶反变换计算风速湍流分量 $U'(r,\beta)$。最后根据式（7-4）式（7-7）得到 TEWS 分布结果。

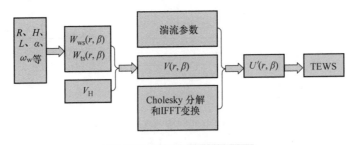

图 7-6　TEWS 计算流程

1. 正常工况仿真

首先，在平均风速（Average Wind Speed，AWS，即轮毂中心高度处风速）和

EWS 两种不同风况下进行了正常运行工况的模拟。轮毂中心高度处平均风速为 12m/s，正常工况下转子转速为 30r/min（对应的旋转频率 P 为 0.5Hz）。EWS 模型使用的参数为：风剪切指数为 0.4，叶尖到塔筒中线的距离为 4.5m，塔筒半径为 1.7m，叶片半径为 35m，轮毂中心高度为 70m。

图 7-7 所示为风力机输出机械转矩的快速傅里叶变换（FFT）频谱，从图中可以看出，由于等效风速中风剪切和塔影效应的影响，转矩中存在明显的谐波波动分量，谐波频率分别为 1.5Hz、3Hz、…、3kP（k 取正数）。此外，频率为 3P（1.5Hz）的谐波是主要成分。图 7-8 显示了风机转速的 FFT 频谱，其结果与转矩相似，也有不同的 3kP 谐波分量。

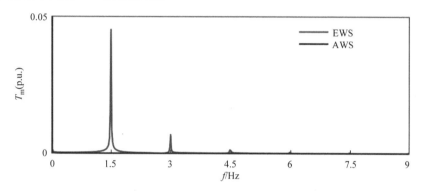

图 7-7　叶轮机械转矩的 FFT 结果（彩图见插页）

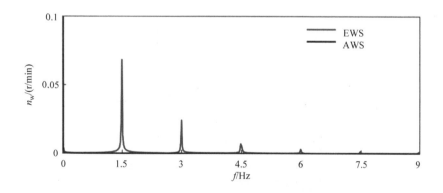

图 7-8　叶轮转速的 FFT 结果（彩图见插页）

图 7-9 所示为定子电流的功率谱密度（Power Spectral Density，PSD）分析结果。在正常工况下，除基波外，定子电流中还存在明显的谐波。在基频附近红线处的谐波频率为 50 ± 3kP（1.5k）。也就是说，调制频率为 3kP，是转子旋转频率的 3 倍。然而，这些谐波在平均风速以及正常运行情况下并没有出现，如图 7-9 中的

蓝色线所示。

图 7-10 所示为转子电流功率谱密度分析结果。与分析定子电流相似，在转子电流基频（10Hz）两侧出现调制频率为 $3kP$ 的谐波。但与定子电流结果不同的是，转子电流谐波幅值相对于基本幅值较高。在定子电流中，$50+3P$ 频率处的谐波幅值约为 0.004p. u，约为基本幅值的 0.58%。而转子电流中，频率 $10+3P$ 处的谐波幅值约为 0.0335p. u，约为基波幅值的 4.55%。其原因可能是机侧变流器主要控制定子电流波形，因此转子电流中的谐波性能相对于定子电流的谐波性能较明显。在功率谱密度谱中也可以观察到类似的效应。在图 7-9 中，51.5Hz 处的振幅约为 −24dB。图 7-10 中 11.5Hz 处的幅值约为 −14.75dB，高于定子电流的幅值。

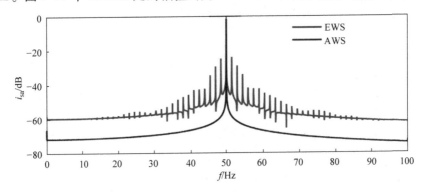

图 7-9　正常情况下定子电流比较（彩图见插页）

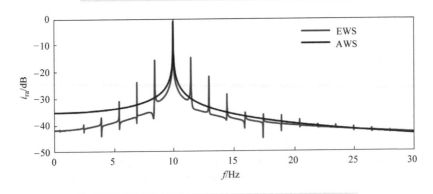

图 7-10　正常情况下转子电流比较（彩图见插页）

2. 定子绕组故障仿真

在图 7-5b 所示的 DFIG Simulink 仿真模块中，可以通过修改匝间短路的匝数与一相总匝数的比例来模拟不同程度的故障，然后分别对等效风速和常规平均风速下的定子绕组匝间短路故障进行了仿真。仿真结果如图 7-11 和图 7-12 所示。

图 7-11 所示为等效风速下定子绕组匝间短路故障（stator fault with EWS）、平

均风速下定子绕组匝间短路故障（stator fault with AWS）、等效风速下正常运行（normal with EWS）和平均风速下正常运行（normal with AWS）四种情况下的定子电流功率谱密度对比。图 7-11a 为定子电流功率谱密度在 0～300Hz 范围内的结果，但由于该图中谐波频率不清楚，定子电流功率谱密度局部放大图见图 7-11b、c，频率范围分别为 0～100Hz 和 120～180Hz。

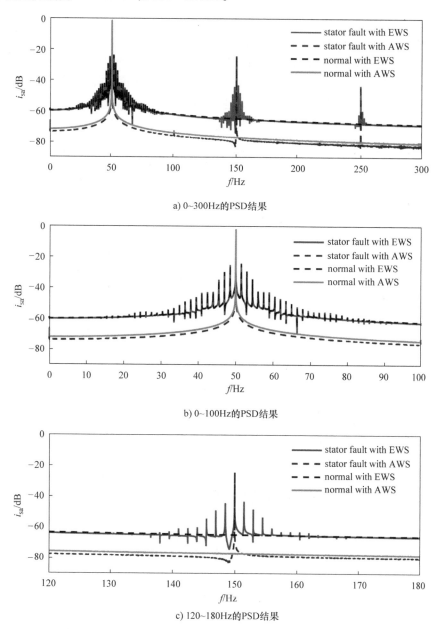

a) 0~300Hz的PSD结果

b) 0~100Hz的PSD结果

c) 120~180Hz的PSD结果

图 7-11　定子绕组匝间短路下定子电流比较（彩图见插页）

定子电流分析结果呈现两个主要特征，首先，故障与正常情况有明显区别，即绕组匝间短路故障下定子电流中存在150Hz、250Hz等奇数次谐波频率，这与前文理论分析一致。图7-11a中虽然只给出了150Hz和250Hz的故障频率，但还有其他奇数次谐波频率，由于其振幅较小，所以没有给出。但是，在正常情况下并没有这些故障谐波。其次，在等效风速与平均风速两种风况下，定子绕组匝间短路故障特征存在明显差异。等效风速下，绕组匝间短路故障引起的奇数次频率两侧存在调制频率$3kP$，定子电流基频两侧也有调制频率$3kP$。而平均风速下，定子绕组匝间短路故障奇数次频率以及基波频率的周围则不存在调制频率$3kP$。

图7-12所示为上述四种情况下的转子电流功率谱密度对比。图7-12a为转子电流功率谱密度的结果，频率范围为0～220Hz。图7-12b、c为转子电流功率谱密度在0～30Hz和80～120Hz频率下的局部放大图。

转子电流的故障特征与定子电流的故障特征基本一致。由图7-12a可以看出，定子绕组匝间短路故障时转子电流中除基频10Hz外，故障频率分别为90Hz、110Hz、190Hz、210Hz…$(2k \pm s)f$（f为50Hz，s为转差率-0.2）。然而，在正常情况下并没有这些故障频率。另外，由图7-12还可以看出，等效风速下定子绕

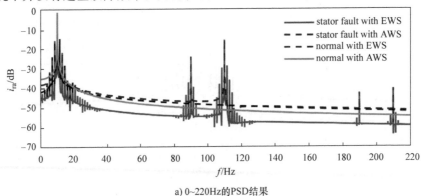

a) 0～220Hz的PSD结果

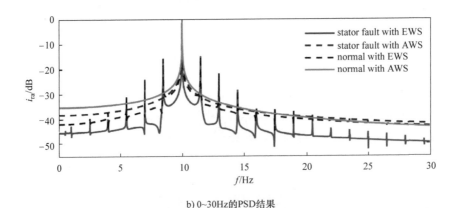

b) 0～30Hz的PSD结果

图7-12 定子绕组匝间短路下转子电流比较（彩图见插页）

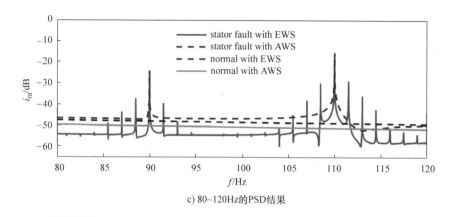

c) 80~120Hz的PSD结果

图 7-12 定子绕组匝间短路下转子电流比较（彩图见插页）（续）

组匝间短路故障时，在基频和故障频率$(2k \pm s)f$两侧均存在调制频率$3kP$。而在平均风速与定子绕组匝间短路共同作用的情况下，这些调制频率并没有出现，只有转子电流基频和故障频率$(2k \pm s)f$。

7.3.3 定子绕组匝间短路故障实验分析

利用第 4 章中描述的双馈发电机性能测试与故障模拟平台，进行等效风速作用下的定子绕组匝间短路故障的实验研究。匝间短路的模拟装置如图 7-13 所示。设置在电机上端的为接线盘，其上有若干接线柱，连接不同的接线柱对应不同的短路匝数和故障程度。

分别进行三种工况的实验，首先是机组正常工况下进行恒定风速

图 7-13 匝间短路故障模拟装置

模式实验；其次是机组正常工况下进行等效风速模式实验；最后进行等效风速模式下的发电机定子绕组匝间短路故障实验。三种实验工况的参数一致，发电机转速为 $365\text{r}/\min$，对应低速轴转频 P（叶轮转频）为 0.33Hz。对于等效风速曲线，首先根据前文所述等效风速理论公式（7-4），结合机组参数计算得出实际的曲线，其次对该曲线进行傅里叶拟合，获得简易的曲线公式，然后在机组控制软件中输入该曲线公式而获得。

图 7-14 所示为在机组正常工况下，设置恒定的风速模式，采集到的发电机定子电流的 FFT 频谱图。可以看到，除了定子电流基波之外，还存在着其他谐波成

分，尤其是基波的三倍频最明显，这表明，机组在正常不设置故障的情况下，存在固有的绕组不平衡。这种情况可能是由于加工制作误差等因素造成的。

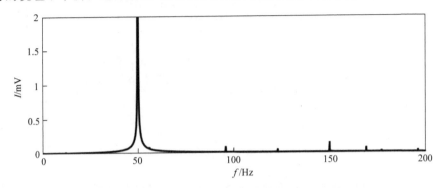

图 7-14　恒定风速正常工况下的定子电流频谱

图 7-15 所示为等效风速模式下，未添加短路故障时，采集到的发电机定子电流的 FFT 频谱图。可以看到，除了定子电流的基波和三次谐波之外，还可以在频谱图的基频和三倍频的两侧观察到由等效风速引起的调制频率 $3kP$，如图 7-16 所示。其中 P 为齿轮箱前端低速轴转频，也即代表了叶轮的转频。$3kP$ 频率的出现代表了风剪切和塔影效应的影响，这与前述理论分析的结果一致。

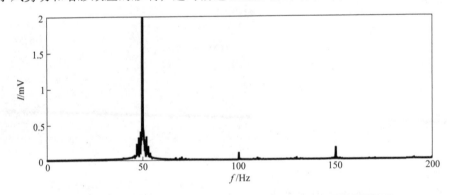

图 7-15　等效风速正常工况下的定子电流频谱（0～200Hz）

然后进行等效风速模式下定子绕组匝间短路故障实验，短路匝数比为 10%。图 7-17 所示为这种工况下的定子电流 FFT 频谱图。这里有两点需要解释，第一点是图 7-17 与图 7-15 相比，三倍频处的幅值发生了变化。在图 7-15 中，三倍频处的幅值约为 0.158，而在图 7-17 中，三倍频处的幅值约为 0.189。由此可见，匝间短路造成三相不平衡程度加重，三倍频处的幅值增大。第二点是在图 7-17 中存在着与图 7-15 类似的 $3kP$ 调制频率，可在基频以及三倍频的两侧观察到该调制频率，如图 7-18 所示。

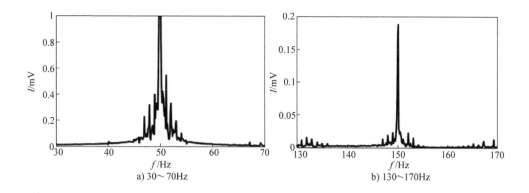

a) 30～70Hz　　　　　　　　　b) 130～170Hz

图 7-16　等效风速正常工况下的定子电流频谱

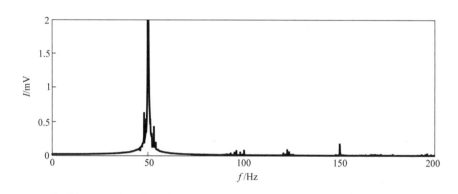

图 7-17　等效风速和匝间短路故障下的定子电流频谱（0～200Hz）

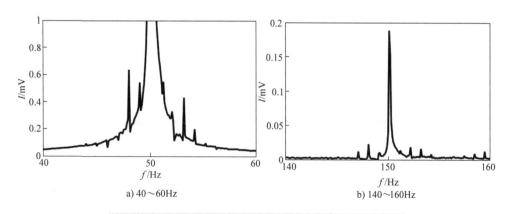

a) 40～60Hz　　　　　　　　　b) 140～160Hz

图 7-18　等效风速和匝间短路故障下的定子电流频谱

7.3.4 总结与讨论

通过前述的理论、仿真和实验研究可知：

在机组正常运行时，平均风速条件下，定子电流中的频率主要是基波频率 f，转子电流中的频率主要为转差频率 sf；而在等效风速条件下，定子电流频率为 $f \pm 3kP$ 和 f，转子电流频率为 $sf \pm 3kP$ 和 sf。

在定子绕组匝间短路故障时，平均风速条件下，定子电流中的故障频率主要为 $k_1 f$（k_1 为奇数，f 为电网频率），转子电流中的故障频率为 $(2k_2 \pm s)f$（k_2 为正整数）；而在等效风速条件下，定子电流故障频率为 $k_1 f \pm 3kP$ 和 $k_1 f$，转子电流故障频率为 $(2k_2 \pm s)f \pm 3kP$ 和 $(2k_2 \pm s)f$。转子电压以及转子电流的谐波性能比定子电流的谐波性能更明显，更能表征故障特征。

7.4 双馈发电机转子绕组故障分析

接下来进一步以双馈发电机的转子绕组不对称（Rotor Winding Assymetry, RWA）故障为研究对象展开详细分析。双馈发电机的 RWA 故障被认为是一种早期故障症状，RWA 故障如果不及时发现，会进一步导致转子和发电机严重损坏。根据相关文献报道，44%的发电机故障与转子有关。

针对 RWA 故障以往的研究主要集中在以下几个方面：故障诊断指标及其特征（故障特征）、故障仿真方法和信号处理方法。首先，很多研究中提出以非侵入的方式使用电流和功率作为常用的故障检测工具，特别是定子电流使用较为广泛，包括 RWA 故障下定子电流的解析公式研究，以及在试验台上的仿真和实验研究。RWA 故障在实验中一般是通过将一个附加电阻与转子一相绕组串联来进行模拟。除了电流和功率外，还有一种故障指标——转子电压，这是专门提出适用于双馈发电机故障诊断的指标。上述研究为 RWA 故障的后续研究奠定了基础。然而，它们大多没有考虑风速时空分布差异对故障特征的影响。

综上所述，大多数研究都是单纯根据常规感应电机自身的机电关系来分析 RWA 故障特征，并没有考虑双馈风电机组风速时空分布对故障特征的影响。仿真模拟和实验研究通常基于轮毂中心高度处的平均风速。此处的风速不能代表整个叶轮扫掠区域的风况，因此，原有的分析方法或诊断结果可能会偏离实际情况，影响诊断的准确性。作为改进，本节尝试评估风速时空分布对双馈发电机故障特性的影响，揭示在实际风况下双馈发电机应表现出的真实故障特性。创新之处在于结合风速时空分布差异造成的机械转矩波动和发电机的机械-电磁关系，重新分析 RWA 故障，得出不同于普通感应发电机的新的故障特征。

7.4.1 转子绕组故障特征分析

1. 正常情况下等效风速对双馈发电机电气特性影响分析

在等效风速的拟合方法一节中，已经获得了等效风速 V_{eq} 的近似表达式（7-5），然后根据风力机机械转矩与风速二次方的正比关系，得到风机输出的机械转矩 T_m 表达式为

$$T_m = \rho\pi R^3 C_p V_{eq}^2/2\lambda = T_{m0} + \sum_{k=1}^{n} T_k\cos(3k\omega_w t) \tag{7-19}$$

根据风电机组传动链的运动方程以及式（7-19），可以得到发电机转子的电角速度 ω_e：

$$\omega_e = \omega_{e0} + \sum_{k=1}^{n} \frac{n_p T_k}{3kJ\omega_w}\sin(3k\omega_w t) \tag{7-20}$$

式中，ω_{e0} 是转子电角速度的基频，$\omega_{e0} = (1-s)\omega_1$，$s$ 和 ω_1 分别表示转差率和定子电流基频；n_p 和 J 分别表示发电机极对数和机组等效转动惯量。

之后可以得到等效风速下的双馈发电机转子相电流 i_r：

$$
\begin{aligned}
i_r &= I_r\cos\left[\int_0^t (\omega_1 - \omega_e)\,\mathrm{d}\tau\right]\\
&= I_r\cos\left\{\int_0^t \left[(\omega_1 - \omega_{e0}) - \frac{n_p}{J}\sum_{k=1}^{n}\frac{T_k}{\omega_k}\sin(\omega_k\tau)\right]\mathrm{d}\tau\right\}\\
&= I_r\cos\left[\omega_{r0}t + \sum_{k=1}^{n}\frac{n_p T_k}{J\omega_k^2}\cos(\omega_k t)\right]\\
&= I_r\left\{\cos(\omega_{r0}t)\cos\left[\sum_{k=1}^{n} W_k\cos(\omega_k t)\right] - \sin(\omega_{r0}t)\sin\left[\sum_{k=1}^{n} W_k\cos(\omega_k t)\right]\right\}\\
&\approx I_r\left\{\cos(\omega_{r0}t) - \sin(\omega_{r0}t)\left[\sum_{k=1}^{n} W_k\cos(\omega_k t)\right]\right\}\\
&= I_r\cos(\omega_{r0}t) - \sum_{k=1}^{n} I_r W_k\sin(\omega_{r0}t)\cos(\omega_k t)\\
&= I_r\cos(\omega_{r0}t) - \sum_{k=1}^{n}\frac{I_r W_k}{2}\left[\sin(\omega_{r0}t + \omega_k t) + \sin(\omega_{r0}t - \omega_k t)\right]\\
&= I_r\cos(\omega_{r0}t) - \sum_{k=1}^{n} I_k\sin(\omega_{r0}t + 3k\omega_w t) - \sum_{k=1}^{n} I_k\sin(\omega_{r0}t - 3k\omega_w t)
\end{aligned}
$$

$$\tag{7-21}$$

式中，I_r 是转子电流在基频 ω_{r0} 处的幅值；I_k 为谐波幅值，$I_k = n_p I_r T_k/18J(k\omega_w)^2$。

如式（7-21）所示，除基频外，转子电流中还存在调制频率 $3k\omega_w$。

为了获得稳定的机电能量转换，并使定子与转子之间的旋转磁场保持相对静止，定子电流中应存在频率为 $\omega_1 \pm 3k\omega_w$ 的调制谐波分量。

2. 等效风速下 RWA 故障特征分析

首先在不考虑风速分布影响的情况下，在前人研究的基础上总结了双馈发电机的 RWA 故障特征：定子电流的故障特征频率为 $(1 \pm 2K_1 s)\omega_1$，转子电流的故障特征频率为 $K_2 s \omega_1$（K_1 为整数，K_2 为奇数）。

接下来分析考虑了风速分布影响 EWS 下 RWA 的故障特征。根据 RWA 故障机制，当发生短路故障后转子电流中首先产生频率为 $-s\omega_1$ 的逆序成分，然后在定子绕组中感应出相应的电流频率 ω_{s1}，根据 DFIG 的速度频率关系和式（7-20）可以得出：

$$\omega_{s1} = -s\omega_1 + \omega_e = (1 - 2s)\omega_1 + \sum_{k=1}^{n} \frac{n_p T_k}{3Jk\omega_w}\sin(3k\omega_w t) \tag{7-22}$$

接下来计算频率为 ω_{s1} 的定子电流 i_{s1}：

$$i_{s1} = I_{s1}\cos\left(\int_0^t \omega_{s1}\mathrm{d}\tau\right)$$

$$= I_{s1}\cos\left\{\int_0^t \left[(1-2s)\omega_1 + \sum_{k=1}^{n}\frac{n_p T_k}{J\omega_k}\sin(\omega_k\tau)\right]\mathrm{d}\tau\right\}$$

$$= I_{s1}\cos\left[(1-2s)\omega_1 t - \sum_{k=1}^{n}\frac{n_p T_k}{J\omega_k^2}\cos(\omega_k t)\right]$$

$$= I_{s1}\left\{\cos\left[(1-2s)\omega_1 t\right]\cos\left[\sum_{k=1}^{n}W_k\cos(\omega_k t)\right] + \sin\left[(1-2s)\omega_1 t\right]\sin\left[\sum_{k=1}^{n}W_k\cos(\omega_k t)\right]\right\}$$

$$\approx I_{s1}\left\{\cos\left[(1-2s)\omega_1 t\right] + \sin\left[(1-2s)\omega_1 t\right]\left[\sum_{k=1}^{n}W_k\cos(\omega_k t)\right]\right\}$$

$$= I_{s1}\cos\left[(1-2s)\omega_1 t\right] + \sum_{k=1}^{n}I_{s1}W_k\sin\left[(1-2s)\omega_1 t\right]\cos(\omega_k t)$$

$$= I_{s1}\cos\left[(1-2s)\omega_1 t\right] + \sum_{k=1}^{n}\frac{I_{s1}W_k}{2}\left\{\sin\left[(1-2s)\omega_1 t + \omega_k t\right] + \sin\left[(1-2s)\omega_1 t - \omega_k t\right]\right\}$$

$$= I_{s1}\cos\left[(1-2s)\omega_1 t\right] + \sum_{k=1}^{n}I_{sk}\sin\left[(1-2s)\omega_1 t + \omega_k t\right] + \sum_{k=1}^{n}I_{sk}\sin\left[(1-2s)\omega_1 t - \omega_k t\right] \tag{7-23}$$

式中，I_{s1} 为故障频率 $(1-2s)\omega_1$ 处的谐波幅值；I_{sk} 为其他谐波幅值，$I_{sk} = n_p I_{s1} T_k / 18k^2 J\omega_w^2$；$\omega_k = 3k\omega_w$。

由式（7-23）可知，定子电流中除 RWA 故障引起的故障频率 $(1-2s)\omega_1$ 外，还存在等效风速引起的谐波频率 $(1-2s)\omega_1 \pm 3k\omega_w$。之后，定子频率 $(1-2s)\omega_1$ 将会引起频率 $2s\omega_1$ 的机械转速振荡，其振幅取决于工作条件和机组惯性。速度振荡将会进一步在定子绕组中感应出频率为 $(1-2s)\omega_1$ 和 $(1+2s)\omega_1$ 的新的谐波分量。在频率 $(1-2s)\omega_1$ 处最终产生的定子电流是由 i_{s1} 及感应电流组成的。然后频率

$(1 + 2s)\omega_1$ 的定子电流将在转子绕组中感应出新的频率 ω_{r1}：

$$\omega_{r1} = (1 + 2s)\omega_1 - \omega_e = 3s\omega_1 - \sum_{k=1}^{n} \frac{n_p T_k}{3Jk\omega_w}\sin(3k\omega_w t) \qquad (7\text{-}24)$$

根据式（7-23）的计算过程，频率 ω_{r1} 对应的转子谐波电流可表示为

$$i_{r1} = I_{r0}\cos(3s\omega_1 t) - \sum_{k=1}^{n} I_{rk}\sin(3s\omega_1 t + 3k\omega_w t) - \sum_{k=1}^{n} I_{rk}\sin(3s\omega_1 t - 3k\omega_w t)$$

$$(7\text{-}25)$$

式中，I_{r0} 和 I_{rk} 分别为频率为 $3s\omega_1$ 和 $3s\omega_1 \pm 3k\omega_w$ 的转子电流幅值。

然后，转子电流中的谐波分量继续在定子电流中感应出其他谐波电流，定子和转子电流中的谐波将根据上述规律继续传播。最后，在定子和转子电流中产生以下谐波频率：

1）定子电流中谐波频率包括 $(1 \pm 2K_1)\omega_1$ 和 $(1 \pm 2K_1)\omega_1 \pm 3k\omega_w$（$k$ 为整数）。

2）转子电流中，谐波频率包括 $K_2 s\omega_1$ 和 $K_2 s\omega_1 \pm 3k\omega_w$。

由上可知，在考虑风速时空分布影响时，定、转子电流中还存在着新的 RWA 故障特征频率。

3. 考虑等效风速的 RWA 故障下转子电压特性

除了定子和转子电流外，转子电压是一个相对较新的故障诊断指标，是考虑到双馈发电机变流器的控制系统而被学者们提出的一个新颖的故障诊断指标。因此接下来继续分析考虑风速分布影响的转子电压的故障特征。

图 7-19 所示为典型机侧变流器（RSC）控制系统框图。完整的控制系统由基于两个比例积分 PI 控制器的两个级联控制回路组成。外环控制定子有功功率 P_s 和无功功率 Q_s，内环通过电流调节器控制转子电压来控制转子电流的 d 轴分量和 q 轴分量（i_{rd} 和 i_{rq}）。在图 7-19 中，矩阵 CL 和 CL^{-1} 分别表示 Clarke 变换和 Clarke 逆变换，而 F 和 F^{-1} 分别表示旋转坐标系的正转和反转。角度 θ_1 为通过锁相环（PLL）得到的定子磁链矢量的相位角，θ_r 为电弧度下的转子位置。U_{sabc}、I_{sabc}、U_{rabc} 和 I_{rabc} 分别表示静止坐标系中定子和转子的电压矢量和电流矢量；u_{rd}、u_{rq} 表示同步坐标系中转子电压的 dq 分量，u_{rdcom}、u_{rqcom} 为相应的补偿分量。

在双馈风电机组中，即使在定子和转子绕组出现很小的不平衡时，控制系统也能正常保证机组的稳定平衡运行。因此，控制系统可以根据控制回路在故障频率处的增益减小转子电流中故障谐波的幅值，而这些故障频率在转子电流中可能出现在电流控制器输出的电压中。此外，转子电压中故障谐波的幅值与控制策略和控制参数[47]有关。

换句话说，相比定转子电流，与故障相关的特征频率在转子电压中变得更明显，并且转子电压中的故障特征频率与转子电流中的特征频率相同。因此根据本小节标题 2 部分的分析结果，考虑风速时空分布时，转子 RWA 故障情况下转子电压

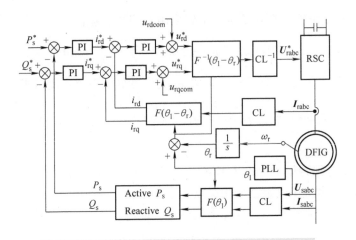

图 7-19 典型机侧变流器（RSC）控制系统框图

中的谐波频率应为 $K_2 s\omega_1$ 和 $K_2 s\omega_1 \pm 3k\omega_w$。

7.4.2 转子绕组故障仿真分析

1. 仿真平台

本小节采用的仿真模型同 7.3.2 小节一样，不同点在于仿真的故障部位和参数设置不同，如图 7-20 所示。在仿真模型的前端机械部分建立了考虑动量 – 叶素理论、空气动力学理论的叶轮模型以及传动链模型，并采用 7.2 节的公式建立的等效风速模型。在电气系统方面建立了双馈发电机及其机侧变流器和网侧变流器控制模型。通过在转子 A 相上串联一个附加电阻来模拟 RWA 故障，并通过改变电阻的大小来调整不对称程度。

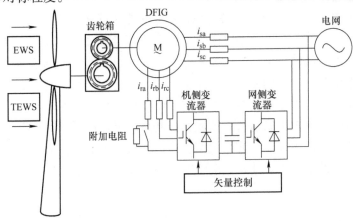

图 7-20 仿真平台模型

2. 无湍流仿真结果分析

分别对等效风速 EWS 下的 RWA 故障、常规平均风速 AWS 下的 RWA 故障以及平均风速 AWS 下的正常工况进行仿真。平均风速是指轮毂高度处的平均风速，并未考虑叶轮扫掠面内的风速分布差异。仿真中使用的主要参数如下：轮毂高度处平均风速为 12m/s，风力机正常工况下的转速为 30r/min，对应的旋转频率 P 为 0.5Hz，风剪切指数为 0.4，转差率 s 为 0.2。下面给出附加电阻等于转子额定电阻时的仿真比较结果。

图 7-21 所示为三种情况下定子电流功率谱密度（PSD）的对比分析。图 7-21a 显示了从 0 ~ 150Hz 的 PSD 结果。由于图 7-21a 中的一些谐波频率不清晰，图 7-21b 给出了 20 ~ 80Hz 的详细结果。

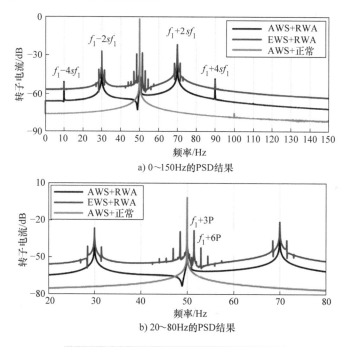

a) 0~150Hz的PSD结果

b) 20~80Hz的PSD结果

图 7-21　定子电流分析（彩图见插页）

由图 7-21 可以得出以下结论：

1）在平均风速和等效风速两种工况下，RWA 故障特征频率 $f_1 \pm 2K_1 sf_1$（如 10、30、70、90Hz，$f_1 = 50$Hz）均出现在定子电流中，如图中的红色和黑色曲线的峰值处所示。而正常情况下是没有这些频率的，如图中的绿色曲线所示。

2）等效风速工况下，在上述故障特征频率附近出现了谐波频率（$f_1 \pm 2K_1 sf_1$）$\pm 3kP$，如图 7-21b 中的红线所示，在 50Hz 处也有调制频率 $3kP$。而在平均风速工况下则没有这些谐波频率，它们是由风剪切和塔影效应引起的谐波频率。

图 7-22 所示为三种仿真工况下的转子电流 PSD 比较结果。由图 7-22 可以得出以下结论：

1）除转子电流基频（10Hz）外，还存在 RWA 故障频率 $3sf_1$（30Hz），即 RWA 故障下转子特征频率 K_2sf_1 的第一阶频率，如图中的红黑线所示。在正常工况下是没有这个频率存在的，如图中的绿线所示。

2）等效风速和 RWA 故障综合工况下，在转子电流基频和故障特征频率附近出现频率为 $3kP$ 的调制谐波，如图中红线所示。在平均风速和 RWA 综合工况下，不存在这样的谐波频率，如图中黑线所示。

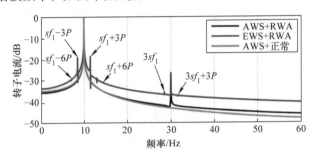

图 7-22 转子电流分析（彩图见插页）

以上结果是附加电阻为转子额定电阻 R_r 时的仿真结果。在其他不对称度下，附加电阻分别为 $0.5R_r$、$0.3R_r$ 和 $0.1R_r$。这三种情况下的仿真结果与上述结果相似。从定子电流 PSD 谱中选取四个特征频率（$f_1 - 2sf_1$、$f_1 + 2sf_1$、$f_1 - 3P$、$f_1 + 3P$），比较四种不同不对称度（R_r、$0.5R_r$、$0.3R_r$ 和 $0.1R_r$）下这四个特征频率处的幅值，如图 7-23 所示。结果表明，随着不对称程度的增加，特征频率 $f_1 - 2sf_1$ 和 $f_1 + 2sf_1$ 处的振幅逐渐增大，而特征频率 $f_1 - 3P$ 和 $f_1 + 3P$ 处的幅值基本保持不变。这主要是因为等效风速中的参数没有改变。

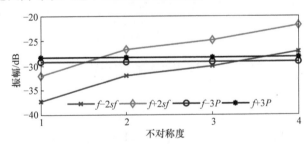

图 7-23 不同对称程度下四个故障特征的幅值（$1 = 0.1R_r$，$2 = 0.3R_r$，$3 = 0.5R_r$，$4 = R_r$）

3. 湍流等效风速下的仿真

接下来要在等效风速基础上增加湍流因素，对湍流等效风速下的 RWA 故障进行仿真。首先根据 7.2 节所述的湍流风速模型，在 MATLAB/Simulink 中建立 TEWS 模型。仿真中使用的参数包括：轮毂中心处平均风速为 12m/s，风速标准差为 0.6m/s，采用较低的湍流强度。此外，风频率的划分数为 2048。等效风速中的其他参数与前一次仿真相同。图 7-24 所示为考虑湍流、风剪切和塔影影响的等效风速模拟结果，可以将它理解为作用在整个转子盘上的综合风速。对转子扫掠区域内单个点的风速功率密度进行分析，结果如图 7-25 所示。

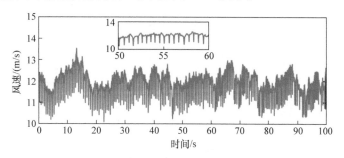

图 7-24　综合湍流等效风速

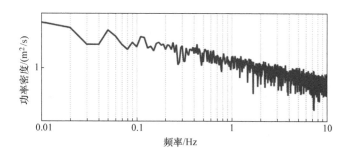

图 7-25　单个点风速功率密度

　　图 7-26 给出了湍流等效风速 TEWS 和单纯湍流风速（Turbulent Wind Speed，TWS，不考虑风剪和塔影因素）两种工况下，叶轮转速及其 FFT 频谱的对比结果。从图 7-26a 可以看出，两种情况下叶轮的转速都在一定范围内波动，这是由风速的湍流因素引起的。从图 7-26b 可以看出，TEWS 工况下，在 1.5Hz 左右出现了一些较高的峰值。这些峰值频率约为 1.4 ~ 1.5Hz，接近叶轮转频的 3 倍，这是由等效风速中的风剪切和塔影效应引起的。

　　在 TEWS 和 TWS 两种风速下分别添加 RWA 故障，两种工况下的定子电流仿真结果如图 7-27 所示。选取 50 ~ 60s 时间段内的定子电流数据进行分析。由图 7-27 可以得出以下结论：

　　1）从图 7-27a 和图 7-27b 可以看出，DFIG 机侧变流器的控制是非常有效的。

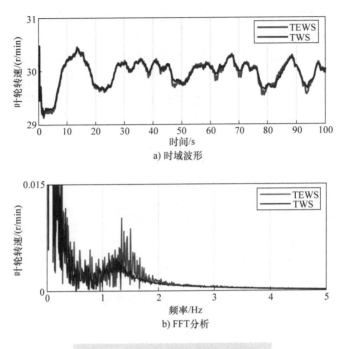

a) 时域波形

b) FFT分析

图7-26 叶轮转速（彩图见插页）

虽然风速和叶轮转速随机波动，但定子电流的基频仍为50Hz的电网频率。RWA故障造成10Hz、30Hz、70Hz、90Hz……（故障特征频率$f_1 \pm 2K_1 sf_1$）频率处出现波峰，与理论分析一致。由于风速和叶轮转速的波动，每一个故障特征频率也在一定的小范围内波动，因此呈现出来的的并不是一个单峰。

2）图7-27a显示，在基频50Hz两侧存在两个较小的波峰，其峰值频率为$50 \pm 3P$，这是由于等效风速的影响造成的。根据前述理论分析，在10Hz、30Hz、70Hz和90Hz的两侧都应该存在这样的峰值。但由于这些频率处的幅值较小，因此在湍流风速的影响下，这些谐波被噪声淹没，并没有表现出来。作为比较，在单纯湍流风速与RWA故障的综合工况下，基频50Hz的两侧并没有$3P$的调制频率，如图7-27b所示。

为了进一步对调制频率进行验证，下面采用希尔伯特包络解调法来尝试解决这一问题。希尔伯特包络解调方法可以通过希尔伯特变换从原始信号中提取出调制信号，然后通过分析调制函数的变化提取故障特征频率。该方法的详细原理可参见本书的第11章。以定子电流为例，在等效风速情况下，定子电流的特征频率为$f_1 \pm 3kP$，这其中的$3kP$就称为调制频率。在RWA故障下，故障频率为$f_1 \pm 2K_1 sf$，其中$2K_1 sf_1$也为调制频率。希尔伯特包络解调法可以解调出定子电流中调制频率（$3kP$和$2K_1 sf_1$）。

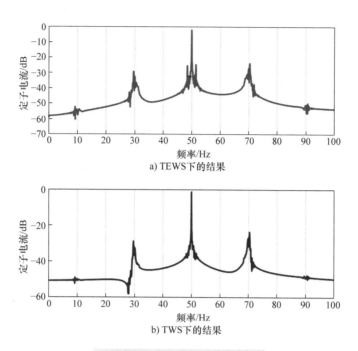

a) TEWS下的结果

b) TWS下的结果

图7-27　定子电流 PSD 分析

图7-28a 所示为湍流等效风速工况下定子电流希尔伯特包络解调分析的结果。由图中可以观察到两个波峰，左侧波峰的主频约为 1.45Hz。此外，在 1.45Hz 附近有一些较小的波峰，这些波峰反映了等效风速中风剪切和塔影造成的调制频率 3P。右侧峰值主频约为 20.3Hz（$2sf_1$），反映了 RWA 故障引起的调制频率。

图7-28b 所示为单纯湍流风速下定子电流希尔伯特包络解调分析的结果。从图中可以看出，只存在一个较大的比较明显波峰，主频约为 20.3Hz，也即 RWA 故障造成的调制频率。

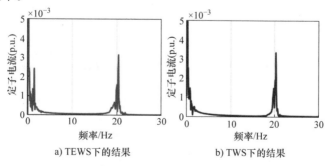

a) TEWS下的结果　　　　　b) TWS下的结果

图7-28　定子电流 Hilbert 包络解调分析

图 7-29a 所示为湍流等效风速工况下的转子电流 PSD 分析结果。由于风速和叶轮转速的随机波动,转子电流基频在 10～10.3Hz 范围内波动,这与图 7-27 所示的定子电流不同。在 5～15Hz 频率范围对应的局部放大图中,可以观察到基频两侧有两个小波峰,主频分别约为 8.6Hz 和 11.6Hz。这些谐波频率是由等效风速中的风剪切和塔影引起的。RWA 故障引起的谐波频率 $3sf_1$ 则在 30～31Hz 范围内波动。$3sf_1$ 的两侧应该也存在着 $3P$ 的调制频率,然而这些谐波由于幅值较小也被风速的湍流而淹没。

图 7-29b 所示为单纯湍流风速工况下的转子电流 PSD 分析结果,可以看出该图基本与 7-29a 中的结果基本一致。但在图 7-29b 所示的 5～15Hz 范围内的局部放大图中,基频两侧不存在 $3P$ 的调制谐波频率。

图 7-30a 所示为湍流等效风速工况下转子电流的希尔伯特包络解调分析结果。与图 7-28a 相似,也同样有两个波峰,左侧主频接近 $3P$,右侧主频约为 20.3Hz($2sf_1$),这两个波峰分别表现出等效风速和 RWA 故障的调制效应。

图 7-30b 所示为单纯湍流风速工况下转子电流的希尔伯特包络解调分析结果。由于该工况没有考虑风剪切和塔影,因此图中只出现了一个中心频率约为 20.3Hz 的较大波峰,没有 $3P$ 调制频率。

在 TEWS 和 TWS 两种工况下,转子电压数据的分析结果如图 7-31 所示。转子电压 PSD 分析结果与转子电流 PSD 分析结果基本一致。此外,转子电压的希尔伯特包络解调分析结果也与图 7-28 相似,这里不再给出。

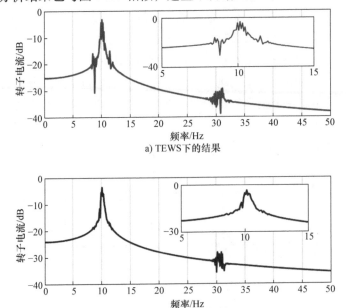

a) TEWS下的结果

b) TWS下的结果

图 7-29 转子电流 PSD 分析

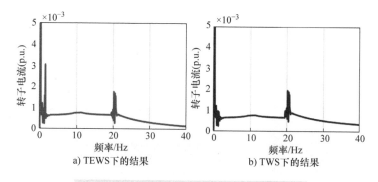

a) TEWS 下的结果　　　b) TWS 下的结果

图 7-30　转子电流 Hilbert 包络解调分析

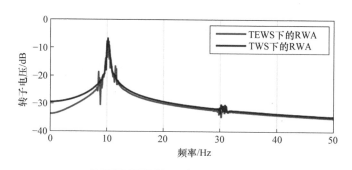

图 7-31　转子电压 PSD 分析

7.4.3　实验研究

　　为了验证理论分析的正确性，接下来利用如图 7-32 所示的实验装置进行实验验证。该实验平台由一个 11kW 的 DFIG 连接到一个 15kW 的直流拖动电动机。通过控制直流电动机转矩来模拟实际风力机叶轮的旋转，然后驱动 DFIG 发电。该平台直流电动机的驱动器、DFIG 的变频器、PLC 装置均安装在控制柜内。上位机系统通过 PLC 控制软件实现各种控制和通信。根据上位机给定的风速和机组检测到的转速，通过给定的 $C_T - \lambda$ 曲线计算出风机叶轮应输出的转矩，然后该转矩被用作控制直流电动机运行的参考转矩。利用式（7-13）将风剪切和塔影引起的稳态转矩的脉动转矩叠加。RWA 故障是通过将电阻与转子的一相串联来实现的，这是一种在实验室中常用的方法，因为其简单易行，不需要破坏性实验。

　　实验装置模拟的风力机参数为：叶轮半径为 7.15m，额定风速为 7m/s，额定转速为 50r/min，最佳风能利用系数为 0.45，额定功率为 11kW。等效风速参数 $A =$ 1m，$L = 1.8$m，$\alpha = 0.4$。发电机同步转速 1500r/min，额定电压 380V，额定电流为 22.4A，电网频率为 50Hz。

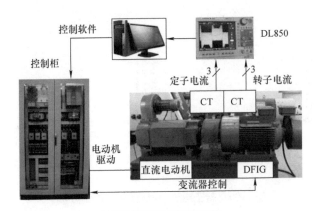

图 7-32 实验平台

分别进行等效风速下 RWA 故障、平均风速下 RWA 故障以及平均风速下正常工况的三种实验。下面选择一组实验数据进行分析，该组实验使用参数如下：轮毂处平均风速为 5.5m/s，3P 是 2Hz，相应的发电机转速为 1200r/min，转差率 s 为 0.2。下面对该组实验结果进行分析。

图 7-33 所示为不对称电阻等于 $0.5R_r$ （R_r 为转子额定电阻）时定子电流的对比结果。由图 7-33a 和 7-33b 可知，在等效风速和平均风速两种工况下定子电流中均出现了 RWA 故障特征频率 10Hz、30Hz、70Hz、90Hz………… （$f_1 \pm 2K_1 sf_1$）。

此外，从图 7-33b 可以看出，等效风速条件下，在基频 50Hz 频率两边均存在 $3kP$ 的调制频率，而在平均风速的条件下不存在这样的谐波频率。

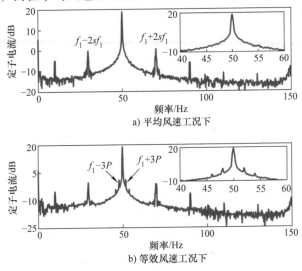

a) 平均风速工况下

b) 等效风速工况下

图 7-33 定子电流对比分析

图 7-34 所示为转子电流 PSD 分析结果。在等效风速和平均风速两种工况下，转子电流中均出现了 RWA 的故障特征频率 $3sf_1$（约 30Hz）。由图 7-34b 可知，等效风速条件下，转子电流基频两侧存在 $sf_1 \pm 3P$ 的谐波频率。

在其他不对称度下的 RWA 故障实验结果同图 7-33 和图 7-34 的结果类似，在此不再赘述。

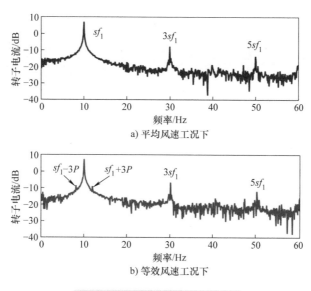

图 7-34　转子电流对比分析

7.4.4　总结与讨论

表 7-3 给出了本节在理论、仿真和实验三个方面所得结果的对比分析。结果表明，三种情况下的特征频率分量基本相同。主要的区别是，在考虑等效风速的情况下，随着 K_1、K_2、k 的增加，$(1 \pm 2K_1)f_1 \pm 3kP$ 和 $K_2 sf_1 \pm 3kP$ 可能不会出现在仿真和实验的结果中。具体来说，在实验结果中，仅在电流基频的两侧存在 $3P$ 和 $6P$ 的调制频率。这主要是因为 $3kP$ 的谐波幅值与基波幅值相比要小得多，这些谐波被仿真和实验中的噪声所淹没。

接下来，将表 7-3 中的结果与其他已有的 DFIG RWA 故障研究的结果进行比较。

表 7-3 总结出的平均风速（AWS）条件下的结果与已有文献 [66-69] 报道的 RWA 故障特征频率一致。这些结果单纯是从感应发电机本身的机械 - 电磁关系推导出来的。本节通过基于轮毂中心处平均风速的仿真和实验对已有结果进一步进行了验证。

表 7-3　故障特征结果对比

DFIG/RWA	定子电流		转子电流	
	AWS	EWS	AWS	EWS
理论	f_1, $(1\pm2K_1s)f_1$	f_1, $f_1\pm3kP$, $(1\pm2K_1s)f_1$, $(1\pm2K_1s)f_1\pm3kP$	sf_1, K_2sf_1	sf_1, $sf_1\pm3kP$, K_2sf_1, $K_2sf_1\pm3kP$
仿真	f_1, $(1\pm2K_1s)f_1$	f_1, $f_1\pm3kP$, $(1\pm2K_1s)f_1$, $(1\pm2s)f_1\pm3kP$, $(1\pm4s)f_1\pm3kP$	sf_1, K_2sf_1	sf_1, $sf_1\pm3kP$, K_2sf_1, $3sf_1\pm3kP$
实验	f_1, $(1\pm2K_1s)f_1$	f_1, $f_1\pm3P$, $f_1\pm6P$, $(1\pm2K_1s)f_1$	sf_1, K_2sf_1	sf_1, $sf_1\pm3P$, K_2sf_1

表 7-3 中等效风速（EWS）条件下的结果，此前很少见诸于报道。在考虑风速时空分布的等效风速模型下，定子电流和转子电流的故障特征频率发生了新的变化，并出现了新的故障频率。风剪切和塔影效应引起的风速波动直接导致风机输出机械转矩的波动，进而引起发电机转子转速的波动。风速时空分布差异和发电机故障同时导致定子和转子电流的变化，从而产生新的故障特征分量。

与定子电流或转子电流基频幅值相比，等效风速引起的故障特征频率幅值相对较小。也许由于这个原因，这些频率在以往的研究中并没有被注意到，并且在实际风场中也没有被注意到。此外，由于以往的研究中没有考虑风速时空分布差异问题，未能识别出真实的故障特征。然而，实际风场中叶轮扫掠面内风速时空分布差异确实存在，而由该差异引起的故障特征频率的改变也是实际情况。根据研究结果，建议在实际故障诊断应用中，关注前两阶调制频率（3P 和 6P）。

湍流是除风剪切和塔影之外影响风速时空分布的重要因素之一，本节提出了综合考虑这三个因素的湍流等效风速（TEWS）模型。但考虑湍流因素后，由于风速和转子转速的波动，故障特征频率不易跟踪。未来的研究可更多地关注考虑风速时空分布差异的变速或非稳态故障特征提取方法。此外，在以后的研究中，为了进一步验证本研究中获得的故障特征，还需要在合适的时间获取风电场中发电机的故障数据。不同的控制策略和控制参数对转子电压故障频率幅值的影响也需要在今后的工作中进行详细的讨论。

7.5　双馈发电机气隙偏心故障分析

本节选择双馈发电机的气隙偏心故障作为研究对象，在前述建立的风速时空分布模型—等效风速模型基础上，对气隙偏心故障特征进行理论分析及仿真和实验验证。

7.5.1　气隙偏心故障特性分析

发电机气隙偏心主要分为三类：静偏心、动偏心及混合偏心。

静偏心故障的产生原因多是导轴承安装位置不准确、定子壳体受热不均导致的局部和整体形变。静偏心会导致发电机定、转子间的气隙分布不均匀，定、转子所产生的合成磁势会在分布不均匀的气隙中产生畸变，畸变的磁场会使分布在定、转子表面的单位面积磁拉力变得不均匀，从而使定子和转子产生振动。静偏心故障表现为定转子间气隙最小处的位置固定不变，即定子轴心和转子轴心平行，转子旋转轴为转子轴心。

动偏心故障通常是由于转子形变和转子旋转中心与转子轴心不重合引起的。表现为定转子间的气隙最小处的位置将会随着转子的旋转而变化，定子轴心不与转子轴心重合。动偏心故障会造成随时间变化的气隙磁场，并在转子上产生不平衡磁拉力，且不平衡磁拉力的方向也将随着转子周期性的旋转。该故障会在转子上引起周期性的强迫振动，从而对转子铁心、轴承座等发电机部件产生影响，在该故障引起的不平衡磁拉力的长久作用下将会造成机组部件的疲劳损耗，严重的会造成电机扫膛等重大生产事故。

混合偏心是静偏心和动偏心的复合情况。由于动偏心的情况更为复杂，研究相对较少，故此本节主要对动偏心故障下的电磁特性进行分析。双馈发电机动偏心简化结构如图 7-35 所示。

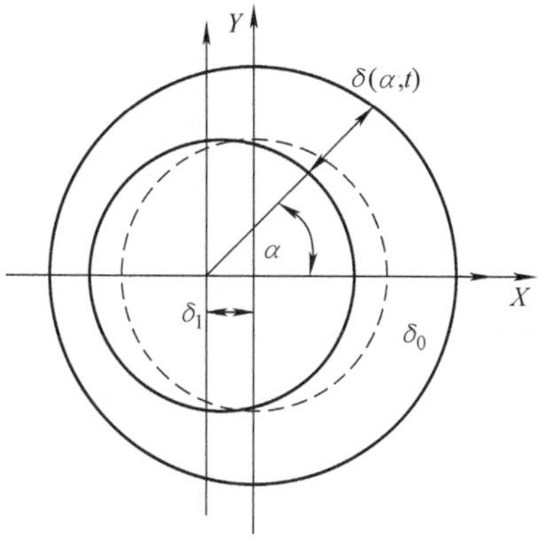

图 7-35　双馈发电机动偏心简化示意图

图 7-35 中，δ_1 为转子旋转中心与转子几何中心的距离。以 X 轴水平方向为起点，得到气隙 $\delta(\alpha, t)$ 随时间 t 和转子转动位置 α 的表达式：

$$\delta(\alpha, t) = \delta_0 + \delta_1 \cos(\alpha - \omega_r t) \tag{7-26}$$

式中，δ_0 为未偏心的平均气隙；ω_r 为发电机转子角速度。

磁导与气隙之间的关系如下式，对其进行幂级数展开并忽略高阶分量：

$$\Lambda(\alpha,t) = \frac{\mu S_\delta}{\delta(\alpha,t)} = \mu S_\delta [\Lambda_0 - \Lambda_1 \cos(\alpha - \omega_r t)] \qquad (7\text{-}27)$$

式中，μ 为真空磁导率；S_δ 为有效磁导面积；Λ_0 为未偏心下气隙磁导常值成分；Λ_1 为动偏心成分。

由磁路欧姆定律，得到主磁通表达式：

$$\begin{aligned}
\phi(\alpha,t) &= F\cos(\omega_1 t - \alpha_F) \cdot \Lambda(\alpha,t) \\
&= F\mu S_\delta \{\cos(\omega_1 t - \alpha_F) \cdot [\Lambda_0 - \Lambda_1 \cos(\alpha - \omega_r t)]\} \\
&= F\mu S_\delta \Lambda_0 \cos(\omega_1 t - \alpha_F) - \\
&\quad \frac{1}{2}F\mu S_\delta \Lambda_1 \cos[(\omega_1 - \omega_r)t + \alpha - \alpha_F] - \\
&\quad \frac{1}{2}F\mu S_\delta \Lambda_1 \cos[(\omega_1 + \omega_r)t + \alpha - \alpha_F] \qquad (7\text{-}28)
\end{aligned}$$

式中，F 为磁通势；ω_1 为风力发电机定子同步速；α 为初相角。

与未偏心情况相比，动偏心故障下的主磁通表达式中，除了同步速旋转磁场 ω_1 外，出现了新的转速为 $\omega_1 \pm \omega_r$ 的附加磁场。新的附加磁场将会导致在定子绕组中出现对应频率的定子电流成分。这部分定子电流会与基波磁通互相作用，导致主磁通受到相位调制，使定子电流中出现 $\omega_1 \pm k\omega_r$ 一系列成分。从结果而言，即转子动偏心故障下，定子电流受到了频率为转频 f_r 的信号调制。

双馈发电机定子直接与电网相连，转子通过变流器与电网相连。当双馈发电机的转速变化时，通过变流器调节馈入转子绕组的电流频率与相位，可保持定子输出的电压和频率稳定。由上述分析可知，等效风速使发电机转子旋转频率中出现了 $3kP$ 成分，这样转子绕组中励磁电流也必然会产生相应频率的波动。为了获得稳定的机电能量转换，并使定子与转子之间的旋转磁场保持相对静止，转子绕组中的谐波又会在定子绕组中感应出对应的谐波。因此发电机定子绕组中也应存在调制频率为 $3kP$ 的磁场分量。

因此在等效风速下电机主磁通可表达为下式：

$$\begin{aligned}
\phi_e &= F\cos\left(\omega_1 t - \sum_{k=1}^{n} c_k \sin 3k\omega_w t\right) \cdot \Lambda \\
&= F\mu S_\delta \Lambda_0 \cdot \cos\left(\omega_1 t - \sum_{k=1}^{n} c_k \sin 3k\omega_w t\right) \\
&= F\mu S_\delta \Lambda_0 \cdot \left[\cos\omega_1 t \cdot \cos\left(\sum_{k=1}^{n} c_k \sin 3k\omega_w t\right) + \sin\omega_1 t \cdot \sin\left(\sum_{k=1}^{n} c_k \sin 3k\omega_w t\right)\right]
\end{aligned}$$

$$= F\mu S_\delta \Lambda_0 \cdot \left(\cos\omega_1 t + \sin\omega_1 t \cdot \sum_{k=1}^{n} c_k \sin 3k\omega_w t \right)$$

$$= F\mu S_\delta \Lambda_0 \cdot \left\{ \cos\omega_1 t - \frac{1}{2}\sum_{k=1}^{n} c_k \cdot \left[\cos(\omega_1 + 3k\omega_w)t - \cos(\omega_1 - 3k\omega_w)t \right] \right\}$$

$$(7\text{-}29)$$

式（7-29）中，c_k 为等效风速引起的定子磁场谐波频率幅值。综合式（7-28）与式（7-29），并结合发电机转速公式（7-14），得到受等效风速影响的动偏心故障下的主磁通，推导过程如下：

$$\phi = F\cos\left(\omega_1 t - \sum_{k=1}^{n} c_k \sin 3k\omega_w t - \alpha_F \right) \cdot \Lambda$$

$$= F\mu S_\delta \cos\left(\omega_1 t - \sum_{k=1}^{n} c_k \sin 3k\omega_w t - \alpha_F \right) \cdot \left[\Lambda_0 - \Lambda_1 \cos(\alpha - \omega_r t) \right]$$

$$= F\mu S_\delta \cos\left(\omega_1 t - \sum_{k=1}^{n} c_k \sin 3k\omega_w t - \alpha_F \right) \cdot \left[\Lambda_0 - \Lambda_1 \cos\left(\alpha - \omega_{r0} t - \sum_{k=1}^{n} d_k \sin 3k\omega_w t \right) \right]$$

$$= F\mu S_\delta \left[\cos(\omega_1 t - \alpha_F)\cos\sum_{k=1}^{n} c_k \sin 3k\omega_w t + \sin(\omega_1 t - \alpha_F)\sin\sum_{k=1}^{n} c_k \sin 3k\omega_w t \right] \cdot$$

$$\left\{ \Lambda_0 - \Lambda_1 \left[\cos(\alpha - \omega_{r0} t)\cos\sum_{k=1}^{n} d_k \sin 3k\omega_w t + \sin(\alpha - \omega_{r0} t)\sin\sum_{k=1}^{n} d_k \sin 3k\omega_w t \right] \right\}$$

$$\approx F\mu S_\delta \Lambda_0 \left[\cos(\omega_1 t - \alpha_F) + \sin(\omega_1 t - \alpha_F)\sum_{k=1}^{n} c_k \sin 3k\omega_w t \right] -$$

$$F\mu S_\delta \Lambda_1 \left\{ \left[\cos(\omega_1 t - \alpha_F) + \sin(\omega_1 t - \alpha_F)\sum_{k=1}^{n} c_k \sin 3k\omega_w t \right] \cdot \right.$$

$$\left. \left[\cos(\alpha - \omega_{r0} t) + \sin(\alpha - \omega_{r0} t)\sum_{k=1}^{n} d_k \sin 3k\omega_w t \right] \right\}$$

$$= F\mu S_\delta \Lambda_0 \left[\cos(\omega_1 t - \alpha_F) - \frac{1}{2}\sum_{k=1}^{n} c_k \left[\cos(\omega_1 t - \alpha_F + 3k\omega_w t) - \right.\right.$$

$$\left.\left. \cos(\omega_1 t - \alpha_F - 3k\omega_w t) \right] \right]$$

$$- F\mu S_\delta \Lambda_1 \left[\cos(\omega_1 t - \alpha_F)\cos(\alpha - \omega_{r0} t) + \cos(\omega_1 t - \alpha_F)\sin(\alpha - \right.$$

$$\omega_{r0} t)\sum_{k=1}^{n} d_k \sin 3k\omega_w t + \sin(\omega_1 t - \alpha_F)\cos(\alpha - \omega_{r0} t)\sum_{k=1}^{n} c_k \sin 3k\omega_w t +$$

$$\sin(\omega_1 t - \alpha_F)\sin(\alpha - \omega_{r0} t)\left(\sum_{k=1}^{n} c_k \sin 3k\omega_w t \right)\left(\sum_{k=1}^{n} d_k \sin 3k\omega_w t \right) \right]$$

$$\approx F\mu S_\delta \Lambda_0 \left[\cos(\omega_1 t - \alpha_F) - \frac{1}{2}\sum_{k=1}^{n} c_k [\cos(\omega_1 t - \alpha_F + 3k\omega_w t) - \cos(\omega_1 t - \alpha_F - \right.$$

$$\left. 3k\omega_w t)] - F\mu S_\delta \Lambda_1 \left[\cos(\omega_1 t - \alpha_F)\cos(\alpha - \omega_{r0} t) + \cos(\omega_1 t - \alpha_F)\sin(\alpha - \right.$$

$$\left. \omega_{r0} t)\sum_{k=1}^{n} d_k \sin 3k\omega_w t + \sin(\omega_1 t - \alpha_F)\cos(\alpha - \omega_{r0} t)\sum_{k=1}^{n} c_k \sin 3k\omega_w t \right]$$

$$= F\mu S_\delta \Lambda_0 \left[\cos(\omega_1 t - \alpha_F) - \frac{1}{2}\sum_{k=1}^{n} c_k [\cos(\omega_1 t - \alpha_F + 3k\omega_w t) - \cos(\omega_1 t - \alpha_F - 3k\omega_w t)] \right]$$

$$- F\mu S_\delta \Lambda_1 \left\{ \frac{1}{2}\left[\cos(\omega_1 t - \omega_{r0} t + \alpha - \alpha_F) + \cos(\omega_1 t + \omega_{r0} t - \alpha - \alpha_F) \right] + \right.$$

$$\frac{1}{2}\sin(\omega_1 t - \omega_{r0} t + \alpha - \alpha_F)\sum_{k=1}^{n}(c_k + d_k)\sin 3k\omega_w t + \frac{1}{2}\sin(\omega_1 t + \omega_{r0} t - \alpha - $$

$$\left. \alpha_F)\sum_{k=1}^{n}(c_k - d_k)\sin 3k\omega_w t \right\}$$

$$= F\mu S_\delta \Lambda_0 \left[\cos(\omega_1 t - \alpha_F) - \frac{1}{2}\sum_{k=1}^{n} c_k [\cos(\omega_1 t - \alpha_F + 3k\omega_w t) - \cos(\omega_1 t - \alpha_F - 3k\omega_w t)] - \right.$$

$$F\mu S_\delta \Lambda_1 \left\{ \frac{1}{2}\left[\cos(\omega_1 t - \omega_{r0} t + \alpha - \alpha_F) + \cos(\omega_1 t + \omega_{r0} t - \alpha - \alpha_F) \right] - \right.$$

$$\frac{1}{4}\sum_{k=1}^{n}(c_k + d_k)[\cos(\omega_1 t - \omega_{r0} t + \alpha - \alpha_F + 3k\omega_w t) - \cos(\omega_1 t - \omega_{r0} t + \alpha - \alpha_F - $$

$$3k\omega_w t)] - \frac{1}{4}\sum_{k=1}^{n}(c_k - d_k)[\cos(\omega_1 t + \omega_{r0} t - \alpha - \alpha_F + 3k\omega_w t) - \cos(\omega_1 t + \omega_{r0} t - $$

$$\left. \alpha - \alpha_F - 3k\omega_w t)] \right\} \tag{7-30}$$

式中，$d_k = T_k/3kJ\omega_w$。

根据式（7-30）可知，引入等效风速后，动偏心故障下发电机主磁通的频率成分非常复杂，这必然导致定子电流成分也相应发生变化。在定子电流频率中除了基频 ω_1 和偏心故障特征频率 $\omega_1 \pm k_1\omega_r$ 之外，在这些频率的附近均会出现 $3kP$ 的调制边带，也即 $\omega_1 \pm 3kP$ 和 $\omega_1 \pm \omega_r \pm 3kP$，以及前两者进一步相互作用产生的频率 $\omega_1 \pm k_1\omega_r \pm 3kP$。

7.5.2　仿真验证及数据分析

为验证理论分析的正确性，在 Ansoft 中搭建了双馈发电机的 2D 仿真模型，模型结构如图 7-36 所示，参数见表 7-4。

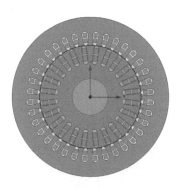

图 7-36 发电机 2D 模型

表 7-4 模型参数表

参数	数值	参数	数值
定子外径/mm	210	转子外径/mm	135.2
定子内径/mm	136	转子内径/mm	48
定子长度/mm	155	转子长度/mm	155
定子槽数	36	转子槽数	24
定子节距	8	转子节距	5
极对数	2	气隙/mm	0.4

在该模型中进行动偏心故障的模拟方法简述如下：利用 Ansoft 中 ACT Extensions 功能，对正常模型进动偏心处理。将转子整体水平向右位移一定的距离，旋转中心仍设定为定子几何中心。

Ansoft 中仿真的风力发电机功率为 5.5kW，叶轮半径为 3m，设两对极双馈发电机转子以 $v_r = 1000\text{r/min}$ 正常运行，叶轮转动速度为 60r/min，则 $\omega_Y = 6.28\text{rad/s}$。根据式（7-5）以及式（7-12）～式（7-14），首先结合该仿真机组的结构参数对等效风速进行拟合，获得式（7-12）等效风速中的各项风速系数，然后可以求得式（7-14）中电机角速度的各项附加参数，从而可以得到该转速下受等效风速影响的发电机波动转速，利用该转速可以在 Ansoft 中添加等效风速的影响研究。

对该双馈发电机模型分别进行正常工况、动偏心工况、等效风速 + 动偏心工况下的仿真，发电机转子转速为 1000r/mim，采样频率为 5kHz。采集定子电流数据，并对结果进行频谱分析。正常运行的定子电流频谱见图 7-37a，单独添加动偏心故障（偏心距离为 0.15mm）情况下的定子电流频谱如图 7-37b 所示。对比图 a 和 b 可知，与未偏心正常情况相比，定子电流频率中出现了 $f \pm f_r$、$f \pm 2f_r$ 成分，符合理论推导中动偏心故障下定子电流新增 $f \pm kf_r$ 频率成分。

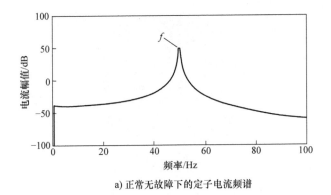

a) 正常无故障下的定子电流频谱

b) 动偏心故障下的定子电流频谱

图 7-37 未添加风速影响时的定子电流频谱

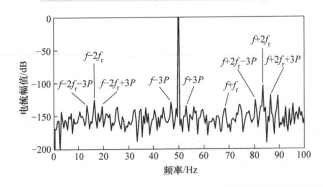

图 7-38 等效风速影响下的动偏心故障定子电流频谱（0.15mm）

　　根据前文中所述方法，将转子转速设置为受等效风速影响的转速，然后进行动偏心叠加等效风速工况下的仿真，最后重复采样及数据处理，结果如图 7-38 所示。对比图 7-37 和图 7-38，定子电流基频 f 附近出现由等效风速引起的 $f\pm 3kP$ 频率成分，动偏心故障特征 $f\pm f_r$ 频率成分在图上不易观测，但 $f\pm 2f_r$ 频率成分十分明显，且附近也出现 $f\pm 2f_r\pm 3kP$ 的频率成分，即仿真结果与理论推导一致。在此基础上，将动偏心大小增加到 0.18mm，重复仿真，所得处理后的图形如图 7-39 所示。

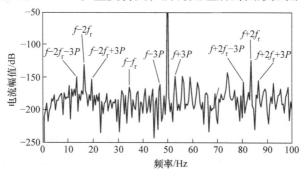

图 7-39　等效风速影响下的动偏心故障定子电流频谱（0.18mm）

与图 7-38 相比，图 7-39 中的故障特征频率成分更为突出，且等效风速所引起的 $3kP$ 调制边带十分明显，即随着偏心程度的增大，在定子电流中的故障频率成分越明显，等效风速引起的波动也更加突出。

等效风速和动偏心故障都对发电机主磁通产生了影响，于是在仿真中导出定子绕组的磁链数据，并对其进行处理，绘制其频谱。正常无故障模型和等效风速影响的动偏心模型磁链图谱如图 7-40 所示。

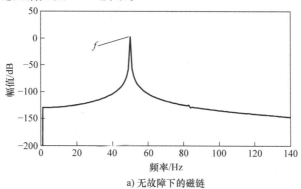

a) 无故障下的磁链

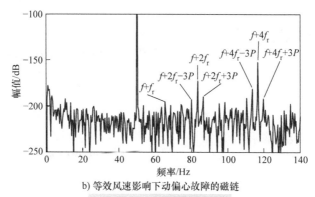

b) 等效风速影响下动偏心故障的磁链

图 7-40　定子磁链分析

对比图 7-40 中的 a 和 b 两图，等效风速影响下动偏心故障的定子绕组磁链中出现了较为明显的动偏心故障频率成分 $f+2f_r$ 和 $f+4f_r$，且这两个频率周围也有 $3kP$ 的边带，与理论推导吻合。

7.5.3　实验验证及数据分析

为了更进一步验证理论推导与仿真的正确性，下面利用第 4 章介绍的双馈风力发电机实验台进行等效风速影响下的转子动偏心故障实验，该实验台安装在华北电力大学电力机械装备健康维护与失效预防河北省重点实验室。

图 7-41 所示为双馈发电机及气隙偏心故障模拟装置，动偏心的模拟方法简述如下：在设计制作该实验平台时，双馈发电机的转子进行了加长处理，并在加长的转子部分切割了一段槽。正常运行时，这段切槽的转子在发电机定子的外侧。需要模拟动偏心故障时，通过图 7-41 中所示的螺栓，推动发电机定子，使切槽的转子进入到定子，模拟定转子之间的动态气隙偏心。

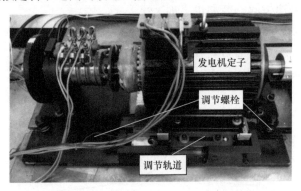

图 7-41　双馈发电机及气隙偏心故障模拟装置

实验过程首先通过实验台控制软件，输入根据等效风速拟合的转速曲线，调整发电机的定子轴向位置，模拟动偏心故障，然后采集定子电流信号，进行数据处理和分析。

本次实验模拟的叶轮角速度 ω_Y 值设定为 $1.05\mathrm{rad/s}$，并在此转速基础上生成等效风速曲线。对应的 $3P$ 值为 $0.5\mathrm{Hz}$，发电机转子转频为 f_r 为 $20\mathrm{Hz}$。采样频率为 $10000\mathrm{Hz}$，采样时间为 $20\mathrm{s}$，将采集的定子电流数据进行处理并绘制频谱图，如图 7-42 所示。

由图 7-42c 可得，基频 $50\mathrm{Hz}$ 附近出现了因等效风速周期性波动导致的 $3kP$ 边带。图 7-42b 中动偏心故障特征频率 $f-f_r$ 较为明显，且附近存在一系列 $3kP$ 成分。图 7-42d 中 $f+f_r$ 频率成分较不明显，但也能观测。实验结果与理论推导和仿真结果吻合，验证了本次研究的正确性。

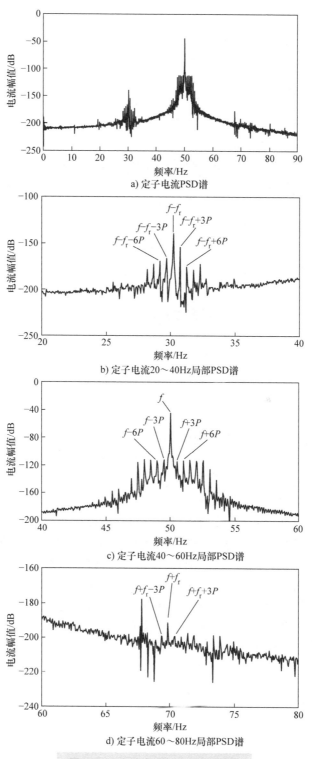

a) 定子电流PSD谱

b) 定子电流20～40Hz局部PSD谱

c) 定子电流40～60Hz局部PSD谱

d) 定子电流60～80Hz局部PSD谱

图7-42 实验台定子电流 PSD 谱

7.5.4　总结与讨论

从等效风速和双馈风力发电机组动偏心故障的机理出发，通过理论推导、仿真分析以及实验验证，得出以下结论：

1）实际风况中的风剪切和塔影效应会影响风力机的气动特性，造成气动转矩和转速波动，并进一步通过传动部件影响到发电机转子转速，根据发电机的机电磁关系，使得电机电磁参量发生变化。

2）考虑等效风速后，动偏心故障特征发生变化，且比较复杂，在定子电流中，除了定子电流基频外，还有动偏心特征频率转子转频、等效风速所引起的 $3kP$ 调制频率以及上述频率间的相互耦合产生的新频率。

上述结论表明，在考虑实际风速的时空分布差异影响后，故障特征会变得更加复杂，辨识难度加大。在实际进行故障诊断和监测时，需要更精确的算法。本节研究结果为实际工况下的动偏心故障诊断和监测提供了一定的理论依据。

7.6　永磁风力发电机故障分析

本节分别选择定子绕组不对称故障和一种复合故障作为永磁风电机组故障的代表进行研究，主要分析风速时空分布对永磁发电机故障特征的影响规律。

定子绕组不对称故障是永磁发电机常见的电气故障之一。文中定子绕组不对称故障指的是由于加工工艺、热和振动等因素造成的定子绕组阻值变化[146]。针对永磁风力发电机绕组不对称故障，文献［188］通过公式推导得到了定子绕组不对称情况下的定子电流解析表达式，并分析了其变化特性；文献［189］针对三角形联结的永磁同步电机，提出了利用零序电流的检测方法，同时推导得到了故障情况下的相位差用以判断故障相；文献［190］考虑了风力发电机在实际自然界运行的情况，提出了对于随机风速下的定转子绕组不对称的检测方法；文献［191］分析了永磁电机单相绕组故障以及两相绕组故障下定子电流、零序电压与附加故障电阻阻值的关系，提出了一种故障程度估算的方法，并进行了实验验证；文献［192］提出了一种信号注入的方法来检测绕组不对称故障，可以进行故障检测、故障相定位以及故障程度估计。

目前典型的故障诊断研究大多基于轮毂中心处的平均风速，由于此处的风速不能代表叶轮扫掠面内的风况，原有的故障分析方法或诊断结果可能会偏离实际情况，影响诊断的准确性。对此，本节研究考虑风速时空分布差异（等效风速模型）情况下，永磁风电机组典型故障的特征变化，并与平均风速下的故障特征进行对比。

7.6.1 等效风速模型与发电机耦合关系分析

在不考虑阻尼影响的情况下，永磁风电机组轴系运动方程可以写为

$$J\frac{\mathrm{d}\omega_r}{\mathrm{d}t} = T_m - T_e \tag{7-31}$$

式中，ω_r 为机械角速度；J 为机组的等效转动惯量；T_m 为风力机输出转矩；T_e 为发电机电磁转矩。

在等效风速的拟合方法一节中，已经获得了等效风速 V_{eq} 的近似表达式，然后根据风机机械转矩与风速二次方的正比关系，得到风机输出的机械转矩 T_m 表达式为

$$T_m = \rho\pi R^3 C_p V_{eq}^2/2\lambda = T_{m0} + \sum_{k=1}^{n} T_k\cos(3k\omega_w t) \tag{7-32}$$

将式（7-32）代入式（7-31）中，可得到风力机输出轴角速度表达式：

$$\omega_r = \omega_w + \sum_{k=1}^{n} a_k\sin(3k\omega_w t + \varphi_k) \tag{7-33}$$

式中，$a_k = T_k/3kJ\omega_w$，由于机组的等效转动惯量一般很大，所以 $a_k \ll 1$。

根据发电机角速度与定子电流的关系，结合式（7-33）可以得到等效风速影响下无故障的定子电流表达式，计算过程如下（忽略高次谐波）：

$$i = I_{s1}\cos\left[\int_{t_0}^{t}(n_p\omega_r)\mathrm{d}\tau\right]$$

$$= I_{s1}\cos\left\{\int_{t_0}^{t}\left[n_p\omega_w + n_p\sum_{k=1}^{n}a_k\sin(3k\omega_w\tau + \varphi_k)\right]\mathrm{d}\tau\right\}$$

$$= I_{s1}\cos\left[n_p\omega_w t - \sum_{k=1}^{n}\frac{n_p a_k}{3k\omega_w}\cos(3k\omega_w t + \varphi_k)\right]$$

$$= I_{s1}\cos(n_p\omega_w t)\cos\left[\sum_{k=1}^{n}\frac{n_p a_k}{3k\omega_w}\cos(3k\omega_w t + \varphi_k)\right] + I_{s1}\sin(n_p\omega_w t)\sin$$

$$\left[\sum_{k=1}^{n}\frac{n_p a_k}{3k\omega_w}\cos(3k\omega_w t + \varphi_k)\right]$$

$$\approx I_{s1}\cos(n_p\omega_w t) + I_{s1}\sin(n_p\omega_w t)\sum_{k=1}^{n}\frac{n_p a_k}{3k\omega_w}\cos(3k\omega_w t + \varphi_k)$$

$$= I_{s1}\cos(n_p\omega_w t) + \sum_{k=1}^{n}I_k\sin(n_p\omega_w t + 3k\omega_w t + \varphi_k) + \sum_{k=1}^{n}I_k\sin(n_p\omega_w t - 3k\omega_w t - \varphi_k)$$

$$\tag{7-34}$$

式中，n_p 为极对数；I_{s1} 为定子电流基波幅值；$I_k = I_{s1}n_p a_k/6k\omega_w$。

由式（7-34）可以看出，在等效风速的影响下，定子电流中除了基频以外，还出现了 $3kP$ 的调制频率，且随着谐波次数 k 的增加幅值减小。

7.6.2 永磁风力发电机绕组不对称故障影响分析

对于电机定子绕组不对称的单故障分析，已经有众多学者做了大量的工作。研究表明[198,199]，绕组不对称故障情况下，定子电流中会出现基频及其奇数次谐波，其中以三倍频谐波分量为主。也即，在未考虑风速分布差异的情况下，仅根据永磁风力发电机的电磁关系，绕组不对称故障时定子电流可表示如下：

$$i = I_{s1}\cos\left[\int_{t_0}^{t}(n_p\omega_r)\mathrm{d}\tau\right] + I_{s2}\cos\left[\int_{t_0}^{t}(3n_p\omega_r)\mathrm{d}\tau\right] \qquad (7\text{-}35)$$

式中，I_{s2} 为定子电流三倍频幅值。

下面分析等效风速对绕组不对称故障特征的影响。结合式（7-33）和式（7-35），经过推导化简（与式（7-34）推导类似，这里不再给出），可以得到等效风速与绕组不对称故障综合情况下的定子电流表达式：

$$i = I_{s1}\cos(n_p\omega_w t) + I_{s2}\cos(3n_p\omega_w t) +$$

$$\sum_{k=1}^{n}I_{k1}\sin(n_p\omega_w t + 3k\omega_w t + \varphi_{k1}) + \sum_{k=1}^{n}I_{k1}\sin(n_p\omega_w t - 3k\omega_w t - \varphi_{k1}) +$$

$$\sum_{k=1}^{n}I_{k2}\sin(3n_p\omega_w t + 3k\omega_w t + \varphi_{k2}) + \sum_{k=1}^{n}I_{k2}\sin(3n_p\omega_w t - 3k\omega_w t - \varphi_{k2}) \qquad (7\text{-}36)$$

式中，$I_{k2} = I_{s2}n_p a_k/6k\omega_w$。

根据式（7-36）可知，在考虑风速时空分布的等效风速模型下，定子绕组不对称故障特征与平均风速下的故障特征不同，定子电流中除了基频和三倍频成分外，还会在基频与三倍频两侧产生 $3kP$ 的调制频率，且风速分布差异导致的调制频率的幅值会随着谐波次数的增加而减小。

7.6.3 永磁风力发电机绕组与叶轮复合故障影响分析

质量不平衡的叶轮可以等效为在正常叶轮上叠加了一个质量为 m、距轮毂中心为 r 的等效质量块。等效质量会产生额外的附加转矩，在不考虑风速分布差异时，叶轮输出的机械转矩表示为

$$T_m = T_0 + mgr\sin(\omega_w t + \psi) \qquad (7\text{-}37)$$

式中，T_0 为正常情况下的气动转矩；m 为等效质量；r 为等效质量距轮毂中心的距离；ψ 为初相角。

结合前文根据等效风速计算所得的转矩公式（7-32），可得等效风速与叶轮质量不平衡故障综合工况下的叶轮输出转矩为

$$T_m = T_0 + \sum_{k=1}^{n}T_k\cos(3k\omega_w t + \theta_k) + mgr\sin(\omega_w t + \psi) \qquad (7\text{-}38)$$

同式（7-33）的求解过程类似，根据（7-38）可以进一步得到风力机输出轴角速度：

$$\omega_{\mathrm{r}} = \omega_{\mathrm{w}} + \sum_{k=1}^{n} a_k \sin(3k\omega_{\mathrm{w}}t + \varphi_k) - \frac{mgR}{J\omega_{\mathrm{w}}}\cos(\omega_{\mathrm{w}}t + \psi) \tag{7-39}$$

根据定子电流与发电机转速的关系，结合式（7-39），可以得到等效风速与叶轮质量不平衡故障综合工况下的定子电流解析式，计算过程如下：

$$i = I_{\mathrm{s1}}\cos\Big[\int_{t_0}^{t}(n_{\mathrm{p}}\omega_{\mathrm{r}})\mathrm{d}\tau\Big]$$

$$= I_{\mathrm{s1}}\cos\Big\{\int_{t_0}^{t}\Big[n_{\mathrm{p}}\omega_{\mathrm{w}} + n_{\mathrm{p}}\sum_{k=1}^{n}a_k\sin(3k\omega_{\mathrm{w}}\tau + \varphi_k) - \frac{mgRn_{\mathrm{p}}}{J\omega_{\mathrm{w}}}\cos(\omega_{\mathrm{w}}\tau + \psi)\Big]\mathrm{d}\tau\Big\}$$

$$= I_{\mathrm{s1}}\cos\Big[n_{\mathrm{p}}\omega_{\mathrm{w}}t - \sum_{k=1}^{n}\frac{n_{\mathrm{p}}a_k}{3k\omega_{\mathrm{w}}}\cos(3k\omega_{\mathrm{w}}t + \varphi_k) - \frac{mgRn_{\mathrm{p}}}{J\omega_{\mathrm{w}}^2}\sin(\omega_{\mathrm{w}}t + \psi)\Big]$$

$$= I_{\mathrm{s1}}\cos(n_{\mathrm{p}}\omega_{\mathrm{w}}t)\cos\Big[\sum_{k=1}^{n}\frac{n_{\mathrm{p}}a_k}{3k\omega_{\mathrm{w}}}\cos(3k\omega_{\mathrm{w}}t + \varphi_k) + \frac{mgRn_{\mathrm{p}}}{J\omega_{\mathrm{w}}^2}\sin(\omega_{\mathrm{w}}t + \psi)\Big] +$$

$$I_{\mathrm{s1}}\sin(n_{\mathrm{p}}\omega_{\mathrm{w}}t)\sin\Big[\sum_{k=1}^{n}\frac{n_{\mathrm{p}}a_k}{3k\omega_{\mathrm{w}}}\cos(3k\omega_{\mathrm{w}}t + \varphi_k) + \frac{mgRn_{\mathrm{p}}}{J\omega_{\mathrm{w}}^2}\sin(\omega_{\mathrm{w}}t + \psi)\Big]$$

$$= I_{\mathrm{s1}}\cos(n_{\mathrm{p}}\omega_{\mathrm{w}}t)\Big\{\cos\Big[\sum_{k=1}^{n}\frac{n_{\mathrm{p}}a_k}{3k\omega_{\mathrm{w}}}\cos(3k\omega_{\mathrm{w}}t + \varphi_k)\Big]\cos\Big[\frac{mgRn_{\mathrm{p}}}{J\omega_{\mathrm{w}}^2}\sin(\omega_{\mathrm{w}}t + \psi)\Big] -$$

$$\sin\Big[\sum_{k=1}^{n}\frac{n_{\mathrm{p}}a_k}{3k\omega_{\mathrm{w}}}\cos(3k\omega_{\mathrm{w}}t + \varphi_k)\Big]\sin\Big[\frac{mgRn_{\mathrm{p}}}{J\omega_{\mathrm{w}}^2}n_{\mathrm{p}}\sin(\omega_{\mathrm{w}}t + \psi)\Big]\Big\} +$$

$$I_{\mathrm{s1}}\sin(n_{\mathrm{p}}\omega_{\mathrm{w}}t)\Big\{\sin\Big[\sum_{k=1}^{n}\frac{n_{\mathrm{p}}a_k}{3k\omega_{\mathrm{w}}}\cos(3k\omega_{\mathrm{w}}t + \varphi_k)\Big]\cos\Big[\frac{mgRn_{\mathrm{p}}}{J\omega_{\mathrm{w}}^2}\sin(\omega_{\mathrm{w}}t + \psi)\Big] +$$

$$\cos\Big[\sum_{k=1}^{n}\frac{n_{\mathrm{p}}a_k}{3k\omega_{\mathrm{w}}}\cos(3k\omega_{\mathrm{w}}t + \varphi_k)\Big]\sin\Big[\frac{mgRn_{\mathrm{p}}}{J\omega_{\mathrm{w}}^2}\sin(\omega_{\mathrm{w}}t + \psi)\Big]\Big\}$$

$$\approx I_{\mathrm{s1}}\cos(n_{\mathrm{p}}\omega_{\mathrm{w}}t)\Big[1 - \sum_{k=1}^{n}\frac{n_{\mathrm{p}}a_k}{3k\omega_{\mathrm{w}}}\cos(3k\omega_{\mathrm{w}}t + \varphi_k)\frac{mgRn_{\mathrm{p}}}{J\omega_{\mathrm{w}}^2}\sin(\omega_{\mathrm{w}}t + \psi)\Big] +$$

$$I_{\mathrm{s1}}\sin(n_{\mathrm{p}}\omega_{\mathrm{w}}t)\Big[\sum_{k=1}^{n}\frac{n_{\mathrm{p}}a_k}{3k\omega_{\mathrm{w}}}\cos(3k\omega_{\mathrm{w}}t + \varphi_k) + \frac{mgRn_{\mathrm{p}}}{J\omega_{\mathrm{w}}^2}\sin(\omega_{\mathrm{w}}t + \psi)\Big]$$

$$= I_{\mathrm{s1}}\cos(n_{\mathrm{p}}\omega_{\mathrm{w}}t) - \sum_{k=1}^{n}A_1 I_{k1}\sin(n_{\mathrm{p}}\omega_{\mathrm{w}}t + \omega_{\mathrm{w}}t + 3k\omega_{\mathrm{w}}t + \psi + \varphi_k) +$$

$$\sum_{k=1}^{n}A_1 I_{k1}\sin(n_{\mathrm{p}}\omega_{\mathrm{w}}t - \omega_{\mathrm{w}}t - 3k\omega_{\mathrm{w}}t - \psi - \varphi_k) - \sum_{k=1}^{n}A_1 I_{k1}\sin$$

$$(n_{\mathrm{p}}\omega_{\mathrm{w}}t + \omega_{\mathrm{w}}t - 3k\omega_{\mathrm{w}}t + \psi - \varphi_k) + \sum_{k=1}^{n}A_1 I_{k1}\sin(n_{\mathrm{p}}\omega_{\mathrm{w}}t - \omega_{\mathrm{w}}t + 3k\omega_{\mathrm{w}}t - \psi + \varphi_k) +$$

$$\sum_{k=1}^{n}I_{k1}\sin(n_{\mathrm{p}}\omega_{\mathrm{w}}t + 3k\omega_{\mathrm{w}}t + \varphi_k) + \sum_{k=1}^{n}I_{k1}\sin(n_{\mathrm{p}}\omega_{\mathrm{w}}t - 3k\omega_{\mathrm{w}}t - \varphi_k) +$$

$$A_1\cos(n_{\mathrm{p}}\omega_{\mathrm{w}}t - \omega_{\mathrm{w}}t - \psi) - A_1\cos(n_{\mathrm{p}}\omega_{\mathrm{w}}t + \omega_{\mathrm{w}}t + \psi) \tag{7-40}$$

式中，$A_1 = mgrn_{\mathrm{p}}I_{\mathrm{s1}}/2\omega_{\mathrm{w}}^2 J$。

根据式 (7-40) 可知，在等效风速和叶轮质量不平衡故障情况下，定子电流的频率成分包括了基频、基频两侧频率为 P 和 $3kP$ 的调制频率，同时还含有 P 和 $3kP$ 共同作用而产生的 $(3k\pm1)P$ 调制频率。

下面分析等效风速情况下复合故障对应的定子电流的解析式。时空分布差异与叶轮质量不平衡共同作用造成了风力机机械转矩以及输出轴角速度的改变，如式 (7-38) 和式 (7-39)，然后与定子绕组不对称故障结合，通过机电磁关系的相互作用，最终影响定子电流。推导过程与式 (7-40) 基本一致，结果如下式所示：

$$
\begin{aligned}
i =\ & I_{s1}\cos(n_p\omega_w t) - \sum_{k=1}^{n} A_1 I_{k1}\sin(n_p\omega_w t + \omega_w t + 3k\omega_w t + \psi + \varphi_k) + \\
& \sum_{k=1}^{n} A_1 I_{k1}\sin(n_p\omega_w t - \omega_w t - 3k\omega_w t - \psi - \varphi_k) - \\
& \sum_{k=1}^{n} A_1 I_{k1}\sin(n_p\omega_w t + \omega_w t - 3k\omega_w t + \psi - \varphi_k) + \sum_{k=1}^{n} A_1 I_{k1}\sin(n_p\omega_w t - \\
& \omega_w t + 3k\omega_w t - \psi + \varphi_k) + \sum_{k=1}^{n} I_{k1}\sin(n_p\omega_w t + 3k\omega_w t + \varphi_k) + \\
& \sum_{k=1}^{n} I_{k1}\sin(n_p\omega_w t - 3k\omega_w t - \varphi_k) + A_1\cos(n_p\omega_w t - \omega_w t - \psi) - \\
& A_1\cos(n_p\omega_w t + \omega_w t + \psi) + I_{s2}\cos(3n_p\omega_w t) - \\
& \sum_{k=1}^{n} A_2 I_{k2}\sin(3n_p\omega_w t + \omega_w t + 3k\omega_w t + \psi + \varphi_k) + \sum_{k=1}^{n} A_2 I_{k2}\sin(3n_p\omega_w t - \\
& \omega_w t - 3k\omega_w t - \psi - \varphi_k) - \sum_{k=1}^{n} A_2 I_{k2}\sin(3n_p\omega_w t + \omega_w t - 3k\omega_w t + \psi - \varphi_k) + \\
& \sum_{k=1}^{n} A_2 I_{k2}\sin(3n_p\omega_w t - \omega_w t + 3k\omega_w t - \psi + \varphi_k) + \sum_{k=1}^{n} I_{k2}\sin(3n_p\omega_w t + 3k\omega_w t + \varphi_k) + \\
& \sum_{k=1}^{n} I_{k2}\sin(3n_p\omega_w t - 3k\omega_w t - \varphi_k) + A_2\cos(3n_p\omega_w t - \omega_w t - \psi) - A_2\cos(3n_p\omega_w t + \omega_w t + \psi)
\end{aligned}
$$

$$(7\text{-}41)$$

根据式 (7-41)，在等效风速与复合故障共同作用的综合工况下，定子电流基频两侧会出现与叶轮质量不平衡单故障相同的复杂调制频率，除此之外还会出现绕组不对称引起的定子电流三倍频，并且在三倍频两侧调制频率成分与基频两侧一致，但幅值发生了变化。

7.6.4 仿真及数据分析

为了验证理论分析的正确性，使用 MATLAB/Simulink 平台搭建永磁直驱风电机组模型进行仿真。仿真模型及主要结构如图 7-43 所示，机组的参数见第 3 章的表 3-1。

仿真模型主要分为风力机、永磁发电机以及控制系统三部分。图 7-43 下半部

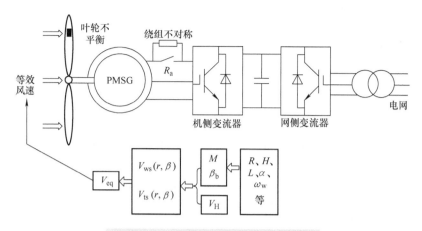

图 7-43　永磁风电机组仿真模型结构

分为等效风速的计算过程，是按照前述式（7-1）~式(7-4) 进行搭建的。绕组不对称故障的仿真在永磁电机部分，通过调整电阻的添加与否来进行仿真。

1. 绕组不对称单故障分析

对于绕组不对称故障，采取附加电阻的方法对其仿真，即在定子绕组 A 相串联一电阻 R_a，采用不同的阻值模拟不同故障程度。下面选择一种故障程度下的仿真结果进行分析。其中仿真用到的参数如下：轮毂风速 10m/s，叶轮转速 103r/min（对应一倍转频 P 为 1.7Hz），风剪切指数 0.4，串联的额外电阻阻值 R_a 为 3Ω。

首先给出该工况下仿真得到的机械转矩的分析结果。根据式（7-13），受等效风速中风剪切和塔影效应的影响，叶轮转矩会出现 $3kP$ 的谐波，为了能更清晰地观察到谐波情况，采用 FFT 频谱分析方法对转矩数据进行频谱分析。图 7-44 所示为是否添加等效风速两种情况下叶轮转矩 FFT 分析的结果对比。从图中可以看到，在 0Hz 处是有峰值的，也就是式（7-13）中的 T_0，并且在添加了等效风速的情况下，分析结果中出现了明显的 $3P$、$6P$ 以及 $9P$ 等 $3kP$ 谐波频率，这是等效风速中的风剪切和塔影效应所造成的。

在未添加等效风速模型，即未考虑风速分布差异并采用轮毂处平均风速条件下，经过仿真可以得到正常及故障情况下的两组定子电流数据。图 7-45 所示为两组数据经过 PSD 处理后得到的频谱。由图 7-45 可知，正常情况下的定子电流频谱仅包含了基频，而故障情况下的频谱除了基频以外还出现了三倍频，这与理论分析的结论相同。

在搭建好的永磁直驱风电机组中加入等效风速仿真模型后，同样可以得到两种情况下的定子电流，图 7-46 所示为经过 PSD 处理后的结果。可以看到，在绕组不对称故障下，定子电流基波频率 f 两侧除了一次调制频率 $3P$ 外，还可观察到高次调制频率 $6P$ 等。同时在三倍频 $3f$ 两侧也出现了清晰的 $3P$ 调制频率。而在正常情

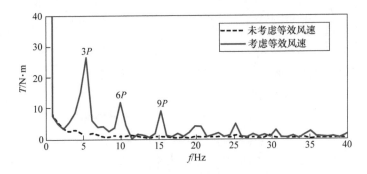

图 7-44 机械转矩 FFT 对比

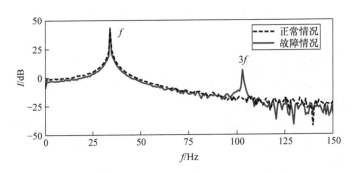

图 7-45 未添加等效风速的定子电流

况下，只有在定子电流基波频率 f 两侧出现了 $3kP$ 的调制频率，如虚线所示。在图 7-46 所示两种情况下，随着谐波次数 k 的增加，所对应谐波会逐渐淹没在噪声信号中。

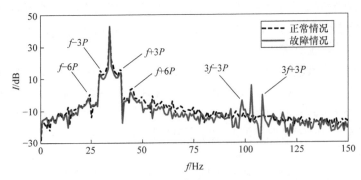

图 7-46 添加等效风速的定子电流

2. 不同故障程度仿真

绕组不对称程度对于故障特征频率是有影响的，故障程度越大，特征频率的幅值越高。图 7-47 所示为不同附加电阻阻值时故障特征频率（$3f$）以及其一侧调制频率（$3f+3P$）幅值的变化曲线。

可以看到，随着故障程度即附加电阻阻值的增加，三倍频的幅值在不断增大，并且根据式（7-30）以及式（7-32），三倍频两侧因等效风速中风剪和塔影导致的调制频率 $3P$ 的幅值会受到三倍频幅值的影响，图 7-47 中可以明显看出它们具有一致的变化趋势，符合理论分析结果。

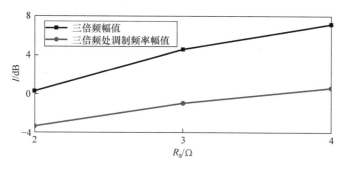

图 7-47   不同故障程度下的幅值变化

3. 复合故障分析

复合故障的仿真为前两种单故障仿真的叠加，即在风机侧加入叶轮质量不平衡的仿真模型，同时在发电机侧添加附加电阻，从而完成复合故障的仿真。

图 7-48 所示为添加等效风速的复合故障下定子电流 PSD 谱。由于图 7-48a 对故障频率观察不清楚，故图 7-48b 和 7-48c 分别给出了频率为 0～70Hz 和 80～120Hz 范围内的 PSD 分析结果。

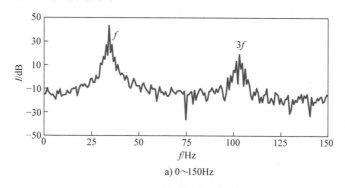

a) 0～150Hz

图 7-48   添加等效风速的复合故障下定子电流

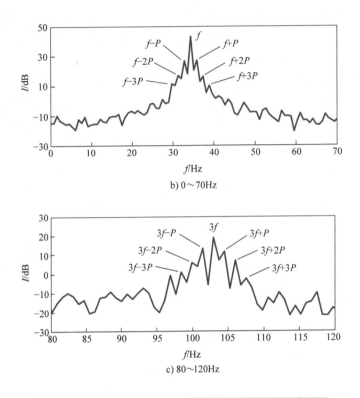

b) 0～70Hz

c) 80～120Hz

图 7-48　添加等效风速的复合故障下定子电流（续）

由图 7-48a 可知，在复合故障下，首先可以清晰观察到绕组不对称故障引起的 $3f$ 特征频率。由图 7-48b 可知，在定子电流基频 f 两侧出现了叶轮质量不平衡故障以及等效风速耦合作用的故障频率 $f \pm P$、$f \pm 2P$ 和 $f \pm 3P$。图 7-48c 的分析与理论推导也基本一致，在 $3f$ 两侧出现了 P 与 $3kP$ 耦合作用产生的谐波频率，这是绕组不对称故障、叶轮质量不平衡故障以及等效风速共同耦合作用的结果。

7.6.5　总结与讨论

下面在前述分析的基础上，将本节主要结论及对比总结见表 7-5。在该表中，AWS 这一列是本文基于轮毂处平均风速下获得的分析结果，并且这些结果与已有文献中结论基本一致。而表 7-5 中 EWS 下面对应的结果，是该节在考虑了等效风速后所获得的故障特征频率，这些在目前永磁风力发电机故障诊断方面较少见诸于报道。

表 7-5　不同故障工况下的定子电流特征频率对比

工况	AWS	EWS
正常	f_1	$f_1, f_1 \pm 3kP$
绕组不对称	$f_1,$ $K_1 f_1 (K_1 奇数)$	$f_1, K_1 f_1,$ $f_1 \pm 3kP,$ $K_1 f_1 \pm 3kP$
叶轮质量不平衡	$f_1,$ $f_1 \pm P$	$f_1, f_1 \pm P, f_1 \pm 3kP,$ $f_1 \pm (3k \pm 1)P$
复合故障	$f_1, K_1 f_1,$ $f_1 \pm P, K_1 f_1 \pm P$	$f_1, K_1 f_1,$ $f_1 \pm P, K_1 f_1 \pm P$ $f_1 \pm 3kP, K_1 f_1 \pm 3kP$ $f_1 \pm (3k \pm 1)P, K_1 f_1 \pm (3k \pm 1)P$

在考虑风速时空分布差异后，定子电流中除了绕组不对称故障导致的特征频率外，还有风速分布差异导致的 $3kP$ 调制频率；叶轮质量不平衡故障时除了叶轮的一倍转频 P，还有 $3kP$ 以及 P 与 $3kP$ 的耦合调制，这些新的衍生频率在现有文献中较少见诸于报道。

相对于定子电流的基频幅值，风速时空分布差异导致的新的故障特征频率对应的幅值都较小。但也许由于该原因，在以往的故障诊断中往往将其忽略，但是这些频率是有规律地存在，并产生于实际叶轮面内的风速时空分布差异。

这些结论不仅完善了永磁风电机组故障诊断理论体系，还为风电机组在实际运行情况下的故障诊断提供了依据。在以后的研究工作中，可进一步分析机组其他机电故障在等效风速影响下的故障特征，并探寻故障特征提取方法，能够更加清晰地表征故障。

7.7　本章小结

风剪切及塔影效应引起的风速时空分布差异直接导致了机组机械转矩的波动，并引起风力机输出轴速度的波动，进而通过发电机的机电磁关系影响定子电气参量。因此风速分布差异与发电机的故障同时引起发电机电气参量特征发生变化，产生了新的故障特征频率成分。

本章研究了考虑实际风速时空分布差异的双馈发电机和永磁发电机典型常见故障的特征。创新之处在于结合等效风速模型、风力机气动特性和发电机工作原理，从理论上重新推导了考虑风速时空分布差异的发电机故障新特征。研究结果对完善和健全风电机组的故障诊断体系、提高故障诊断精度具有一定的理论和实践意义。

Chapter 8

第8章

叶轮故障下发电机特性分析 ◀◀◀◀

8.1 引言

叶轮质量不平衡是指各叶片质量分布不均匀，原因可能是加工制造误差、材质不均匀等，使得各叶片质量不同。另外，叶片由于承受交变载荷很容易产生疲劳裂纹，伴随着灰尘、杂物或雨水的进入，裂纹加剧，也会引起叶轮质量的不平衡。如果叶轮的不平衡程度较小，满足相关国标规定的不平衡度允许误差，则为正常叶轮，否则便称之为叶轮质量不平衡故障。

叶轮气动不对称是指三个叶片的气动转矩分布不均匀。其原因可能是由于制造、安装或控制误差造成某个叶片的桨距角与其他叶片的不同，或者由于叶片表面覆冰等原因使得表面变得粗糙，改变了翼型。如果气动不对称程度较小，满足相关国标规定的不平衡度允许误差，则为正常工况；否则便称之为叶轮气动不对称故障，也即本文的研究范围。叶轮气动不对称会使叶轮主轴旋转中心发生变化，从而引起机组轴系的振动，加剧叶片、轴承、齿轮等部件的疲劳，若长期运行会对机组产生非常大的危害。

接下来将对这两种叶轮故障展开机理分析和故障诊断方法的研究。

8.2 叶轮质量不平衡机理分析

针对叶轮质量不平衡故障，大多数研究分析了故障对机组部件振动特征的影响。研究结果表明，机舱、塔筒在水平方向的振动会增加，并提出利用振动信号中的叶轮一倍转频作为故障的特征频率。虽然基于振动的监测理论比较成熟，但是考虑到风电机组的机舱本身振动就比较复杂，因此振动监测的准确度不高，而且额外的安装加速度传感器成本也比较高。而基于电机电气参量特征的故障诊断方法，多为非侵入式监测手段，在实际的应用中更为方便。

叶轮质量不平衡故障与风力发电机电气特性关系的研究相对较少，因此本节着手探讨叶轮质量不平衡故障对双馈发电机电气参量的影响，并寻找基于电流信号特征分析法的叶轮质量不平衡故障诊断方法。

首先对叶轮质量不平衡进行等效，它相当于在三个质量相等的叶片上附加了一个虚拟质量块 $m^{[20-22,193]}$，质量块随叶轮一起以角速度 ω_w 旋转，如图 8-1 所示。在旋转过程中质量块所受到的力主要包括自身的重力 mg 以及离心力 F_m。在离心力的作用下机组发生振动，由于塔筒在竖直方向的刚度比较大，因此将主要引起叶轮、机舱和塔筒在水平方向的振动，离心力水平方向的分力可表示为

$$F_w = m\omega_w^2 R\sin(\omega_w t + \phi_w) \tag{8-1}$$

式中，R 为距轮毂距离；ω_w 为叶轮旋转角速度；ϕ_w 为叶轮初始位置角度。

由上式可知，离心力引起的机组水平方向振动频率为叶轮转频，但离心力并不会对主轴产生扭矩，故对风力机的气动转矩不会造成影响。而等效不平衡质量块产生的重力矩会对风力机的输出转矩产生影响，风力机输出的机械转矩 T_m 可表达为

$$T_m = T_{m0} + mgR\sin(\omega_w t + \phi_w) \tag{8-2}$$

式中，T_{m0} 为气动转矩。

图 8-2 所示为叶轮质量不平衡时的示意图。等效质量块 m 随着叶轮以 ω_w 的速度旋转，它产生的重力矩会造成风力机主轴（也称叶片转子轴）转速的波动。如图 8-2 左图所示，不平衡质量块由顶部向下旋转到底部的过程中会给主轴加速；而当叶轮由底部向上旋转到顶部的过程中，等效质量块的存在会给主轴减速，如图 8-2 右图所示，并且这样的周期变化频率等于叶轮转频。当转矩周期性波动时，轴转速也会出现相同频率的波动[26]。双馈风电机组通过增速齿轮箱将叶轮和发电机连接起来，发电机转子旋转角速度等于 $N\omega_w$（N 为齿轮箱的增速比）。风力机主轴增速、减速的变化会反映到发电机转子速度上，使转子发生增速、减速的周期波动，波动频率等于叶轮转频。下面对此问题分两种情况再进行简要证明。

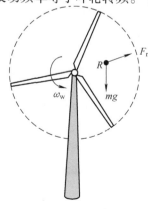

图8-1　不平衡质量块受力分析

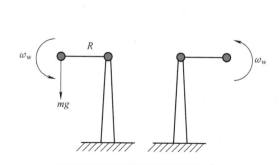

图8-2　叶轮质量不平衡模型

在机组传动链等效为一个质量块的模型下，由于式（2-39）中的 K 和 D 一般可近似为 0，则双馈发电机传动链运动方程可表示为

$$T_\mathrm{m} - T_\mathrm{e} = \frac{J}{n_\mathrm{p}}\frac{\mathrm{d}\omega_\mathrm{r}}{\mathrm{d}t} \tag{8-3}$$

将式（8-2）代入式（8-3），并令初相角 $\phi_\mathrm{w} = 0$，可求出转子电角速度 ω_r 为

$$\omega_\mathrm{r} = \int \frac{n_\mathrm{p}}{J}(T_\mathrm{m0} - T_\mathrm{e})\mathrm{d}t - \frac{mgRn_\mathrm{p}}{J\omega_\mathrm{w}}\cos(\omega_\mathrm{w}t) = \omega_\mathrm{r0} - \omega_\mathrm{rg}\cos(\omega_\mathrm{w}t) \tag{8-4}$$

式中，ω_r0 为 DFIG 转子电角速度稳态值；$\omega_\mathrm{rg} = mgRn_\mathrm{p}/J\omega_\mathrm{w}$，为转子电角速度周期波动幅值。

接下来针对机组传动链等效为两质量块模型时作简要分析。根据两质量块等效模型下的传动链运动方程（2-40），有下式：

$$J_\mathrm{w}\frac{\mathrm{d}\omega_\mathrm{w}}{\mathrm{d}t} = -K_\mathrm{s}\theta_\mathrm{s} - B_\mathrm{s}\omega_\mathrm{w} + B_\mathrm{s}\omega_\mathrm{g} + T_\mathrm{m} \tag{8-5}$$

$$J_\mathrm{g}\frac{\mathrm{d}\omega_\mathrm{g}}{\mathrm{d}t} = K_\mathrm{s}\theta_\mathrm{s} + B_\mathrm{s}\omega_\mathrm{w} - B_\mathrm{s}\omega_\mathrm{g} - T_\mathrm{e} \tag{8-6}$$

根据式（8-5）和式（8-6），以及叶轮转速和发电机转速的关系，可以求得：

$$\left(\frac{J_\mathrm{w}}{N} + J_\mathrm{g}\right)\frac{\mathrm{d}\omega_\mathrm{g}}{\mathrm{d}t} = T_\mathrm{m} - T_\mathrm{e} \tag{8-7}$$

将式（8-2）代入上式，类似可以求出 DFIG 转子电角速度：

$$\omega_\mathrm{r}' = \int \frac{n_\mathrm{p}}{J'}(T_\mathrm{m0} - T_\mathrm{e})\mathrm{d}t - \frac{mgRn_\mathrm{p}}{J'\omega_\mathrm{w}}\cos(\omega_\mathrm{w}t) = \omega_\mathrm{r1} - \omega_\mathrm{r2}\cos(\omega_\mathrm{w}t) \tag{8-8}$$

式中，$J' = (J_\mathrm{w} + NJ_\mathrm{g})/N$；$\omega_\mathrm{r1}$ 为角速度稳态值；$\omega_\mathrm{r2} = mgRn_\mathrm{p}/J'\omega_\mathrm{w}$。

对比式（8-4）和式（8-8）可知，无论机组是等效为一个质量块模型还是两个质量块模型，DFIG 转子电角速度都存在周期波动，频率同为叶轮一倍转频。

8.3 叶轮质量不平衡故障下双馈风力发电机特性分析

8.3.1 DFIG 工作原理

DFIG 与绕线式异步电机结构类似，发电机定、转子均接三相对称绕组，但与普通绕线异步电机不同的是，DFIG 转子与一变流器连接，可以调节转子电流的频率、相位。当 DFIG 转子转速为 ω_r 时，机侧变流器调节转子电流频率为 $s\omega_1$，其中 s 为转差率，满足定子电压、电流频率为同步速 ω_1 的要求，使得定、转子旋转磁场均以同步速 ω_1 旋转，且两者保持相对静止，因此各频率应满足如下关系：

$$\omega_1 = \omega_\mathrm{r} + s\omega_1 = \omega_\mathrm{r} + \omega_\mathrm{z} \tag{8-9}$$

式中，ω_z 是转子电流角频率。

当电网电压频率稳定的情况下，同步速 ω_1 也恒定不变。再根据上式（8-4）和式（8-9）可以求得转子电流角频率 ω_z 以及转子电流瞬时相位 θ_z 为

$$\omega_z = \omega_{z0} + \omega_{rg}\cos(\omega_w t) \tag{8-10}$$

$$\theta_z = \int_0^t \omega_z \mathrm{d}\tau = \omega_{z0}t + \frac{\omega_{rg}}{\omega_w}\sin(\omega_w t) \tag{8-11}$$

式中，$\omega_{z0} = \omega_1 - \omega_{r0}$。

8.3.2　定、转子电流分析

令转子某相电流 i_{ra} 初始相角为 0，根据上式（8-11）可得：

$$
\begin{aligned}
i_{ra} &= I_r\cos\theta_z \\
&= I_r\cos\left[\omega_{z0}t + \frac{\omega_{rg}}{\omega_w}\sin(\omega_w t)\right] \\
&= I_r\left\{\cos(\omega_{z0}t)\cos\left[\frac{\omega_{rg}}{\omega_w}\sin(\omega_w t)\right] - \sin(\omega_{z0}t)\sin\left[\frac{\omega_{rg}}{\omega_w}\sin(\omega_w t)\right]\right\} \\
&\approx I_r\left[\cos(\omega_{z0}t)\times 1 - \frac{\omega_{rg}}{\omega_w}\sin(\omega_{z0}t)\sin(\omega_w t)\right] \\
&= I_r\cos(\omega_{z0}t) + \frac{I_r\omega_{rg}}{2\omega_w}\cos(\omega_{z0}t + \omega_w t) - \frac{I_r\omega_{rg}}{2\omega_w}\cos(\omega_{z0}t - \omega_w t) \tag{8-12}
\end{aligned}
$$

式中，I_r 代表转子电流基波的幅值。

由上式可知，在叶轮存在质量不平衡时，转子电流中不仅包含频率为 f_{z0} 的基波分量外，还会出现频率为 $f_{z0} \pm f_w$ 的谐波分量（其中 $\omega_{z0} = 2\pi f_{z0}$，$\omega_w = 2\pi f_w$）。除此之外，谐波电流的幅值为基波电流幅值的 $\omega_{rg}/2\omega_w$ 倍，由式（8-4）可知，$\omega_{rg} = n_p mgR/J\omega_w$，对于大型风电机组，不平衡重力矩 mgR 远小于机组转动惯量 J，且叶轮角频 $\omega_w > 1$，因此与转子电流基波幅值相比，谐波电流的幅值是很小的。

接下来求解 DFIG 定子电流的解析式。首先根据派克变换将转子电流由三相静止坐标系变换到旋转坐标系下。根据 3s－2r 变换规则[3]，转子 d、q 轴电流 i_{rd}、i_{rq} 计算结果如式（8-13）和式（8-14）所示：

$$
\begin{aligned}
i_{rd} =\ & \frac{2}{3}\left[\left(i_{ra} - \frac{1}{2}i_{rb} - \frac{1}{2}i_{rc}\right)\cos\omega_{z0}t + \left(\frac{\sqrt{3}}{2}i_{rb} - \frac{\sqrt{3}}{2}i_{rc}\right)\sin\omega_{z0}t\right] + \\
& \frac{2}{3}\left[\frac{\omega_{rg}}{2\omega_w}\left(i_{ra} - \frac{1}{2}i_{rb} - \frac{1}{2}i_{rc}\right)\cos(\omega_{z0}t + \omega_w t) + \frac{\omega_{rg}}{2\omega_w}\left(\frac{\sqrt{3}}{2}i_{rb} - \frac{\sqrt{3}}{2}i_{rc}\right)\sin(\omega_{z0}t + \omega_w t)\right] - \\
& \frac{2}{3}\left[\frac{\omega_{rg}}{2\omega_w}\left(i_{ra} - \frac{1}{2}i_{rb} - \frac{1}{2}i_{rc}\right)\cos(\omega_{z0}t - \omega_w t) + \frac{\omega_{rg}}{2\omega_w}\left(\frac{\sqrt{3}}{2}i_{rb} - \frac{\sqrt{3}}{2}i_{rc}\right)\sin(\omega_{z0}t - \omega_w t)\right] \\
& - i_{rd0} + i_{rdw+} - i_{rdw-} \tag{8-13}
\end{aligned}
$$

$$
i_{rq} = \frac{2}{3}\left[-\left(i_{ra} - \frac{1}{2}i_{rb} - \frac{1}{2}i_{rc}\right)\sin\omega_{z0}t + \left(\frac{\sqrt{3}}{2}i_{rb} - \frac{\sqrt{3}}{2}i_{rc}\right)\cos\omega_{z0}t\right] +
$$

$$\frac{2}{3}\left[-\frac{\omega_{rg}}{2\omega_w}\left(i_{ra}-\frac{1}{2}i_{rb}-\frac{1}{2}i_{rc}\right)\sin(\omega_{z0}t+\omega_w t)+\frac{\omega_{rg}}{2\omega_w}\left(\frac{\sqrt{3}}{2}i_{rb}-\frac{\sqrt{3}}{2}i_{rc}\right)\cos(\omega_{z0}t+\omega_w t)\right]-$$

$$\frac{2}{3}\left[-\frac{\omega_{rg}}{2\omega_w}\left(i_{ra}-\frac{1}{2}i_{rb}-\frac{1}{2}i_{rc}\right)\sin(\omega_{z0}t-\omega_w t)+\frac{\omega_{rg}}{2\omega_w}\left(\frac{\sqrt{3}}{2}i_{rb}-\frac{\sqrt{3}}{2}i_{rc}\right)\cos(\omega_{z0}t-\omega_w t)\right]$$

$$= i_{rq0}+i_{rqw+}-i_{rqw-} \tag{8-14}$$

由以上两式中转子 d、q 轴电流表达式可知,转子电流包含了三个旋转 dq 坐标分量,三个 dq 坐标系的旋转速度分别是 ω_{z0}、$\omega_{z0}+\omega_w$ 和 $\omega_{z0}-\omega_w$。其中以 ω_{z0} 速度旋转的 d、q 轴电流为 i_{rd0}、i_{rq0};以 $\omega_{z0}+\omega_w$ 速度旋转的 d、q 轴电流为 i_{rdw+}、i_{rqw+};以 $\omega_{z0}-\omega_w$ 速度旋转的 d、q 轴电流为 $-i_{rdw-}$、$-i_{rqw-}$。

根据第 2 章所述的 DFIG 磁链表达式:

$$\begin{cases} \psi_{sd} = -L_s i_{sd}+L_m i_{rd} \\ \psi_{sq} = -L_s i_{sq}+L_m i_{rq} \end{cases} \tag{8-15}$$

式中,ψ_{sd} 和 ψ_{sq} 为定子磁链的 d、q 轴分量;i_{sd} 和 i_{sq} 是定子电流的 d、q 轴分量;L_s 是定子自感;L_m 是定、转子间互感。

将式 (8-13) 和式 (8-14) 代入式 (8-15) 可得:

$$\begin{cases} i_{sd} = \left(\frac{L_m}{L_s}i_{rd0}-\frac{\psi_{sd}}{L_s}\right)+\left(\frac{L_m}{L_s}i_{rdw+}-\frac{\psi_{sd}^*}{L_s}\right)-\left(\frac{L_m}{L_s}i_{rdw-}-\frac{\psi_{sd}^*}{L_s}\right) \\ i_{sq} = \left(\frac{L_m}{L_s}i_{rq0}-\frac{\psi_{sd}}{L_s}\right)+\left(\frac{L_m}{L_s}i_{rqw+}-\frac{\psi_{sq}^*}{L_s}\right)-\left(\frac{L_m}{L_s}i_{rqw-}-\frac{\psi_{sq}^*}{L_s}\right) \end{cases} \tag{8-16}$$

$$\begin{cases} i_{sd} = i_{sd0}+i_{sdw+}-i_{sdw-} \\ i_{sq} = i_{sq0}+i_{sqw+}-i_{sqw-} \end{cases} \tag{8-17}$$

式中,$\psi_{sd}^* = L_s i_{sdw+}+L_m i_{rdw+} = L_s i_{sdw-}+L_m i_{rdw-}$;$\psi_{sq}^* = L_s i_{sqw+}+L_m i_{rqw+} = L_s i_{sqw-}+L_m i_{rqw-}$。

由上式可知,定子电流也包含了三个旋转 dq 轴分量,三个旋转 dq 坐标系的转速分别为:ω_0、ω_+ 和 ω_-,为了使定子磁场与转子磁场保持相对静止,应有 $\omega_0 = \omega_{z0}+\omega_{r0} = \omega_1$、$\omega_+ = (\omega_{z0}+\omega_w)+\omega_{r0} = \omega_1+\omega_w$、$\omega_- = (\omega_{z0}-\omega_w)+\omega_{r0} = \omega_1-\omega_w$。故定子电流分解后的三个 dq 轴转速分别为 ω_1、$\omega_1+\omega_w$ 和 $\omega_1-\omega_w$。

根据式 (8-13) 和式 (8-14) 推导的逆过程和 $2r-3s$ 变换原理,可以得到定子电流某相电流的解析表达式:

$$i_{sa} = I_s\cos(\omega_1 t+\phi_0)+I_{s1}\cos(\omega_1 t+\omega_w t+\phi_1)-I_{s2}\cos(\omega_1 t-\omega_w t+\phi_2) \tag{8-18}$$

式中,$I_s = \sqrt{i_{sd0}^2+i_{sq0}^2}$;$I_{s1} = \sqrt{i_{sdw+}^2+i_{sqw+}^2}$;$I_{s2} = \sqrt{i_{sdw-}^2+i_{sqw-}^2}$;$\phi_0 = \arctan(i_{sq0}/i_{sd0})$;$\phi_1 = \arctan(i_{sqw+}/i_{sdw+})$;$\phi_2 = \arctan(i_{sqw-}/i_{sdw-})$。

通过上述分析可知,叶轮质量不平衡故障时,定子电流中不仅包含频率为 f_1 的基波，还会出现频率为 $f_1 \pm f_w$（其中 $\omega_1 = 2\pi f_1$）的调制谐波分量。同时根据式（8-12）也可得出，转子电流中也存在频率为 $f_{z0} \pm f_w$ 的调制谐波分量，其中 f_w 通常被称作调制频率或者故障频率。因此在叶轮质量不平衡故障时，定子电流和转子电流中均含有调制谐波分量，调制频率为叶轮的一倍转频 f_w。以此为依据可以进行基于电流信号特征的质量不平衡故障诊断。

但是，无论是定子还是转子电流，与基波电流幅值相比，谐波电流幅值是非常小的，根据后面数据分析可知，直接对电流信号进行 FFT（快速傅里叶变换）分析，很难找出故障调制频率。因此接下来讨论故障谐波频率的提取方法。

8.4　叶轮质量不平衡故障谐波频率提取方法

8.4.1　MUSIC 算法基本原理

多重信号分类 MUSIC（Multiple Signal Classification，MUSIC）算法是由 Schmidt 于 1986 年提出。MUSIC 算法是一种基于阵列相关矩阵特征分解，然后利用子空间和噪声空间的正交性来对信号的波达方向进行估计的方法[194,195]。

对于任一观测信号，其中含有有效信号和噪声信号，根据信号的自相关矩阵可以张成一个信号空间，然后根据自相关矩阵特征值将整个信号空间分成信号子空间和噪声子空间。这两个信号空间正交，也即信号子空间向量正交于噪声子空间向量[195]。

设在加性白噪声中有 p 个复正弦信号 $x(n) = \sum_{i=1}^{p} A_i e^{j(\omega_i n + \varphi_i)}$，它们构成了一个平稳随机过程。令观测信号为

$$y(n) = x(n) + q(n) = \sum_{i=1}^{p} A_i e^{j(\omega_i n + \varphi_i)} + q(n) \qquad (8-19)$$

式中，p 个正弦信号的幅值 A_i、频率 ω_i 为待求量；相位 φ_i 为在 $[-\pi, \pi]$ 内均匀分布的随机变量；$q(n)$ 是与 $x(n)$ 相互独立的均值为零、方差为 σ^2 的白噪声。

对于 $(M+1)$ 维观测信号矢量 $y(n)$，若令

$$y(n) = [y(0), y(1), \cdots, y(M)]^T \qquad (8-20)$$

$$\mathbf{e}_i = [1, e^{j\omega i}, e^{j2\omega i}, \cdots, e^{jM\omega i}]^T \quad i = 1, 2, \cdots, p \qquad (8-21)$$

有 $(M+1) \times (M+1)$ 维相关矩阵：

$$\boldsymbol{R}_y(\tau) = \boldsymbol{R}_x(\tau) + \boldsymbol{R}_q(\tau) = \sum_{i=1}^{p} A_i^2 \boldsymbol{e}_i \boldsymbol{e}_i^H + \sigma^2 \boldsymbol{I} \qquad (8-22)$$

已经证明：仅包含 p 个复正弦信号的 $x(n)$ 的相关矩阵 $\boldsymbol{R}_x$ 秩为 p，因此上式中相关矩阵 $\boldsymbol{R}_y(\tau)$ 进行特征分解，可以得到它的各个特征值和相对应的特征向量分别为

特征值：$\lambda_1 \geqslant \lambda_2 \geqslant \cdots \geqslant \lambda_p \geqslant \lambda_{p+1} \geqslant \cdots \geqslant \lambda_{M+1}$

特征向量：$v_1, v_2, \cdots, v_p, v_{p+1}, v_{p+2}, \cdots, v_{M+1}$

对比上述的特征值和特征向量可以发现，$\boldsymbol{R}_y(\tau)$ 的最小特征值应该为 σ^2，重数为 $(M-p)$，也即 $\lambda_{p+1} = \lambda_{p+2} = \cdots = \lambda_M = \sigma^2$。由于各个特征量相互正交，并且噪声信号的特征值应该最小，所以由最小的 $(M-p)$ 个特征值相应的特征向量可以张成另一个空间—噪声子空间，记作为 $\boldsymbol{\Omega}_2$，因此整个空间被划分为两个子空间，即信号子空间 $\boldsymbol{\Omega}_1$ 和噪声子空间 $\boldsymbol{\Omega}_2$。并且由于各特征量相互正交，因此有 $\boldsymbol{\Omega}_1$ 与 $\boldsymbol{\Omega}_2$ 正交。通过上述分析，可得到下述公式：

$$\begin{cases} \boldsymbol{R}_y(\tau) = [\boldsymbol{\Omega}_1 \boldsymbol{\Omega}_2] \sum [\boldsymbol{\Omega}_1 \boldsymbol{\Omega}_2]^H \\ \boldsymbol{\Omega}_1 = \mathrm{span}[v_1, v_2, \cdots, v_p] \\ \boldsymbol{\Omega}_2 = \mathrm{span}[v_{p+1}, v_{p+2}, \cdots, v_{M+1}] \\ \sum = \mathrm{diag}[\lambda_1, \lambda_2, \cdots, \lambda_p, \lambda_{p+1}, \cdots, \lambda_{M+1}] \end{cases} \tag{8-23}$$

此外，由特征值与特征向量的关系：

$$\boldsymbol{R}_x \boldsymbol{v}_m = \lambda_m \boldsymbol{v}_m \quad m = 1, 2, \cdots, p \tag{8-24}$$

将 $\boldsymbol{R}_x(\tau)$ 值代入得：

$$\sum_{i=1}^{p} A_i^2 \boldsymbol{e}_i \boldsymbol{e}_i^H \boldsymbol{v}_m = \lambda_m \boldsymbol{v}_m \tag{8-25}$$

$$\boldsymbol{v}_m = \sum_{i=1}^{p} \frac{A_i^2 \boldsymbol{e}_i \boldsymbol{e}_i^H \boldsymbol{v}_m}{\lambda_m} \boldsymbol{e}_i = \sum_{i=1}^{p} \beta_i \boldsymbol{e}_i \tag{8-26}$$

即 $\boldsymbol{v}_m$ 可以表示成另一组基 $\boldsymbol{E}_S$ 的线性组合，所以 $\boldsymbol{E}_S$ 构成了信号空间 $\boldsymbol{\Omega}_1$ 的另一组基，因此 $\boldsymbol{E}_S \perp \boldsymbol{\Omega}_2$。根据这一性质，可以进行频率估算。定义如下的投影函数：

$$P(\omega) = |\boldsymbol{e}^H(\omega) \boldsymbol{\Omega}_2|^2 \tag{8-27}$$

$$f(\omega) = 1/P(\omega) \tag{8-28}$$

式中，$\boldsymbol{e}(\omega) = [1, e^{j\omega}, e^{j2\omega}, \cdots, e^{jM\omega}]$。

对于信号中包含的频率 ω_i，$\boldsymbol{e}(\omega_i) = \boldsymbol{e}_i \in \boldsymbol{E}_S$，所以 $\boldsymbol{e}_i \perp \boldsymbol{\Omega}_2$，由于 $P(\omega_i)$ 的值近似等于 0，因此其倒数 $f(\omega)$ 会比较大，搜索 $f(\omega)$ 的峰值点即可获得 $\boldsymbol{x}(n)$ 中的频率估计。

8.4.2　MMUSIC 算法

在改进的 MUSIC（Modified MUSIC，MMUSIC）算法中，将信号子空间中对应最大主分量的特征向量移到噪声子空间，从而可以得到两个新的正交子空间[195]：

$$\begin{cases} \boldsymbol{R}_y(\tau) = [\boldsymbol{\Omega}_1^* \quad \boldsymbol{\Omega}_2^*] \sum [\boldsymbol{\Omega}_1^* \boldsymbol{\Omega}_2^*]^H \\ \boldsymbol{\Omega}_1^* = [v_2, v_3, \cdots, v_p] \\ \boldsymbol{\Omega}_2^* = [v_1, v_{p+1}, v_{p+2}, \cdots, v_{M+1}] \\ \sum = \mathrm{diag}[\lambda_2, \cdots, \lambda_p, \lambda_1, \lambda_{p+1}, \cdots, \lambda_{M+1}] \end{cases} \tag{8-29}$$

第一个子空间由 $\boldsymbol{\Omega}_1^*$ 张成，第二个子空间是由 $\boldsymbol{\Omega}_2^*$ 张成，同前述分析类似，定义投影函数：

$$P^*(\omega) = |e^{\mathrm{H}}(\omega)\boldsymbol{\Omega}_2^*|^2 = |e^{\mathrm{H}}(\omega)[v_1, v_{p+1}, v_{p+2}, \cdots, v_{M+1}]|^2 \tag{8-30}$$

$$f^*(\omega) = 1/P^*(\omega) \tag{8-31}$$

对于原信号中所包含的各频率 ω_i，由于 $e(\omega_i)$ 与 $[v_{p+1}, v_{p+2}, \cdots, v_{M+1}]$ 正交，所以有

$$P^*(\omega_i) = |e^{\mathrm{H}}(\omega_i)v_1|^2 \tag{8-32}$$

$$f^*(\omega_i) = 1/P^*(\omega_i) \tag{8-33}$$

也就是说，这些频率的投影值只与它们在 v_1 上的投影有关。其中 v_1 对应的是信号中能量最大的分量，也就是定子或转子电流中的基波分量。由于基波分量的能量比其他分量要大很多，因此 v_1 的方向对应着 $e(\omega_{\text{基波}})$ 方向，因此投影函数 $P^*(\omega_{\text{基波}})$ 的值要比其他频率分量对应的 $P^*(\omega_i)$ 要大很多。然后再求其倒数后，基波分量将表现微弱，而其他分量将凸显出来。

基于改进的 MMUSIC 方法提取叶轮质量不平衡故障特征频率的步骤如下：

（1）取若干个数据点，并求取这组数据的自相关矩阵；

（2）将第一步中求得的矩阵进一步计算特征值，根据特征值将数据分类，也即有效信号和噪声信号空间；

（3）根据式（8-33）对各投影函数分别求取其倒数，可在各峰值处获得故障谐波频率。

8.4.3　MMUSIC 算法仿真分析

为了验证上述两种算法在提取谐波频率时的有效性，对该算法进行模拟数据仿真验证。首先给出一组仿真数据，在基波 f 为 50Hz 的正弦波中加入频率为 $f \pm 0.5$ 的谐波，即 $f_1 = 49.5\mathrm{Hz}$，$f_2 = 50.5\mathrm{Hz}$，并可表示成下式：

$$x(t) = 8\cos(2\pi ft) - 0.007\cos(2\pi f_1 t) + 0.005\cos(2\pi f_2 t) + 0.02\mathrm{rand}(n)$$

$$\tag{8-34}$$

图 8-3 所示为仿真数据的时域波形，在峰值处进行局部放大，能观察到明显的调制包络，包络的波动频率约为 0.5Hz。对仿真数据式（8-34）分别进行 FFT、改进 MMUSIC 算法分析，结果如图 8-4 和图 8-5 所示。

由图 8-4 可知，对模拟数据进行 FFT 分析后，基频 50Hz 表现的非常明显，但是由于谐波幅值与基波幅值相比较小，故在 FFT 频谱图中未观察到谐波频率。但是通过 MMUSIC 方法自动将能量最大的基波频率过滤掉之后，谐波频率表现的非常清晰直观，如图 8-5 所示。

但由于故障谐波频率与基波对应的特征向量相关，因此投影函数并不是特别接近于零，因此其倒数并不是特别大。

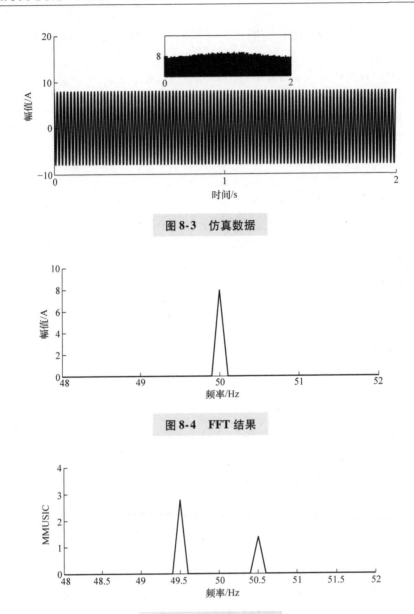

图 8-3　仿真数据

图 8-4　FFT 结果

图 8-5　MMUSIC 结果

8.5　叶轮质量不平衡故障仿真分析

前文已述，利用 MATLAB/Simulink 模块搭建了一个适合叶轮质量不平衡故障仿真的 DFIG 模拟仿真平台，接下来利用该平台进行仿真分析与验证。

首先定义不平衡度系数 b 为不平衡重力矩与气动转矩比值，可表达为

$$b = \frac{T_{mg}}{T_{m0}} \times 100\% \tag{8-35}$$

式中，T_{mg} 为不平衡重力矩。

利用所搭建的 1.5MW 双馈风电机组仿真平台，分别进行了正常和质量不平衡工况下的仿真。不平衡度系数分别为 1%、3%、5%、8% 和 10%。为了便于对比，这几种工况下风力机的运行参数相同，均为恒定风速 8m/s，叶轮转速 14.5r/min，相应一倍转频 1P 约为 0.24Hz。

图 8-6 所示为正常以及 10% 不平衡情况下叶轮转速的对比图。质量不平衡工况下，叶轮转速和发电机转速都有明显波动，如图 8-6a 所示；经 FFT 后其频率表现在 0.24Hz 附近，如图 8-6b 所示。对发电机转速分析的结果与叶轮转速类似，只是幅值为叶轮转速的 N 倍（N 为齿轮箱增速比），故在此未给出。

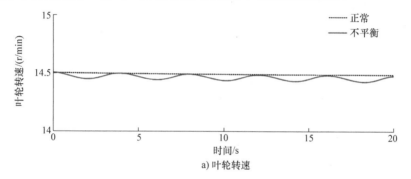

a) 叶轮转速

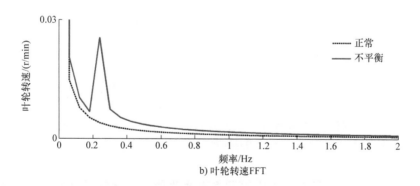

b) 叶轮转速FFT

图 8-6　正常及 10% 不平衡工况下叶轮转速

图 8-7 所示为正常以及 10% 不平衡情况下 DFIG 有功功率的对比图。从时域图 8-7a 可看出，在不平衡情况下功率也存在有明显的周期波动；经 FFT 后其频率约为 0.24Hz，如图 8-7b 所示。

由于机组实行变速恒频控制，因此正常和故障状况下定子电流的基频基本一致，时域波形基本重合，故未给出时域波形图。对定子电流进行 FFT 分析后，基频均为 50Hz，只是幅值稍有区别，也均未发现故障频率，如图 8-8a 所示。图 8-8b 是对定子电流进行 MMUSIC 分析的结果：质量不平衡工况下，定子电流在频率为 $f_1 \pm 1P$（49.76Hz 和 50.24Hz）处可观察到明显的峰值。由于故障谐波频率与基波对应的特征向量相关，因此投影函数并不是特别接近于零，因此其倒数并不是特别大。

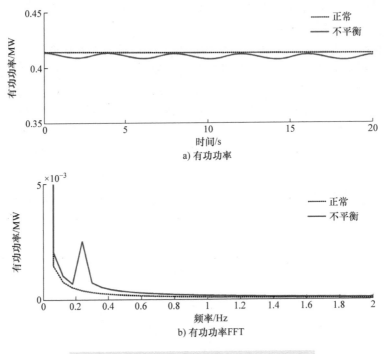

图 8-7 正常及 10%不平衡工况下有功功率

另外还可发现，无论是正常还是不平衡的工况下，在非常靠近 50Hz 处存在两个峰值（与 50Hz 相差约 0.02Hz），初步分析，这两个峰值应为系统自身所带有的谐波频率，或者说系统存在一个 0.02Hz 的固有调制频率，因此在正常和不平衡工况下都存在。

对转子电流分析后发现，正常以及不平衡两种工况下转子电流基频都大概是 6.5Hz，故障时电流频率 f_z 稍大，与叶轮转速稍降低有关，故障谐波频率不易辨识。质量不平衡工况下的转子电流与正常工况下的转子电流相位有差异，如图 8-9a 所示。图 8-9c 所示为对转子电流进行 MMUSIC 分析的结果，从图中可以看出，不平衡的转子电流在 $f_z \pm 1P$ 出现明显峰值，而正常情况下则没有。与定子电流 MMUSIC 类似，在非常接近转子电流基频处也存在两个峰值，对应系统固有调制频率 0.02Hz，正常和故障下都有，因此并不是故障特征的显现。

另外，针对其他不平衡程度下仿真得到的电气参量也进行了类似的分析，结果

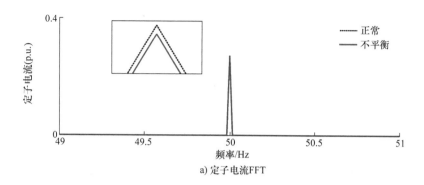

a) 定子电流FFT

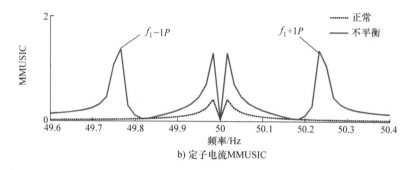

b) 定子电流MMUSIC

图 8-8 正常及不平衡工况下定子电流

与 10% 不平衡度下的结果一致。图 8-10 给出了 1% 、3% 、5% 、8% 和 10% 这五种不平衡工况下，在 MMUSIC 图上故障频率所对应的右侧峰值。由此图可知，随着质量不平衡程度的加剧，故障谐波所占的比例及其能量增大，故障频率处对应的幅值增加。

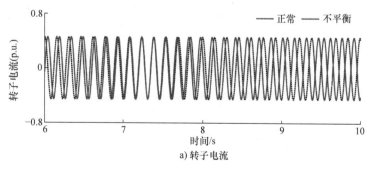

a) 转子电流

图 8-9 正常及不平衡工况下转子电流

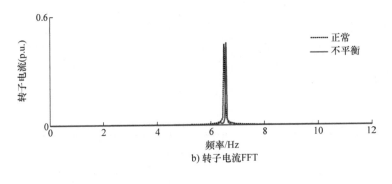

b) 转子电流FFT

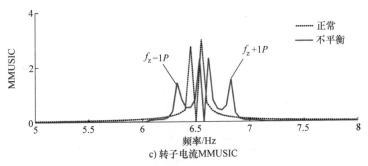

c) 转子电流MMUSIC

图 8-9　正常及不平衡工况下转子电流（续）

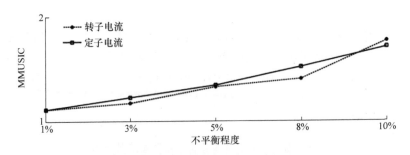

图 8-10　各不平衡度对应的故障频率峰值

8.6　叶轮质量不平衡实验分析

虽然仿真分析的结果与前述理论分析基本一致，但是为了进一步验证本文所提理论的正确性，又在一个 11kW 双馈风电平台上进行了实验。实验平台如图 8-11 所示。该实验平台的工作原理是：三叶片风力机由拖动电机带动，可模拟风速变化时叶轮的旋转，从而带动主轴一起旋转。主轴通过增速齿轮箱与绕线式异步发电机相连。发电机的控制系统、并网系统等都集成在主控柜中，如图 8-11 中右图所示。机组参数见表 8-1。

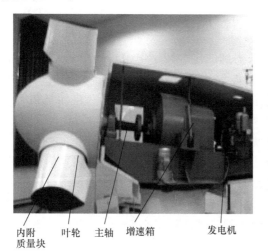

内附　叶轮　主轴　增速箱　　发电机
质量块

a) 实验台　　　　　　　　　　　　　　　b) 主控柜

图 8-11　双馈风力发电机组实验台

表 8-1　11kW 机组参数

风力机参数	数值	发电机参数	数值
额定功率/kW	11	额定电压/V	380（50Hz）
额定风速/(m/s)	9	定子电阻/Ω	0.55
叶轮额定转速/(r/min)	101	定子漏感/mH	83.5
最佳风能利用系数	0.43	转子电阻/Ω	0.71
最佳叶尖速比	6.8	转子漏感/mH	87.7
齿轮箱增速比	17.8	定转子互感/mH	79.4
叶轮直径/m	10	极对数	2

为了模拟叶轮质量不平衡故障，在某一叶片上附加了一个重约 1.5kg 的质量块，距轮毂中心约 1.5m。为了防止质量块在运行过程中脱落，首先将某一叶片内腔壁进行处理，保证接触面平整，然后用强力 AB 胶将质量块固定在叶片内腔壁，如图 8-11a 所示位置的内侧。

数据采集设备包括采集仪和电流传感器。选用 Yokogawa 公司生产的 DL850 型示波记录仪采集保存数据，定子电流的采集使用的是型号为 96001 的钳式电流探头。而转子电流由于频率较低，因此选用了基于霍尔效应的 HIA – C01 型电流传感器进行采集。

　　实验参数：风力机设定为恒定风速、DFIG 转速控制模式，叶轮转速为 75r/min，转差率 $s = 0.11$，经计算不平衡度 b 约 4.4%，发电机并网运行。采样频率设置为 1024Hz，记录了 3min 时间的数据。数据分析长度为 100s，分辨率为 0.01Hz，

　　对正常工况和不平衡工况下采集到的定、转子电流进行分析，结果如图 8-12 和图 8-13 所示。从定子电流的时域波形基本看不出正常工况与不平衡工况下定子电流的区别，对这两种工况下的定子电流进行 FFT 频谱分析，电流基频均为 50Hz，如图 8-12a 所示。在图 8-12b 中，正常及不平衡工况下转子电流在 FFT 频谱图中两者的基频大概为 5.5Hz 左右，均无法分辨出调制频率。

　　接下来分别对正常和不平衡工况下采集到的电流进行改进多重信号分类算法分析。从图 8-13a 中可以看出，通过 MMUSIC 方法，在不平衡的定子电流中分析出了谐波频率，分别为 50 ± 1.25Hz，见图中两个较高的峰值。而在图 8-13b 中，则从不平衡情况下的转子电流中求解出了故障谐波频率 5.5 ± 1.25Hz，如图中两个较高的峰值所示。

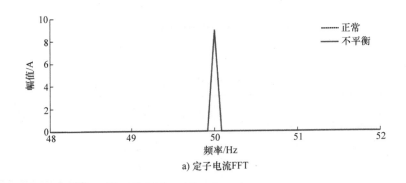

a) 定子电流FFT

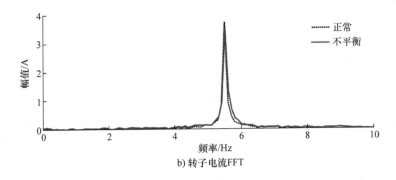

b) 转子电流FFT

图 8-12　定、转子电流 FFT

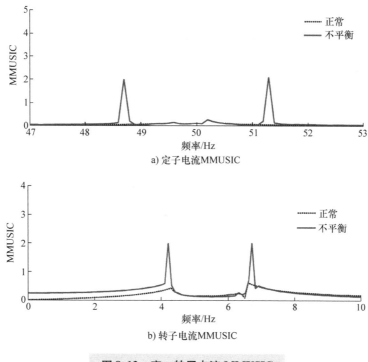

a) 定子电流MMUSIC

b) 转子电流MMUSIC

图 8-13　定、转子电流 MMUSIC

8.7　叶轮气动不对称故障

　　目前针对叶轮气动不对称故障，主要从两方面展开研究。首先是分析气动不对称故障与机组输出功率的关系，如文献［30，31］搭建了直驱风力发电机组模型，并进行了叶轮气动不对称故障的仿真，通过对机组输出功率进行功率谱密度分析，找出故障特征频率为叶轮的一倍转频。其次是研究气动不对称故障与机组振动特性之间的关系，并用来进行故障诊断，如文献［40，41］等。但是气动不对称故障与发电机定、转子电流的电气特性关系的研究还较少见诸于报道。

　　下一节将从气动不对称的机理和模型出发，详细分析故障时叶轮气动特性的变化，并将其代入到机舱－塔筒振动模型中求解，得出叶轮输出转矩的变化特点，从而进一步分析双馈发电机的电气特性变化规律。

8.8　叶轮气动不对称机理分析

　　要分析叶轮气动不对称的机理，就必须提及动量－叶素理论。叶素理论将叶片分割成 n 等份，假定每一份叶素翼型一致。叶素翼型平面内的速度与受力图如图 8-14 所示。叶轮随风旋转时，作用在每一个叶素上的气动力一般包括切向气动

力 F_T 和轴向气动力 F_N，方向分别是平行、垂直于叶轮的旋转平面。其中，F_T 的作用是产生气动转矩输出给发电机。

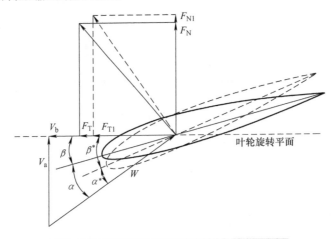

图 8-14　叶素翼型平面内的速度与受力图

三个叶片正确安装以及没有其他控制误差时，桨距角均相等为 β，三叶片相同位置叶素处所受相对风速均为 W，翼型攻角 α 也相等，因此三叶片所受气动力一致，叶轮气动转矩相平衡。但是当某一叶片的桨距角变为 β^* 而与其他两个叶片不一样时（见图 8-14 虚线部分），在相对风速一致情况下，攻角变为 α^*，则该叶片所受气动力变为 F_{T1} 和 F_{N1}，气动转矩也与其他两叶片不同，从而造成叶轮的气动不对称。图 8-14 中，β 是风力机设计桨距角，对应于叶片最大的升阻比，并获得最大风能利用系数。

如图 8-15 所示，令 $F_{TC} = F_T - F_{T1}$，则气动不对称可以等效为在正常工况下的气动力上附加了一个反向不对称力 F_{TC}。根据力的平移原理，F_{TC} 可以等效为在主轴处的附加力 F_{TC} 和附加转矩 T_C，其中 $T_C = F_{TC} \times R_C$。R_C 为叶素距轴中心的距离。由于 T_C 的作用使得叶轮输给主轴的转矩与正常相比减小。同理，轴向推力 F_{N1} 也可以等效成 F_N 以及主轴处附加力 F_{NC} 和弯矩 M_C，其中 $M_C = F_{NC} \times R_C$。对故障叶片各叶素上产生的 F_{TC}、F_{NC}、T_C 和 M_C 分别积分，可得 F_{TCg}、F_{NCg}、T_{Cg} 和 M_{Cg}，这些即为作用在整个叶片上的不对称切向附加力、轴向附加力、附加转矩和附加弯矩[196]。

上述分析可知，叶轮气动不对称会产生两方面的影响：第一，叶轮输出总转矩与正常相比减小；第二，在 F_{TCg}、F_{NCg} 和 M_{Cg} 的作用下，叶轮主轴旋转中心发生变化，使得机舱和塔筒都会产生振动，从而来流风速相对叶片各叶素的速度发生改变，使得三个叶片所受的气动力和转矩发生变化和波动，该波动的频率等于叶轮的转频。通过动量 – 叶素理论计算不对称时的气动力，然后加载在机舱 – 塔筒振动模

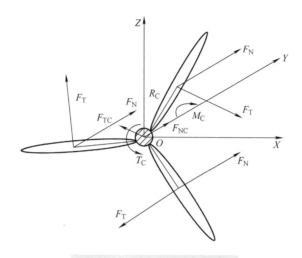

图 8-15 气动不对称等效图

型上进行模态分析，再计算叶素的位移和来流风速与叶素的相对速度（详见 8.10.1 小节），便可得到叶轮输出的气动转矩 T_m，并可表达为

$$T_m = T_{m0} - T_{Cg} + T_{im2}\sin(\omega_w t) \tag{8-36}$$

式中，T_{m0} 为正常情况下三叶片的总气动转矩；T_{im2} 为转矩周期波动量的幅值；ω_w 为叶轮旋转角速度。

由风力机的工作特性可知，当桨距角发生较小改变时，风能利用系数会发生较大程度的降低，气动转矩下降程度较大。因此附加转矩降低的幅度大于转矩波动部分的幅值，也即 $T_{Cg} > T_{im2}$，故气动转矩总体会下降，这必将会使机组的输出功率降低。根据前文论述，当转矩存在周期波动时，转速也会产生相同频率的波动。因此根据式（8-36），当叶轮转矩存在周期波动时，叶轮转速和发电机转子的转速也会产生波动。下面对转子速度作简要证明。

在机组传动链等效为一个质量块模型的情况下，将式（8-36）代入式（8-3）的机组运动方程中，可求出发电机转子电角速度 ω_r 为

$$\omega_r = \frac{n_p}{J}\int (T_{m0} - T_{Cg} - T_e)\,\mathrm{d}t - \frac{n_p T_{im2}}{J\omega_w}\cos\omega_w t = \omega_{r0} - \omega_{rg}\cos\omega_w t \tag{8-37}$$

式中，ω_{r0} 发电机转子电角速度中的稳态分量；$\omega_{rg} = n_p T_{im2}/J\omega_w$ 为转子电角速度周期波动幅值。

在两质量块等效模型情况下，将式（8-36）代入到式（8-7）中，可求出发电机转子电角速度 ω_r 为

$$\omega_r = \frac{n_p}{J'}\int (T_{m0} - T_{Cg} - T_e)\,\mathrm{d}t - \frac{n_p T_{im2}}{J'\omega_w}\cos\omega_w t = \omega_{r1} - \omega_{rg1}\cos\omega_w t \tag{8-38}$$

式中，ω_{r1} 为转子电角速度稳态分量；$\omega_{rg1} = n_p T_{im2}/J'\omega_w$ 为转子电角速度周期波动

幅值。

由式（8-37）和式（8-38）可知，与正常情况相比，气动不对称时发电机转子电角速度会降低，这是由于式中 T_{Cg} 的作用，除此之外转速中还会存在周期波动，并且波动频率为叶轮的一倍转频。

8.9 叶轮气动不对称故障下双馈风力发电机特性分析

根据电机学原理，双馈风力发电机定、转子电流频率以及发电机电角速度之间存在下述关系[3]：

$$\omega_1 = \omega_r + s\omega_1 = \omega_r + \omega_z \tag{8-39}$$

式中，ω_1 是为同步角频率；s 为转差率；ω_z 是转子电流的角频率。

当电网电压频率稳定的情况下，同步速 ω_1 也恒定不变，再结合式（8-37）和式（8-39）可以得出气动不对称时转子励磁电流角速度 ω_z 以及瞬时相位 θ_z 的表达式为

$$\omega_z = \omega_{z0} + \omega_{rg}\cos\omega_w t \tag{8-40}$$

$$\theta_z = \int_0^t \omega_z d\tau = \omega_{z0}t + \frac{\omega_{rg}}{\omega_w}\sin\omega_w t \tag{8-41}$$

式中，$\omega_{z0} = \omega_1 - \omega_{r0}$。

设 i_{ra} 为转子 a 相电流，初始相角为 0，按照式（8-12）的推导过程，可得转子电流表达式为：

$$
\begin{aligned}
i_{ra} &= I_r\cos\theta_z \\
&= I_r\cos\omega_{z0}t + \frac{I_r\omega_{rg}}{2\omega_w}\cos(\omega_{z0}t + \omega_w t) - \frac{I_r\omega_{rg}}{2\omega_w}\cos(\omega_{z0}t - \omega_w t)
\end{aligned} \tag{8-42}
$$

式中，I_r 表示 a 相电流的幅值。

由上式可知，在气动不对称时，转子励磁电流中除了频率为 ω_{z0} 的基波分量外，还存在着频率为 $\omega_{z0} + \omega_w$、$\omega_{z0} - \omega_w$ 的谐波分量。值得注意的是，由于 ω_{r0} 不同于正常时的转子转速，因此 ω_{z0} 并不等于相同风况正常情况下的转子电流基频。

为了实现稳定的机电能量转换，定子旋转磁场与转子旋转磁场保持相对静止，应有下述关系：$(\omega_{z0} + \omega_w) + \omega_{r0} = \omega_1 + \omega_w$、$(\omega_{z0} - \omega_w) + \omega_{r0} = \omega_1 - \omega_w$ 以及 $\omega_{z0} + \omega_{r0} = \omega_1$。由此可见定子电流中除了基波频率 ω_1 之外，还存在着谐波频率 $\omega_1 + \omega_w$ 和 $\omega_1 - \omega_w$。详细证明过程同 8.3 节。

综上所述，当气动不对称时，定子电流中除了频率 f_1 的基波电流外，还会出现频率为 $f_1 \pm f_w$ 的谐波分量（其中 $\omega_1 = 2\pi f_1$，$\omega_w = 2\pi f_w$）。同理，由式（8-42）也可分析得出，转子励磁电流中也存在频率为 $f_{z0} \pm f_w$ 的谐波分量（$\omega_{z0} = 2\pi f_{z0}$），其中 f_w 通常被称作故障频率或者调制频率。由此可知，叶轮气动不对称故障时，DFIG 定、转子电流中都存在着调制谐波分量，调制频率为叶轮的一倍转频 f_w；气动不对称会造成转子电流频率改变以及机组功率一定程度的下降。以此为依据，可以构

建叶轮气动不对称故障的诊断机制。

8.10　叶轮气动不对称故障仿真分析

8.10.1　气动载荷计算

为了对前述理论分析的正确性进行验证，在第 2 章所搭建的 1.5MW 的双馈风电机组平台，增加了气动不对称故障的仿真模块，并进行了正常和不对称故障的仿真。根据第 2 章所述的动量 - 叶素理论以及机舱 - 塔筒振动模态分析过程，首先求出气动不对称时叶轮输出的气动载荷。

不对称故障时叶轮输出气动载荷的计算过程简述如下：

1）首先根据叶轮参数和动量 - 叶素理论计算各叶片的初始气动载荷（气动力、气动转矩和弯矩）。

2）将叶轮和机舱等效为一个集中质量块，计算叶轮和机舱的振动位移，也即塔筒顶端位移。具体包括如下 3 步骤：

① 采用虚功原理计算塔筒一、二阶模态振幅。振动模型采用的是两自由度动力学方程，下式给出了塔筒在 Y 方向（平行与主轴）的动力学方程：

$$m^* \ddot{Q}_y(t) + c^* \dot{Q}_y(t) + k^* Q_y(t) = F_y^*(t) \tag{8-43}$$

式中，$Q_y(t)$ 为广义自由度，即塔筒在 Y 方向一、二阶模态振幅，为待求自变量。m^* 为广义质量；c^* 为广义阻尼；k^* 为广义刚度；$F_y^*(t)$ 为广义力。

m^*、c^* 和 k^* 为模型常系数，计算过程见第 2 章。$F_y^*(t)$ 主要包括轴向推力和弯矩。

② 计算塔筒 Y 方向的振动位移 $u_y(z,t)$。

$$\begin{cases} Q_y(t) = \begin{bmatrix} q_{1y}(z,t) \\ q_{2y}(z,t) \end{bmatrix} \\ u_y(z,t) = \varphi_1(z)q_{1y}(z,t) + \varphi_2(z)q_{2y}(z,t) \end{cases} \tag{8-44}$$

式中，$\varphi_1(z)$ 和 $\varphi_2(z)$ 分别为塔筒一阶和二阶振型函数；z 代表塔筒不同截面处的高度，取值范围（$0 - Z_0$），Z_0 为塔筒总高。

③ 同前两步类似，计算塔筒前后方向，也即 X 方向的振动位移 $u_x(z,t)$。由于塔筒一般为圆环形截面，各向同性，因此 X 方向动力学方程中的广义质量、广义阻尼和广义刚度与 Y 方向相同。广义力主要包括不对称切向附加力 F_{TCg} 和附加弯矩 T_{Cg}。

塔筒在 Z 方向的刚度较大，故未考虑 Z 方向的位移。

3）坐标变换，获取叶素上新的相对风速，并重新求取气动载荷。

建立了四个坐标系，分别是位于塔筒底端的绝对坐标系 C_1、塔筒顶端的坐标

系 C_2、轮毂坐标系 C_3 和叶素坐标系 C_4。四个坐标系示意图如图 8-16 所示，其中左视图是沿着风速方向正对叶轮去观察，也即系统 Y 坐标方向。

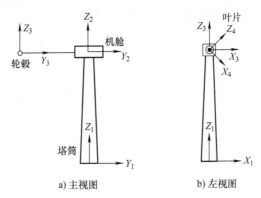

图 8-16　坐标系示意图

坐标系 C_1 为绝对坐标系，固定不变，坐标系 C_2 随着塔筒的振动发生位置变化。C_2 相对于坐标系 C_1 在 X、Y 和 Z 方向上分别偏移了 $u_x(Z_0, t)$、$u_y(Z_0, t)$ 和 Z_0，相对于 X_1、Y_1 轴扭转的角度为 θ_x、θ_y。坐标系 C_1 和 C_2 之间的变换关系：

$$C_2 = a_{12}C_1 + [-u_x(Z_0, t), -u_y(Z_0, t), -Z_0]^T \tag{8-45}$$

$$a_{12} = \begin{bmatrix} \cos\theta_y(t) & 0 & -\sin\theta_y(t) \\ 0 & 1 & 0 \\ \sin\theta_y(t) & 0 & \cos\theta_y(t) \end{bmatrix} \begin{bmatrix} 1 & 0 & 0 \\ 0 & \cos\theta_x(t) & \sin\theta_x(t) \\ 0 & -\sin\theta_x(t) & \cos\theta_x(t) \end{bmatrix} \tag{8-46}$$

在轮毂处建立坐标系 C_3，坐标系 C_3 相对于坐标系 C_2 的位移是轮毂与塔筒顶端的距离，由于未考虑叶轮主轴的倾角，因此坐标系 C_3 相对于坐标系 C_2 只有 Y 方向的位移 L_Y。坐标系 C_2 和 C_3 之间的变换关系：

$$C_3 = C_2 + [0, L_Y, 0]^T \tag{8-47}$$

每个叶片都建立一个坐标系 C_4，并随着叶轮旋转而发生改变，Z_4 方向沿叶片展向。相对于坐标系 C_3 绕 Y_3 轴旋转 θ_{y3}，因此两坐标系之间的变化关系为

$$C_4 = a_{34}C_3 \tag{8-48}$$

$$a_{34} = \begin{bmatrix} \cos\theta_{y3}(t) & 0 & -\sin\theta_{y3}(t) \\ 0 & 1 & 0 \\ \sin\theta_{y3}(t) & 0 & \cos\theta_{y3}(t) \end{bmatrix} \tag{8-49}$$

根据上述坐标变换矩阵，可以求得坐标系 C_1 和 C_4 之间的变换关系：

$$C_4 = a_{34}a_{12}C_1 + a_{34}[-u_x(Z_0, t), -u_y(Z_0, t), -Z_0] + a_{34}[0, L_Y, 0]^T \tag{8-50}$$

设距离轮毂中心 r 处的叶素在坐标系 C_4 中的坐标为 $P(0, 0, r)$，变换到绝对坐

标系 C_1 下为 $P_1(x_1, y_1, z_1)$。对其求导得到其在坐标系 C_1 下的速度值 V_1。设来流风速在绝对坐标系 C_1 下表示为 V_0，其相对该叶素的速度为 $V_4 = V_0 - V_1$，利用式（8-50）再将其变换到坐标系 C_4 中，得到相对风速 V_4'，并可表示成（v_{4x}, v_{4y}, v_{4z}）。v_{4x} 和 v_{4y} 分别为叶素翼型三角形中在未计及诱导因子之前的法向和周向速度（图 2-3 中 V_a, V_b），然后按照第 2 章 2.2.2 小节标题 4 所述的过程，根据动量 - 叶素理论计算新的相对风速 W，得到新的叶片气动载荷。

根据上面所述气动转矩的计算过程和双馈风电机组工作原理，在 MATLAB 中设计了叶轮气动不对称情况下的仿真流程，如图 8-17 所示。

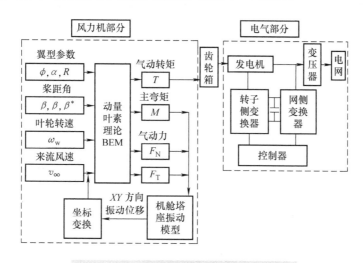

图 8-17　叶轮气动不对称故障仿真流程

8.10.2　恒定风速下仿真分析

平台搭建好之后，分别进行了正常工况以及四种气动不对称工况的仿真。气动不对称的设置方式为：将某一个叶片的桨距角分别增加 +1°、+2°、+3° 和 +4°，而其他两个叶片的桨距角不变，为最优桨距角 β（0°）。为了便于对比，这几种工况下风力机的运行参数相同，均为恒定风速 10m/s，正常工况下叶轮转速为 18.2r/min。图 8-18 ~ 图 8-21 分别给出了正常以及四种不对称工况下仿真的对比结果。

图 8-18 为正常和不对称工况下功率以及叶轮转速的时域对比图。在图 8-18a 中可以看到，不对称时机组有功功率降低并出现周期波动，且随着桨距角的增加而降低。以正常时机组输出功率为基准，各工况下输出功率（均值）与基准的比值见表 8-2。由表可见，气动不对称造成了机组功率下降，下降的程度随桨距角偏差的增大而增大，同时叶轮转速也呈现相似的变化特点。

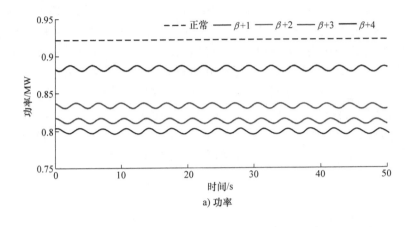

a) 功率

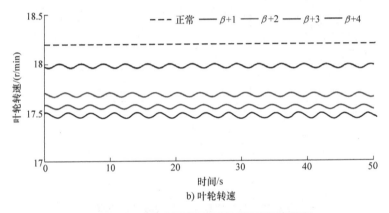

b) 叶轮转速

图 8-18 功率和叶轮转速（彩图见插页）

表 8-2 功率变化程度

工况	正常	+1°	+2°	+3°	+4°
功率	100%	96.36%	91.68%	89.79%	88.04%

对功率和叶轮转速进行 FFT 分析，结果如图 8-19 所示。由图 8-19a 可知，正常情况下功率的 FFT 频谱图上没有出现峰值，而四种不对称情况下，在大概 0.3Hz 附近（对应各工况下的叶轮一倍转频）均出现明显峰值。且随着不对称程度的增加峰值对应的故障频率略微减小，这是因为桨距角增大时，叶轮转速降低，其对应的一倍频减小。虽然在不对称的情况下，叶轮转速出现波动，但是波动量非常小，以桨距角增加 1° 时为例，转速的变化范围是 17.95 ~ 18r/min 之间，因此一倍频基本变化不大（0.299 ~ 0.3Hz），仍能在 FFT 图中表现为一个峰值。图 8-19b 为叶轮转速的 FFT 频谱图，与图 8-19a 功率 FFT 类似。

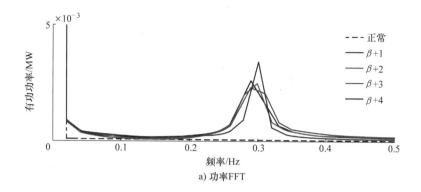

a) 功率FFT

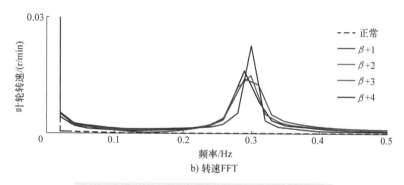

b) 转速FFT

图 8-19 功率和叶轮转速 FFT（彩图见插页）

图 8-20a 所示为定子电流时域波形对比图，不对称和正常时的定子电流几乎完全重合，只是在峰值处出现差别，从局部放大图可以看出，随着桨距角的增加，定子电流峰值减小。对五种电流进行 FFT 分析，电流基频均为 50Hz，只是峰值稍有区别，看不到调制频率，如图 8-20b 所示。对定子电流进行 MMUSIC 算法分析后，则可以在不对称的定子电流谱中观察到故障谐波频率，对称分布在电流基频两侧，与基频相差值为各工况下对应的叶轮一倍转频，而正常情况下则没有，如图 8-20c 所示。图 8-21 所示为定子电流 MMUSIC 放大图，可以更清晰地看到各不对称工况下的谐波频率。

图 8-22a 所示为转子电流时域波形，可以看到转子电流与定子电流有着明显的差异，各工况下的转子电流由于频率和相位不同，在时域波形上显得比较凌乱。原因仍然是由于气动不对称造成了叶轮转速的降低，然后通过齿轮箱传递给发电机转子，使转子转速降低，根据双馈风力发电机原理，转子电流频率也必须跟着改变才能实现变速恒频的工作。图 8-22b 所示为正常与不对称情况下转子电流的 FFT 频谱图，由于此时发电机工作在超同步状态，因此发电机转子转速降低，转子电流频率也相应的下降。图 8-22c 所示为对转子电流进行 MMUSIC 分析的结果，在不对称的转子电流中观察故障谐波频率，对称分布在各工况下转子电流基频两侧，与相应基频的差值为各工况下对应的叶轮一倍转频，而正常转子电流中则没有。

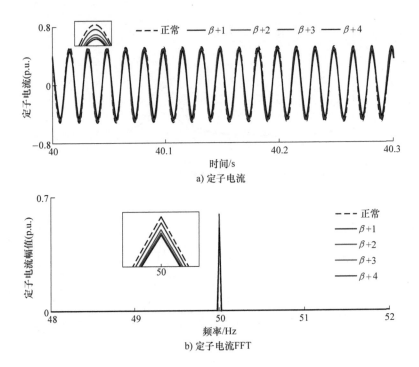

a) 定子电流

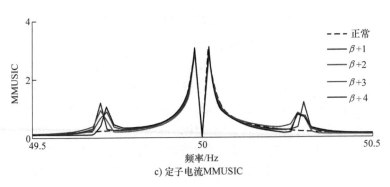

b) 定子电流FFT

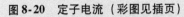

c) 定子电流MMUSIC

图 8-20　定子电流（彩图见插页）

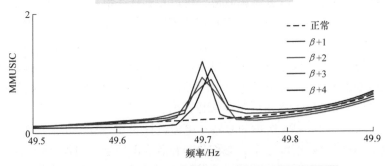

图 8-21　定子电流 MMUSIC 放大图（彩图见插页）

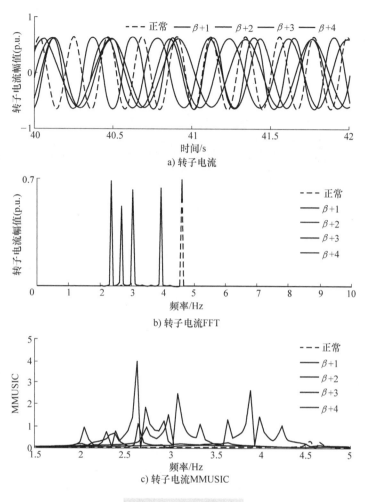

图 8-22　转子电流

8.10.3　随机风速下仿真分析

风电机组多工作在户外或海上，自然界的风速是随机变化的，因此接下来对随机风速下气动不对称故障进行仿真。随机风速也称为湍流风速，在进行随机风速仿真时，通常将其看作是在平均风速上叠加随机波动的湍流风速[197]。湍流风的特征多用湍流强度来描述。本节建立平均风速为 10.5m/s，湍流强度为 4% 的随机风速模型，然后在此风速模型下进行正常以及桨距角增加 +1°、+2°、+3° 和 +4° 不对称工况的仿真。当风速为 10.5m/s 时，叶轮转速为 19r/min，其一倍转频约为 0.317Hz。仿真风速见图 8-23，叶轮转速见图 8-24。

从图 8-23 可知，在整个仿真时间段内，风速变化较大，叶轮转速范围以及对应的一倍频范围也相应较大，因此无法像恒定风速下那样在 FFT 或 MMUSIC 图中观察到明显的故障频率。为此选取了风速变化相对较小、叶轮转速相对平稳的50～60s内的数据进行分析，该时间段内平均风速在10.5m/s附近。如图8-24所示，在气动不对称的影响下，叶轮转速降低且出现明显波动。

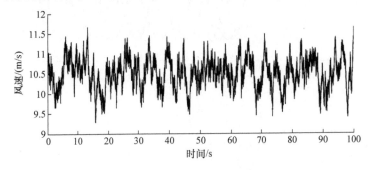

图8-23 随机风速仿真

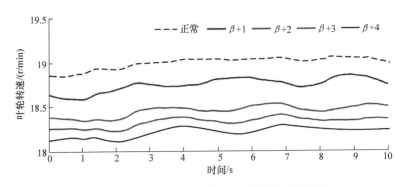

图8-24 随机风速下叶轮转速（彩图见插页）

图8-25给出了随机风速下，正常以及四种不对称工况下机组输出功率和转速的FFT频谱图。由该图可知，四种气动不对称的工况下，功率和转速在大概0.3Hz附近出现峰值，正常工况下则不明显。虽然叶轮转速较恒定风速下波动相对较大，但一倍频基本变化不大，如桨距角增加4°时，转速范围为18.12～18.28r/min，对应一倍转频范围大概为0.302～0.304Hz，在频谱图中差别基本显现不出来，峰值主要表现在0.3Hz处，故称0.3Hz为桨距角增加4°时的叶轮平均转频1PA（average 1P），也即相应的均值故障频率（调制频率）。

图8-26给出了气动不对称的四种工况下定子电流的局部放大图，可以看到电流有明显的调制现象，调制频率约为0.3Hz。对电流进行FFT分析后电流基频均为50Hz，基本看不出区别，故未给出FFT频谱图。但对定子电流进行MMUSIC分析后发现，不平衡的定子电流在基频50Hz两侧出现了峰值，较远处的两个峰值对应的谐波频率与基频相差约为1PA（叶轮平均转频），较近的两个峰值与基频相差很少，正常的定子电流基频两侧也有该谐波频率，如图8-27所示。

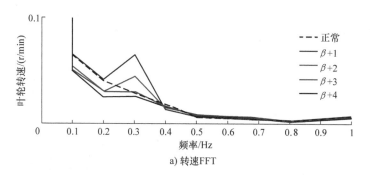

a) 转速FFT

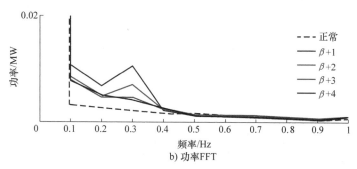

b) 功率FFT

图 8-25　叶轮转速和功率 FFT（彩图见插页）

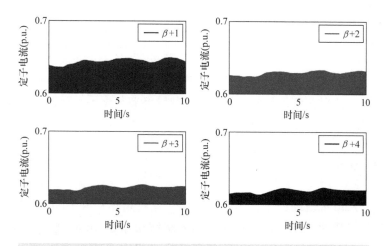

图 8-26　四种不对称情况下定子电流局部放大图（彩图见插页）

图 8-28 所示为转子电流 MMUSIC 分析后的结果，与恒定风速下相比谱图显得很凌乱，故障特征相对不明显。随机风速下，由于风速和叶轮转速的波动比恒定风速下要大，因此各工况下转子电流的频率也有波动。经过 MMUSIC 滤掉的是转子电流中最大的频率 – 主频（f_{z1}、f_{z2}、f_{z3}、f_{z4}），即图 8-28 中的各个凹点，在每一个凹点左侧峰值较多，应为转子电流的其他频率，在凹点的右侧能较清楚地观察到

故障频率，且与相应的转子电流主频相差约为各工况下的叶轮平均转频 $1PA_1$、$1PA_2$、$1PA_3$、$1PA_4$。

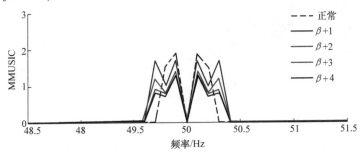

图 8-27 定子电流 MMUSIC（彩图见插页）

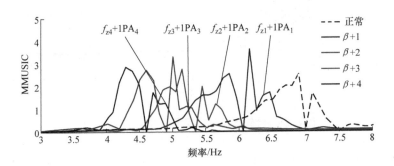

图 8-28 转子电流 MMUSIC（彩图见插页）

通过上述分析可知，由于随机风速的干扰，叶轮转速的变化导致转子电流频率变化相对较大，使得调制信号变得不明显，故障谐波频率不易辨识。但较小的随机湍流强度对叶轮转频的影响较小，在定子电流、功率中仍能反映出来。

8.11 本章小结

针对双馈风电机组叶轮质量不平衡故障，从机组结构和 DFIG 数学模型出发，提出了基于传动链模型和 dq 坐标变换的方法解析求解 DFIG 电气特性，并采用 MMUSIC 方法从电流信号中分析出了故障频率，结果比较清晰直观。通过仿真分析和实验验证，可以得到以下结论：

1）在叶轮存在质量不平衡故障时，DFIG 定、转子电流中都含有调制谐波成分，调制频率为叶轮一倍转频。DFIG 转速和输出功率中也含有周期波动成分，频率为叶轮转频。

2）由于 DFIG 转速和转子电流频率均周期波动，因此转子电流相位与正常工况下不同。

叶轮气动不对称故障方面，分析了不对称时气动特性的变化，然后结合叶轮、机舱和塔筒的振动模型，找出了叶轮输出转矩的变化特征。再根据双馈风力发电机的工作原理，进一步推导出了发电机功率和定、转子电流和功率故障特征。通过恒定风速和随机风速下的仿真分析得出了以下结论：

1）叶轮气动不对称故障会直接影响气动力和气动转矩的输出，并进一步影响发电机的输出功率。如果气动不对称改变了某叶片的最佳桨距角，则会使机组的功率较大幅度下降。这是叶轮气动不对称与质量不平衡的一个显著区别。

2）恒定风速下，叶轮输出机械转矩、功率均产生波动，波动频率为叶轮的一倍转频 f_w；DFIG 定、转子电流中均含有调制谐波分量，调制频率为 f_w，且转子电流频率变化较大。随机风速下故障特征频率为叶轮平均转频。

Chapter 9
第 9 章

考虑风速时空分布的 ◄◄◄◄
叶轮故障分析

9.1 引言

近年来，全球风电的装机容量不断增加，叶片的尺寸也不断增加，风机逐渐向大型化发展。2020 年，我国第一台叶轮直径达 185m 的 10MW 风电机组在福建兴化湾风电场安装以及并网发电。2022 年，国内叶轮直径最大（252m）、单机容量最大（16MW）的风电机组在福建三峡海上风电产业园成功下线。

然而，容量越大的风机则需要更长的叶片和更高的塔架，这增加了风剪切和塔影对非均匀风场的影响。风剪切反映了风速随高度的增加而增加，而塔影则反映了由于塔架的存在而产生的风速变化。考虑风剪切、塔影和湍流的影响，叶轮扫掠面内各点的实际风速是不同的，也即叶轮扫掠面内的风速随时间和空间的变化而变化，将这种变化称为风速时空分布（STD）。在第 5 章已经建立了考虑风速时空分布差异的等效风速模型。

在叶轮故障诊断相关研究中，德国的 ISET、清华大学、华中科技大学和重庆大学等机构的学者们曾研究了叶轮质量不平衡故障下机组相关部件的振动以及发电机输出功率、电流等参量的特征，并提出了基于振动信号和电气信号的故障诊断指标。前文第 8 章分析了叶轮两种常见故障的机理和故障特征，并重点研究了故障对风力发电机端电气特性的影响以及叶轮故障特征的提取方法。

上述研究为风电机组叶轮故障诊断研究打下了坚实基础，但是目前典型的故障诊断研究大多基于轮毂中心处的平均风速，由于此处的风速不能代表叶轮扫掠面内的风况，原有的故障分析方法或诊断结果可能会偏离实际情况，影响诊断的准确性。对此，本章研究考虑风速时空分布差异的风力发电机组两种叶轮故障的特征变化，并与平均风速下的故障特征进行对比，研究结果可为实际运行状态下风机的故障诊断提供参考。

9.2　风速时空分布对双馈机组叶轮故障的影响分析

第 5 和第 7 章建立了考虑风剪切（WS）和塔影（TS）效应的等效风速（EWS）模型，该模型可以计算出整个叶轮扫掠区域内任意一点的风速，并在一定程度上反映风速的分布状况。在等效风速的拟合方法一节中，已经获得了等效风速 V_{eq} 的近似表达式（7-5），然后根据风力机机械转矩与风速二次方的正比关系，得到风力机输出的机械转矩 T_m，即式（7-13）。

接下来，在前述等效风速模型和叶轮故障机理研究的基础上，进一步分析风速时空分布对叶轮故障特征的影响，并分别针对双馈和永磁风电机组展开具体分析。

9.2.1　双馈风力发电机组叶轮故障特征分析

首先分析风速时空分布（等效风速）模型对双馈风电机组叶轮气动不对称故障特征的影响。根据前述第 8 章的分析，单独叶轮气动不对称故障时风力机输出的机械转矩可表示为

$$T_m = T_{m0} - T_{Cg} + T_{im}\sin(\omega_w t) \tag{9-1}$$

式中，T_{cg} 为气动不对称引起的常值变化；T_{im} 为气动不对称引起的转矩振荡分量幅值。

再结合式（9-1）和式（7-13），可以得到考虑等效风速时，叶轮气动不对称故障下风机输出的机械转矩为（省略初始相位角）：

$$T_m = (T_{m0} - T_{cg}) + \sum_{k=1}^{n} T_k \cos(3k\omega_w t) + T_{im}\sin(\omega_w t) \tag{9-2}$$

然后同前述方法类似，根据双馈发电机组传动链运动方程，计算双馈发电机转子电角速度 ω_r：

$$\omega_r = \omega_{r0} + \sum_{k=1}^{n} \frac{n_p T_k}{3kJ\omega_w}\sin(3k\omega_w t) - \omega_{rg}\cos\omega_w t \tag{9-3}$$

式中，$\omega_{rg} = n_p T_{im}/J\omega_w$，为不对称转矩引起的转子电角速度波动幅值。

设 ω_1 为电网的角频率，根据双馈发电机的速度 - 频率关系，可以得到转子电流的角频率 ω_z：

$$
\begin{aligned}
\omega_z &= \omega_1 - \omega_r \\
&= \omega_1 - \omega_{r0} - \sum_{k=1}^{n} \frac{n_p T_k}{3kJ\omega_w}\sin(3k\omega_w t) + \omega_{rg}\cos\omega_w t \\
&= \omega_{z0} - \sum_{k=1}^{n} a_k \sin(3k\omega_w t) + \omega_{rg}\cos\omega_w t
\end{aligned} \tag{9-4}
$$

式中，$\omega_{z0} = \omega_1 - \omega_{r0}$，是转子电流的基频；$a_k = n_p T_k/3kJ\omega_w$。

接下来根据上式求双馈发电机转子电流 i_r：

$$i_r = I_r \cos \left\{ \int_0^\tau \left[\omega_{z0} - \sum_{k=1}^n a_k \sin(3k\omega_w\tau) + \omega_{rg}\cos(\omega_w\tau) \right] \mathrm{d}\tau \right\}$$

$$= I_r \cos \left[\omega_{z0}t - \frac{a_k}{3k\omega_w} \sum_{k=1}^n \cos(3k\omega_w t) - \frac{\omega_{rg}}{\omega_w}\sin(\omega_w t) \right]$$

$$= I_r \cos(\omega_{z0}t) \cos \left[\frac{a_k}{3k\omega_w} \sum_{k=1}^n \cos(3k\omega_w t) + \frac{\omega_{rg}}{\omega_w}\sin(\omega_w t) \right] +$$

$$I_r \sin(\omega_{z0}t) \sin \left[\frac{a_k}{3k\omega_w} \sum_{k=1}^n \cos(3k\omega_w t) + \frac{\omega_{rg}}{\omega_w}\sin(\omega_w t) \right] \tag{9-5}$$

接下来把上式分成左右两部分分别计算:

$$\text{左} = I_r \cos(\omega_{z0}t) \left\{ \cos \left[\frac{a_k}{3k\omega_w} \sum_{k=1}^n \cos(3k\omega_w t) \right] \cos \left[\frac{\omega_{rg}}{\omega_w}\sin(\omega_w t) \right] - \right.$$

$$\left. \sin \left[\frac{a_k}{3k\omega_w} \sum_{k=1}^n \cos(3k\omega_w t) \right] \sin \left[\frac{\omega_{rg}}{\omega_w}\sin(\omega_w t) \right] \right\}$$

$$\approx I_r \cos(\omega_{z0}t) \left[1 - \frac{a_k\omega_{rg}}{3k\omega_w^2} \sum_{k=1}^n \cos(3k\omega_w t)\sin(\omega_w t) \right]$$

$$= I_r \cos(\omega_{z0}t) - A_k \sum_{k=1}^n \cos(\omega_{z0}t + 3k\omega_w t + \omega_w t) - A_k \sum_{k=1}^n \cos(\omega_{z0}t - 3k\omega_w t - \omega_w t) -$$

$$A_k \sum_{k=1}^n \cos(\omega_{z0}t + 3k\omega_w t - \omega_w t) - A_k \sum_{k=1}^n \cos(\omega_{z0}t - 3k\omega_w t + \omega_w t) \tag{9-6}$$

$$\text{右} = I_r \sin(\omega_{z0}t) \left\{ \sin \left[\frac{a_k}{3k\omega_w} \sum_{k=1}^n \cos(3k\omega_w t) \right] \cos \left[\frac{\omega_{rg}}{\omega_w}\sin(\omega_w t) \right] + \right.$$

$$\left. \cos \left[\frac{a_k}{3k\omega_w} \sum_{k=1}^n \cos(3k\omega_w t) \right] \sin \left[\frac{\omega_{rg}}{\omega_w}\sin(\omega_w t) \right] \right\}$$

$$\approx I_r \sin(\omega_{z0}t) \left[\frac{a_k}{3k\omega_w} \sum_{k=1}^n \cos(3k\omega_w t) + \frac{\omega_{rg}}{\omega_w}\sin(\omega_w t) \right]$$

$$= \frac{I_r a_k}{6k\omega_w} \sum_{k=1}^n \sin(\omega_{z0}t + 3k\omega_w t) + \frac{I_r a_k}{6k\omega_w} \sum_{k=1}^n \cos(\omega_{z0}t - 3k\omega_w t) - \frac{I_r \omega_{rg}}{2\omega_w}\cos(\omega_{z0}t +$$

$$\omega_w t) + \frac{I_r \omega_{rg}}{2\omega_w}\cos(\omega_{z0}t - \omega_w t) \tag{9-7}$$

所以最终可以得到等效风速和叶轮气动不对称故障下双馈发电机转子电流的表达式:

$$i_r = I_r \cos(\omega_{z0}t) - A_k \sum_{k=1}^n \cos(\omega_{z0}t + 3k\omega_w t + \omega_w t) - A_k \sum_{k=1}^n \cos(\omega_{z0}t - 3k\omega_w t - \omega_w t) -$$

$$A_k \sum_{k=1}^n \cos(\omega_{z0}t + 3k\omega_w t - \omega_w t) - A_k \sum_{k=1}^n \cos(\omega_{z0}t - 3k\omega_w t + \omega_w t) +$$

$$\frac{I_r a_k}{6k\omega_w} \sum_{k=1}^n \sin(\omega_{z0}t + 3k\omega_w t) + \frac{I_r a_k}{6k\omega_w} \sum_{k=1}^n \cos(\omega_{z0}t - 3k\omega_w t) -$$

$$\frac{I_r \omega_{rg}}{2\omega_w}\cos(\omega_{z0}t + \omega_w t) + \frac{I_r \omega_{rg}}{2\omega_w}\cos(\omega_{z0}t - \omega_w t) \tag{9-8}$$

式中，I_r 为转子电流基波幅值；$A_k = a_k \omega_g / 6k\omega_w^2$。

由上式（9-8）可知，转子电流中除了频率为 ω_{z0} 的基波电流外，还存在着频率为 $\omega_{z0} + 3k\omega_w$，$\omega_{z0} - 3k\omega_w$，$\omega_{z0} + \omega_w$ 和 $\omega_{z0} - \omega_w$ 的调制谐波分量。另外，需要注意的是，$3k\omega_w$ 和 ω_w 是主要的调制谐波频率，但是转子电流中不是只有这两种类型的调制频率。这些谐波出现后，两种谐波之间发生频率调制，即电流中出现新的调制频率：$3k\omega_w \pm \omega_w$。因此，对于等效风速，电流中 $\omega_{z0} \pm (3k\omega_w \pm \omega_w)$ 频率处的谐波分量由两部分组成，一部分是气动不对称造成的，另一部分是 $3k\omega_w$ 和 ω_w 之间的调制引起的。

为了获得稳定的机电能量转换，保持定子与转子之间的旋转磁场相对静止，定子电流中除了基频 ω_1 外，还应存在 $\omega_1 \pm 3k\omega_w$ 和 $\omega_1 \pm \omega_w$ 两个频率的调制谐波分量。在等效风速下气动不对称故障的情况下，还会观察到频率为 $\omega_1 \pm (3k\omega_w \pm \omega_w)$ 的等幅值较小的谐波。

9.2.2 双馈风力发电机组叶轮故障仿真分析

1. 仿真平台

为了验证理论分析的正确性，利用 MATLAB/Simulink 环境搭建了 1.5MW 双馈风电机组的仿真平台。仿真平台示意图如图 9-1 所示。仿真平台包括等效风速 EWS 模型、空气动力学模型、齿轮箱模型、发电机模型和矢量控制模型。仿真平台的具体参数见第 7 章。

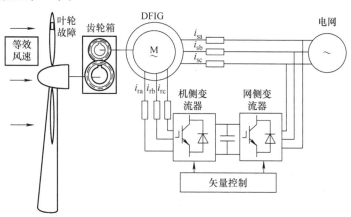

图 9-1　仿真平台模型

在图 9-1 所示的平台中，首先计算等效风速（EWS），其次根据等效风速和叶轮气动方程计算风机输出的气动转矩，然后根据机组的运动方程、齿轮箱以及 DFIG 的数学方程，分别建立齿轮箱模型和 DFIG 模型，最后分别建立了机侧变流器和网侧变流器模型以及各自的矢量控制策略。

在 MATLAB/Simulink 平台完成 DFIG 整机模型、风速模型和叶轮故障模型的搭建之后，首先进行正常工况下的运行仿真，然后在保证机组稳态运行的条件下添加叶轮故障模型。共设三个故障程度，分别是将其中一个叶片的桨距角调整 +1°、+2°和 +3°（+代表增加桨距角），而其他两个叶片的桨距角保持不变，并且在不同工况下机组其他运行参数相同。

在平均风速（AWS）和 EWS 两种不同的风况下，分别进行正常运行工况以及叶轮三种不对称故障的模拟。其中，AWS 是指轮毂高度处的平均风速，不考虑叶轮扫掠面内风速的分布；EWS 则为考虑了风剪切和塔影效应的叶轮扫掠面内的等效风速。EWS 模型中使用的参数如下：风剪切指数为 0.4；塔筒中线到叶片旋转平面的距离为 4.5m；塔筒平均半径为 1.7m；叶片半径为 35m；轮毂高度为 70m；轮毂中心高度处风速为 12m/s；叶轮转速为 30r/min（对应的旋转频率 P 为 0.5Hz）。

2. 不同工况下转矩和功率特性分析

图 9-2 所示为不同工况下风力机输出机械转矩的快速傅里叶变换（FFT）频谱图，从图 9-2a 和 b 可以看出，由于 EWS 中风剪切和塔影效应的影响，转矩中存在明显的谐波分量 $3kP$（P 为叶轮转频），对应频率分别为 1.5Hz、3Hz、…、$3kP$（k

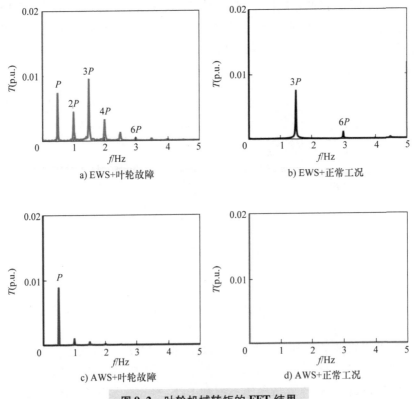

a) EWS+叶轮故障   b) EWS+正常工况

c) AWS+叶轮故障   d) AWS+正常工况

图 9-2 叶轮机械转矩的 FFT 结果

取正数），其中，频率为 3P（1.5Hz）的谐波是主要成分。除此之外，图 9-2a 中还存在着叶轮故障导致的谐波频率 P，以及故障和等效风速耦合作用产生的 2P 和 4P 等谐波频率。图 9-2c 和 d 是基于轮毂处 AWS 的条件下的仿真结果，在叶轮故障下主要存在以 P 为主的谐波频率。图 9- 3 所示为发电机输出功率的 FFT 频谱，其结果与转矩相似。

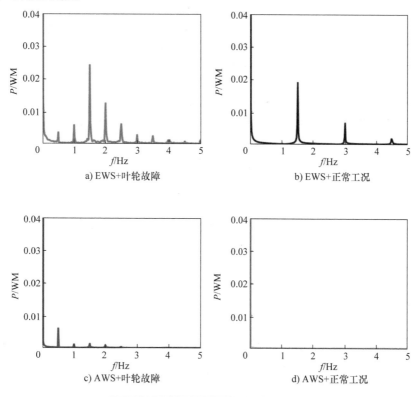

图 9-3　发电机有功功率 FFT 结果

3. 气动不对称故障下定、转子电流特性分析

本小节中，分别在平均风速和等效风速两种风况下对叶轮气动不对称故障进行模拟。每一种风况下，模拟三种气动不对称工况，将其中一个叶片的桨距角分别调整 +1°、+2°和 +3°（＋代表增加桨距角），而其他两个叶片保持不变。机组其他运行参数与正常情况下相同。图 9-4 和图 9-5 所示为调整桨距角 +3°时定子电流和转子电流的仿真结果。

图 9-4 为定子电流功率谱密度分析结果。图中给出了 EWS 下气动不对称、AWS 下气动不对称、EWS 下正常运行和 AWS 下正常运行四种模拟结果的对比。

由图 9-4 可以看出，在基于轮毂处 AWS 的气动不对称情况下，定子电流中的故障谐波频率主要为 49.5Hz 和 50.5Hz，也就是说，调制频率主要是叶轮一倍旋转

频率 P。在 $2P$、$3P$、$4P$、$5P$、$6P$ 等调制频率处的振幅较小，除此之外图中没有观察到其他频率。而在基于等效风速的气动不对称情况，除了一倍转频 P 外，定子电流的主要调制频率为 $3P$（1.5Hz）、$6P$（3Hz）、$\cdots3kP$。另外还可以观察到 $2P$、$4P$、$5P$、$7P$、$8P$ 等调制频率，但与主要调制频率相比，它们的幅值较小。在基于等效风速的正常工况下，只有 $3kP$ 这些调制频率，而在平均风速正常工况下，除了定子电流基频外，没有其他谐波频率。

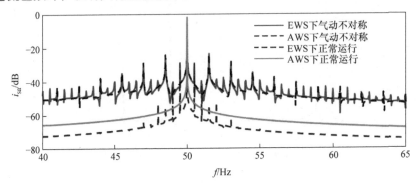

图9-4 定子电流比较（彩图见插页）

图 9-5 为四种仿真条件下双馈发电机转子电流对比图。可以看出，在基于平均风速的气动不对称工况下，转子电流谐波频率主要为 9.5Hz 和 10.5Hz，即调制频率为 P。在基于等效风速的气动不对称工况下，转子电流的主要调制频率除了一倍转频 P 之外，还包括 $3P$（1.5Hz），$6P$（3Hz），$\cdots$，$3kP$。除此之外，还可以观察到 $2P$、$4P$、$5P$、$7P$、$8P$ 等调制频率。

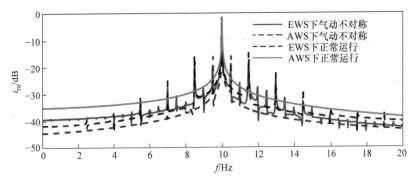

图9-5 转子电流比较（彩图见插页）

然而，与定子电流稍不同的是，转子电流中主要的谐波频率处的幅值相对较高。在等效风速加气动不对称的情况，定子电流中谐波峰值最高处（51.5Hz 处）幅值约为 0.0044p.u，约为基波幅值的 0.66%。然而，转子电流中谐波峰值最高处

（8.5Hz处）幅值约为 0.036p.u，约为基波幅值的 5.7%。在图 9-5 的功率谱密度谱中，调制频率为 P 和 $3kP$ 的谐波幅值高于图 9-4 的定子电流幅值。图 9-4 中 $f +3P$ 处的最大谐波为 $-23.56\mathrm{dB}$，图 9-5 中 $sf-3P$ 处的最大振幅为 $-16.51\mathrm{dB}$。对比数据见表 9-1。因此，在气动故障条件下，转子电流的谐波特征比定子电流的谐波特征更明显，也即对故障反应的更敏感。

表 9-1 定子和转子电流谐波幅值比较

电流	最大谐波与基波振幅之比	功率谱密度中的最大谐波振幅/dB
定子电流	0.66%	-23.56
转子电流	5.7%	-16.51

图 9-6 所示为 EWS 下三种气动不对称情况的定子电流功率谱密度对比。从图中可以看出，三种不对称程度下的曲线基本一致。主要区别是频率 $f \pm P$ 处的振幅随着不对称程度的增大而增大。频率 $f \pm 3kP$ 处的幅值变化不大，因为该处幅值主要是受风剪切和塔影的影响，但受气动不对称的影响较小。在三种不对称度下，转子电流的变化具有与定子电流相似的特性，在此未给出。

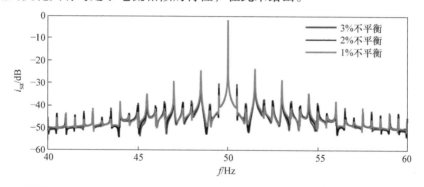

图 9-6 三种气动不对称度下定子电流功率谱密度比较（彩图见插页）

9.2.3 风速分布参数的影响分析

前文分析了在特定风速时空分布参数下，叶轮气动不对称故障的特征变化。为了更好地了解风速分布参数对故障特征的影响，接下来更改不同的塔筒半径（A）、风剪切指数（α）以及叶尖到塔筒中线距离（x），来进行仿真分析，并获得定子电流故障特征随这些参数变化的规律。在仿真中，塔筒半径取离散值 1.5m、1.6m、1.7m、1.8m、1.9m；叶尖到塔筒中线距离（悬垂距离）取离散值 4.3m、4.4m、4.5m、4.6m、4.7m；风剪切指数取离散值 0.2、0.3、0.4、0.5、0.6。

从不同的风速分布参数仿真的结果中，提取定子电流特征频率 $f \pm 3P$ 以及 $f \pm P$ 处的幅值，并分析幅值随不同参数的变化规律。

首先分析在正常工况下，仅添加等效风速时，特征频率处幅值的变化。

图 9-7a、b 和 c 分别所示为特征频率 $f+3P$ 的幅值随着塔筒半径、悬垂距离和风剪切指数变化的规律曲线。

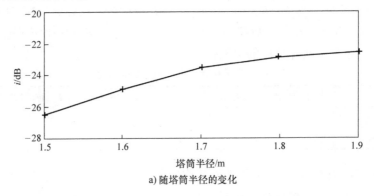

a) 随塔筒半径的变化

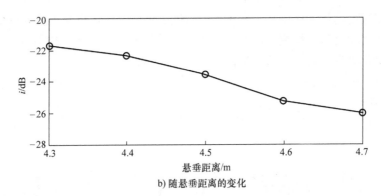

b) 随悬垂距离的变化

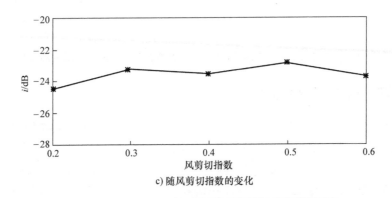

c) 随风剪切指数的变化

图 9-7　正常工况下定子电流特征频率处幅值变化

由图 9-7a 可知，特征频率 $f+3P$ 处的幅值随着塔筒半径的增加而变大。这主要是由于塔筒半径越大，塔影效应越明显，受等效风速中塔影分量的影响，机械转矩中 $3P$ 分量变大，相应定子电流中 $f\pm3P$ 幅值也会增加。同理，随着悬垂距离的增大，塔影效应的影响变小，定子电流中相应的幅值也随之减小，如图9-7b所示。由图9-7c可知，特征幅值随风剪切指数的变化规律与前两者不同，虽然曲线呈现一定的波动，但变化的幅度较小，这表明特征频率幅值随风剪切指数的变化较小。

图9-8所示为叶轮故障工况下，定子电流故障特征频率 $f+3P$ 以及 $f+P$ 的幅值跟随三个分布参数变化的规律曲线。

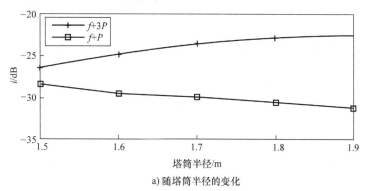

a) 随塔筒半径的变化

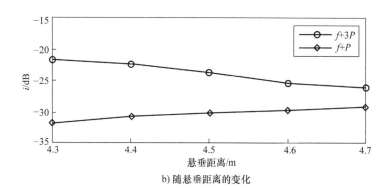

b) 随悬垂距离的变化

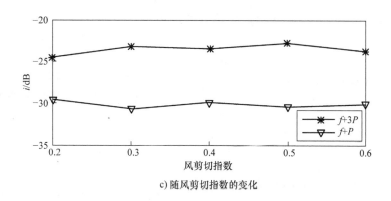

c) 随风剪切指数的变化

图9-8 叶轮故障下定子电流特征频率处幅值变化

在图 9-8 中，不同参数下 $f+3P$ 处的幅值变化规律与图 9-7 基本一致，幅值大小也变化不大。但是 $f+P$ 处幅值的变化规律与 $f+3P$ 处的变化相反。$f+P$ 处的幅值主要受不平衡转矩的影响，但该不平衡转矩在各个参数仿真中未改变。通过对幅值表达式进一步分析可知，应是叶轮转速随分布参数的变化引起了 $f+P$ 处幅值的波动，且幅值变化与转速成反比。根据机组运动方程，叶轮转速受 P 以及 $3P$ 转矩分量的影响，并与转矩变化成正比。故 $f+P$ 处幅值的变化规律与 $f+3P$ 处的变化相反。以图 9-8a 为例，当塔筒半径逐渐增大时，塔影效应的影响加大，使得 $3P$ 转矩增大，进而提升转速并最终使得 $f\pm P$ 幅值降低，但电流中 $f\pm3P$ 幅值受 $3P$ 转矩的影响而增加。

9.3　风速时空分布对永磁机组叶轮故障的影响分析

9.3.1　永磁风力发电机组叶轮故障特征分析

在不考虑阻尼影响的情况下，永磁直驱风电机组的运动方程可以写为

$$J\frac{\mathrm{d}\omega_{\mathrm{r}}}{\mathrm{d}t} = T_{\mathrm{m}} - T_{\mathrm{e}} \tag{9-9}$$

式中，ω_{r} 为机械角速度；J 为等效转动惯量；T_{m} 为风力机输出轴转矩；T_{e} 为发电机电磁转矩。

将机械转矩公式（7-13）代入式（9-9）中，可得到风力机输出轴角速度表达式：

$$\omega_{\mathrm{r}} = \omega_{\mathrm{w}} + \sum_{k=1}^{n} a_k \sin(3k\omega_{\mathrm{w}}t + \varphi_k) \tag{9-10}$$

式中，$a_k = T_k/3k\omega_{\mathrm{w}}J$，由于风力机的等效转动惯量一般很大，所以 $a_k \ll 1$；φ_k 为初相角。

质量不平衡的叶轮可以等效为在正常叶轮上叠加了一个质量为 m、距轮毂中心为 r 的等效质量块。等效质量会产生额外的附加转矩，在不考虑风速时空分布时，转矩可表示为

$$T_{\mathrm{m}} = T_{\mathrm{m}0} + mgr\sin(\omega_{\mathrm{w}}t + \psi) \tag{9-11}$$

式中，m 为等效质量；r 为等效质量距轮毂中心的距离；ψ 为初相角。

同样地，根据永磁直驱风电机组的运动方程，可以得到叶轮质量不平衡时风机机械角速度以及定子电流，其解析式为

$$\omega_{\mathrm{r}} = \omega_{\mathrm{w}} - \frac{mgr}{J\omega_{\mathrm{w}}}\cos(\omega_{\mathrm{w}}t + \psi) \tag{9-12}$$

$$
\begin{aligned}
i &= I_{\mathrm{s}1}\cos\left[\int_{t_0}^{t}(n_{\mathrm{p}}\omega_{\mathrm{r}})\mathrm{d}\tau\right]\\
&= I_{\mathrm{s}1}\cos(n_{\mathrm{p}}\omega_{\mathrm{w}})t - A_1\cos(n_{\mathrm{p}}\omega_{\mathrm{w}}t + \omega_{\mathrm{w}}t + \psi) + A_1\cos(n_{\mathrm{p}}\omega_{\mathrm{w}}t - \omega_{\mathrm{w}}t - \psi)
\end{aligned}
$$
$$\tag{9-13}$$

式中，I_{s1} 为定子电流基波幅值；A_1 为故障谐波幅值，$A_1 = mgrn_p I_{s1}/2\omega_w^2 J$。

根据式（9-13），在不考虑风速时空分布差异时，叶轮质量不平衡故障会导致定子电流中出现调制频率为叶轮转频 $P（\omega_w）$ 的谐波成分。

当考虑风速时空分布时，叶轮输出转矩可写作下式：

$$T_m = T_{m0} + \sum_{k=1}^{n} T_k \cos(3k\omega_w t + \varphi_k) + mgr\sin(\omega_w t + \psi) \tag{9-14}$$

同式（9-10）的求解过程类似，可得到风力机输出轴机械角速度：

$$\omega_r = \omega_w + \sum_{k=1}^{n} a_k \sin(3k\omega_w t + \varphi_k) - \frac{mgR}{J\omega_w}\cos(\omega_w t + \psi) \tag{9-15}$$

根据式（9-15）以及定子电流与转速的关系，经过推导化简，可以得到考虑风速时空分布影响的叶轮质量不平衡故障下的定子电流解析式：

$$i = I_{s1}\cos\left[\int_{t_0}^{t}(n_p\omega_r)\mathrm{d}\tau\right]$$

$$= I_{s1}\cos\left\{\int_{t_0}^{t}\left[n_p\omega_w + n_p\sum_{k=1}^{n}a_k\sin(3k\omega_w\tau + \varphi_k) - \frac{mgRn_p}{J\omega_w}\cos(\omega_w\tau + \psi)\right]\mathrm{d}\tau\right\}$$

$$= I_{s1}\cos\left[n_p\omega_w t - \sum_{k=1}^{n}\frac{n_p a_k}{3k\omega_w}\cos(3k\omega_w t + \varphi_k) - \frac{mgRn_p}{J\omega_w^2}\sin(\omega_w t + \psi)\right]$$

$$= I_{s1}\cos(n_p\omega_w t)\cos\left[\sum_{k=1}^{n}\frac{n_p a_k}{3k\omega_w}\cos(3k\omega_w t + \varphi_k) + \frac{mgRn_p}{J\omega_w^2}\sin(\omega_w t + \psi)\right] +$$

$$I_{s1}\sin(n_p\omega_w t)\sin\left[\sum_{k=1}^{n}\frac{n_p a_k}{3k\omega_w}\cos(3k\omega_w t + \varphi_k) + \frac{mgRn_p}{J\omega_w^2}\sin(\omega_w t + \psi)\right]$$

$$= I_{s1}\cos(n_p\omega_w t)\left[\cos\left(\sum_{k=1}^{n}\frac{n_p a_k}{3k\omega_w}\cos(3k\omega_w t + \varphi_k)\right)\cos\left(\frac{mgRn_p}{J\omega_w^2}\sin(\omega_w t + \psi)\right) -\right.$$

$$\left.\sin\left(\sum_{k=1}^{n}\frac{n_p a_k}{3k\omega_w}\cos(3k\omega_w t + \varphi_k)\right)\sin\left(\frac{mgRn_p}{J\omega_w^2}\sin(\omega_w t + \psi)\right)\right] +$$

$$I_{s1}\sin(n_p\omega_w t)\left[\sin\left(\sum_{k=1}^{n}\frac{n_p a_k}{3k\omega_w}\cos(3k\omega_w t + \varphi_k)\right)\cos\left(\frac{mgRn_p}{J\omega_w^2}\sin(\omega_w t + \psi)\right) +\right.$$

$$\left.\cos\left(\sum_{k=1}^{n}\frac{n_p a_k}{3k\omega_w}\cos(3k\omega_w t + \varphi_k)\right)\sin\left(\frac{mgRn_p}{J\omega_w^2}\sin(\omega_w t + \psi)\right)\right]$$

$$\approx I_{s1}\cos(n_p\omega_w t)\left\{1 - \left[\sum_{k=1}^{n}\frac{n_p a_k}{3k\omega_w}\cos(3k\omega_w t + \varphi_k)\right]\left[\frac{mgRn_p}{J\omega_w^2}\sin(\omega_w t + \psi)\right]\right\} +$$

$$I_{s1}\sin(n_p\omega_w t)\left[\sum_{k=1}^{n}\frac{n_p a_k}{3k\omega_w}\cos(3k\omega_w t + \varphi_k) + \frac{mgRn_p}{J\omega_w^2}\sin(\omega_w t + \psi)\right]$$

$$= I_{s1}\cos(n_p\omega_w t) - \sum_{k=1}^{n}A_1 I_k\sin(n_p\omega_w t + \omega_w t + 3k\omega_w t + \psi + \varphi_k) +$$

$$\sum_{k=1}^{n} A_1 I_k \sin(n_p \omega_w t - \omega_w t - 3k\omega_w t - \psi - \varphi_k) -$$

$$\sum_{k=1}^{n} A_1 I_k \sin(n_p \omega_w t + \omega_w t - 3k\omega_w t + \psi - \varphi_k) +$$

$$\sum_{k=1}^{n} A_1 I_k \sin(n_p \omega_w t - \omega_w t + 3k\omega_w t - \psi + \varphi_k) +$$

$$\sum_{k=1}^{n} I_k \sin(n_p \omega_w t + 3k\omega_w t + \varphi_k) + \sum_{k=1}^{n} I_k \sin(n_p \omega_w t - 3k\omega_w t - \varphi_k) +$$

$$A_1 \cos(n_p \omega_w t - \omega_w t - \psi) - A_1 \cos(n_p \omega_w t + \omega_w t + \psi) \tag{9-16}$$

式中，$I_k = I_{s1} n_p a_k / 6k\omega_m$。

根据式（9-16）可知，在考虑了风速时空分布差异后，定子电流的频率成分包括了基频、基频两侧频率为 P 和 $3kP$ 的调制频率，同时还会含有 P 和 $3kP$ 共同作用而产生的 $(3k \pm 1)$ P 调制频率。

9.3.2 永磁风力发电机组叶轮故障仿真分析

为了验证理论分析的正确性，使用 MATLAB/Simulink 平台搭建了永磁直驱风电机组模型进行仿真。模型结构及部分参数如图 9-9 和表 9-2 所示。

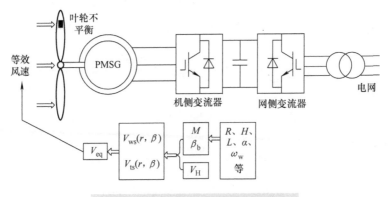

图 9-9 永磁风电机组仿真模型结构

表 9-2 风电机组部分参数

参数	数值	参数	数值
额定功率/kW	40	塔筒高度/m	18
叶轮半径/m	7.5	最佳风能利用系数	0.48
最佳叶尖速比	8.1	发电机极对数	20
额定风速/(m/s)	10	额定电压/V	380

仿真模型主要分为风力机、永磁发电机以及控制系统三部分。图 9-9 下半部分

为等效风速的计算过程，是按照前述第 7 章式（7-1）～式（7-4）进行搭建的。经修正得到的等效风速以及叶轮质量不平衡故障模型集成在图 9-9 前端的风力机部分，叶轮质量不平衡故障主要根据式（9-11）进行建模仿真。

定义叶轮质量不平衡故障程度 b 为

$$b = \frac{mgr}{T_{\text{m0}}} \tag{9-17}$$

对于叶轮质量不平衡故障的仿真，通过改变输入转矩的形式来进行。图 9-10 所示为未考虑风速分布差异时正常以及叶轮质量不平衡故障程度 $b=0.05$ 情况的定子电流 PSD 谱。

由图 9-10 可知，在叶轮质量不平衡故障情况下，其定子电流的 PSD 谱中可明显观察到表征叶轮质量不平衡故障的叶轮一倍转频 P，而在正常情况下没有该频率。

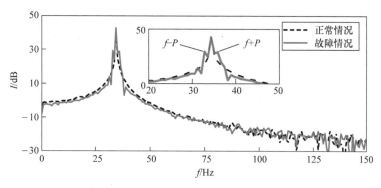

图 9-10　未考虑风速分布的定子电流 PSD 谱

在考虑了风速时空分布后，叶轮质量不平衡故障情况下定子电流的 PSD 谱如图 9-11 所示。由图 9-11 可知，定子电流中包含的频率成分变得很复杂。在定子电流基频 f 两侧，除了表征叶轮质量不平衡故障的特征频率 $f \pm P$ 之外，还出现了由

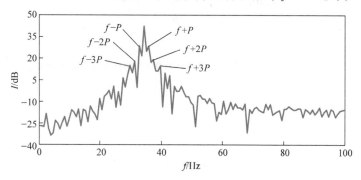

图 9-11　等效风速下定子电流 PSD 谱

风速时空分布带来的 $3kP$ 调制频率，图中主要可观察到 $f \pm 3P$。此外，根据前述分析，还会出现叶轮质量不平衡与等效风速耦合作用产生的 $(3k \pm 1)P$ 调制频率，主要可观察到 $f \pm 2P$。

9.3.3 不同叶轮不平衡程度仿真

图 9-12 所示为不同故障程度下定子电流基频以及其一侧故障频率 $(f + P)$ 处幅值的变化曲线。

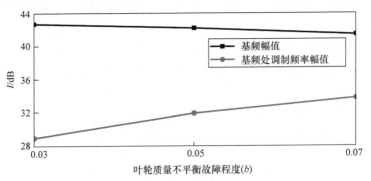

图 9-12 不同故障程度下的幅值变化

可以看到基频 f 幅值的变化较小而转频调制频率 P 的幅值有了明显的增加，这与前述分析相符。另外调制频率的幅值较大，这一方面受限于模型精度，另一方面是因为仿真模型所用风力机容量较小，叶轮转动惯量相较于大容量风力机而言也较小，且发电机极对数较大，这导致了故障频率幅值稍高。

9.3.4 风速分布参数的影响分析

上述分析了在特定风速时空分布参数下，叶轮质量不平衡故障的特征变化。为了更好地了解风速分布参数对故障特征的影响，接下来更改不同的塔筒半径、叶尖到塔筒中线距离以及风剪切指数来进行仿真分析，并获得定子电流故障特征随这些参数变化的规律。根据相关研究资料，塔筒半径取值范围为 $0.9 \sim 1.2\text{m}$，悬垂距离范围为 $2.2 \sim 2.8\text{m}$，风剪切指数范围为 $0 \sim 0.6$。故仿真中塔筒半径取离散值 0.9m、1m、1.1m、1.2m、1.3m、1.4m、1.5m；悬垂距离取离散值 2.2m、2.3m、2.4m、2.5m、2.6m、2.7m、2.8m；风剪切指数取离散值 0.03、0.06、0.1、0.2、0.3、0.4、0.5、0.6。

从不同的风速分布参数仿真的结果中，提取定子电流特征频率 $f \pm 3P$ 以及 $f \pm P$ 处的幅值，并分析幅值随不同参数的变化规律。

首先分析在正常工况下，仅添加等效风速时，特征频率处幅值的变化。图 9-13a、b 和 c 分别所示为特征频率 $f \pm 3P$ 的幅值以及二者的均值随着塔筒半径、悬垂距离和风剪切指数变化的规律曲线。

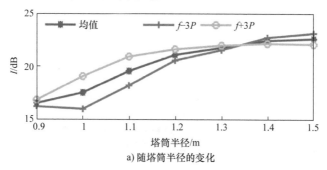

a) 随塔筒半径的变化

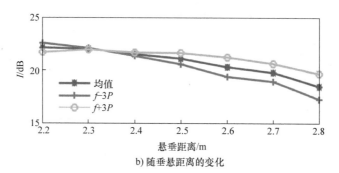

b) 随垂悬距离的变化

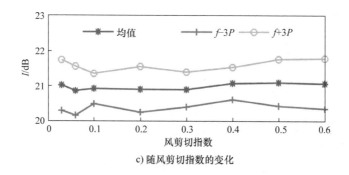

c) 随风剪切指数的变化

图9-13 正常工况下定子电流特征频率处幅值变化

由图9-13a可知，特征频率处的幅值随着塔筒半径的增加而变大。这主要是由于塔筒半径越大，塔影效应越明显，受等效风速中塔影分量的影响，机械转矩中 $3P$ 分量变大，相应定子电流中 $f±3P$ 幅值也会增加。同理，随着悬垂距离的增大，塔影效应的影响变小，定子电流中相应的幅值也随之减小，如图9-13b所示。由图9-13c可知，特征幅值随风剪切指数的变化规律与前两者不同，虽然曲线呈现一定的波动，但变化的幅度较小。

图9-14所示为叶轮质量不平衡故障工况下，定子电流故障特征频率 $f±3P$ 以及 $f±P$ 的幅值跟随三个分布参数变化的规律曲线。

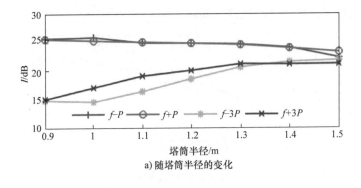

a) 随塔筒半径的变化

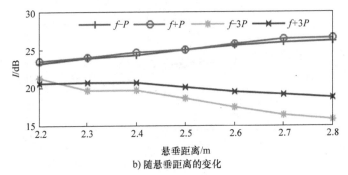

b) 随悬垂距离的变化

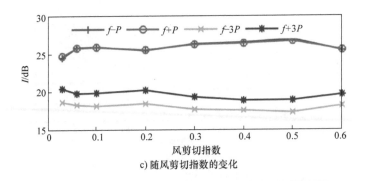

c) 随风剪切指数的变化

图 9-14 故障工况下定子电流特征频率处幅值变化

与图 9-13 相比，图 9-14 中的曲线主要呈现两个特点，首先是各参数下 $f \pm 3P$ 处的幅值变化规律与上图 9-13 基本一致，幅值大小也变化不大；第二点，$f \pm P$ 处幅值的变化规律与 $f \pm 3P$ 处的变化相反。根据式（9-13）和式（9-16）可知，$f \pm P$ 处的幅值主要受不平衡转矩的影响，但该不平衡转矩在各个参数仿真中未改变。通过对幅值表达式进一步分析可知，应是叶轮转速随分布参数的变化引起了 $f \pm P$ 处幅值的波动，且幅值变化与转速成反比。根据机组运动方程，叶轮转速受 P 以及 $3P$ 转矩分量的影响，并与转矩变化成正比。故 $f \pm P$ 处幅值的变化规律与

$f\pm3P$ 处的变化相反。以图 9-14a 为例，当塔筒半径逐渐增大时，塔影效应的影响加大，使得 $3P$ 转矩增大，进而提升转速并最终使得 $f\pm P$ 幅值降低，但电流中 $f\pm3P$ 幅值受 $3P$ 转矩的影响而增加。

通过上述分析可知，不同分布参数（包括塔筒半径、叶尖距塔筒中线距离和风剪切指数）的变化，不仅引起定子电流中 $f\pm3P$ 幅值的变化，还会导致叶轮质量不平衡故障成分 $f\pm P$ 的改变。并且，在不考虑其他因素影响下，两种频率处幅值的变化规律相反。

9.4　本章小结

在考虑风速时空分布差异后，叶轮不平衡故障时电流的故障特征频率发生了改变，除了叶轮的一倍转频 P，还有 $3kP$ 以及 P 与 $3kP$ 的耦合调制，这些新的衍生频率在现有文献中较少见诸于报道。

相对于定子或者转子电流的基频幅值，风速时空分布差异导致的新的故障特征频率对应的幅值都较小。但也许由于该原因，在以往的故障诊断中往往将其忽略，但是这些频率是有规律地存在，并产生于实际叶轮扫掠面内的风速时空分布差异。

Chapter 10
第10章

海上风力发电机组风浪耦合下的气动特性及故障影响分析

10.1 引言

海上风电作为可再生能源开发利用的重要方向之一，已成为全球风电发展的研究热点。全球风能理事会（GWEC）发布的《全球风电报告》（*Global Wind Report 2022*）显示[5]，近十年来全球海上风电累计装机容量逐年增加，2021 年是全球海上风电新增装机容量最多的一年，达到了 21.1GW。截至 2021 年年底，全球海上风电累计装机容量已经达到了 57.2GW，并且随着装机容量的增加，单机容量也在不断提升。目前，GE 官方网站已经正式发布了 14MW 海上风电机组的基本数据，Vestas 也推出了 15MW 海上风电机组，它们的叶轮直径已经超过了 200m。

叶片是整个风电机组中价格最昂贵的部件，其成本约占整个机组的 23.3%[14]。作为机组的动力源，叶轮起着非常重要的作用，但由于其形状特征，也是较易受损的部件。机组越大，其停机所造成的经济损失也就越大，如果叶轮发生损坏，经济损失一般是不可估量的。且相比于陆上风力机，海上风力机还面临着工作环境更恶劣、检修维护更困难等问题，因此能够准确地对海上风电机组进行故障诊断具有十分重要的意义。

目前对于风力机气动特性的研究方法主要有三种：动量 – 叶素（BEM）理论、计算流体力学（Computational Fluid Dynamics, CFD）和涡格法（Vortex Lattice Method, VLM）[198]。动量 – 叶素理论是目前在计算风力机空气动力学特性中最常用的方法之一，其原理简单，计算速度快，广泛使用的 openFAST、Bladed 软件中的空气动力学模块都是基于该理论；随着计算机性能的提升，基于计算流体力学的数值模拟方法因其能模拟复杂流动、获取丰富的流场信息等优点，日益受到重视；涡格法是基于势流理论的数值方法，由于该方法假设流场为理想流体，一般用于风力机气动性能的初步设计。

基于上述提到的三种方法以及一些其他方法，广大学者对风力机的气动特性展开了研究。刘雄等[199]考虑了固定式风力机外部载荷变化时诱导速度场的滞后效应，利用加速势流的方法对动量－叶素理论进行了修正，建立了考虑动态入流效应的动态气动载荷分析模型；熊雪露[200]利用 CFD 方法，对不同雷诺数、来流风攻角、覆冰形态和旋转状态下的叶轮气动特性进行了分析；吴俊等[201]采用 CFD 方法对湍流风工况下的海上浮式风机气动特性进行了仿真，分析了纵摇、纵荡情况下叶片水平推力、功率等气动参数的变化，并考虑了风剪切的影响；Sebastian 等[202]认为浮式风力机平台的运动导致了非定常流场，利用 openFAST 软件分析了固定式风力机与浮式风力机气动载荷的差异，并研究了不同平台形式下对气动特性影响较大的平台运动自由度；刘格梁等[203]基于动量－叶素理论并充分考虑叶轮周围流场的非定常性，研究了平台六自由度对气动载荷的影响程度。除了上述文献外，还有许多学者也对海上风力机叶轮的气动特性进行了大量的工作，但综合来看，仍然很少有明确针对风剪切和塔影效应对于不同工况下海上风力机的研究。

10.2　基本理论

海上风力机与陆上风力机的不同之一就在于海上风力机除了会受到气动载荷以外，还会受到波浪载荷。关于风力机的气动载荷及特性如前述，主要有 BEM 理论、CFD 和 VLM 三种方法；对于波浪载荷而言，一般采用势流理论和莫里森理论进行计算；随机波浪则采用 JONSWAP（Joint North Sea Wave Project）谱模型进行模拟。

1. 势流理论

势流理论包括绕射理论和辐射理论。由于浮体对入射波的干扰作用，在流场内任意点处的总速度势可通过以下三项表示：

1）未被浮体扰动的入射波的速度势 φ_i；

2）由浮体导致的入射波的扰动造成的绕射波速度势 φ_d；

3）由于浮体运动造成的辐射波速度势 φ_r，其总速度势可由下式表示[199,204]：

$$\varphi = \varphi_i + \varphi_d + \varphi_r = \mathrm{Re}\left\{\left[\varphi_i(x,y,z) + \varphi_d(x,y,z) + \varphi_r(x,y,z)\right]\mathrm{e}^{-\mathrm{i}\omega t}\right\}$$

$$(10\text{-}1)$$

可通过线性波浪理论计算出一阶入射波速度势：

$$\varphi_i(x,y,z,t) = \frac{g\zeta_A}{\omega}\mathrm{e}^{kx}\sin\left[k(x\cos\theta + y\sin\theta) - \omega t\right] \qquad (10\text{-}2)$$

式中，g 为重力加速度；ζ_A 为波幅；ω 为入射波频率；θ 为波浪角度，沿 x 轴正方向。

2. 莫里森理论

对于暴露在海水中的锚链和漂浮在水面上的横撑等结构物，由于其直径和波长的比率通常小于 0.2 而被视为细长杆件，假设结构物的存在不会影响波浪特性，可使用莫里森理论对其所受波浪力进行求解，莫里森理论将波浪载荷描述为波浪流体加速度产生的惯性力和黏性产生的摩擦力之和，其具体方程的微分形式如下[204]：

$$F_{\mathrm{M}}(t) = \frac{1}{2}\rho C_{\mathrm{D}}D|u - u_{\mathrm{b}}|(u - u_{\mathrm{b}}) + (1 + C_{\mathrm{A}})\rho\frac{\pi D^2}{4}\dot{u} - C_{\mathrm{A}}\rho\frac{\pi D^2}{4}\dot{u}_{\mathrm{b}}$$

$$(10\text{-}3)$$

式中，C_{A} 表示附加质量系数；u 表示流体速度；u_{b} 表示细长杆件的速度；C_{D} 表示拖曳力系数，其数值取决于杆件直径；D 表示细长杆件直径；ρ 表示海水密度。

对于浮式基础的各浮筒波浪载荷，使用上文提到的多体水动力势流理论将每个浮筒视作单独的浮体进行波浪扰动力和辐射力的计算。除了上述载荷，浮筒还受到波浪和海流的黏性拖曳力作用，这一部分受力使用莫里森理论中对于黏性力的计算方法进行表达：

$$F_{\mathrm{M}}(t) = \frac{1}{2}\rho C_{\mathrm{D1}}A_{\mathrm{C}}|u - \dot{q}|(u - \dot{q}) \qquad (10\text{-}4)$$

式中，A_{C} 表示浮筒的横截面积；u 表示流体速度；$\dot{q}$ 表示浮筒垂向运动速度；C_{D1} 表示浮筒拖曳力系数。

3. 随机波浪

波浪谱 $S(\omega)$ 采用 JONSWAP 谱模型来进行模拟，具体公式如下[204]：

$$S(\omega) = \frac{A}{\omega^5}\exp\left[-\frac{5}{4}\left(\frac{1}{T_{\mathrm{p}}\omega}\right)^4\right]\gamma^{\exp(\lambda)} \qquad (10\text{-}5)$$

$$\lambda = -\frac{(\omega - 1/T_{\mathrm{p}})^2}{2\gamma\sigma^2(1/T_{\mathrm{p}})^2} \qquad (10\text{-}6)$$

式中，A 为常量；ω 为波浪圆频率；T_{p} 为谱峰周期；γ 为峰升因子；σ 为峰形参量。

钢格构式基础中的大尺度构件（直径一般大于 1/5 的波长），如浮筒、浮舱等，基于势流理论来计算波浪力；基础结构中的小尺度构件（直径一般小于 1/5 的波长），如中央桁架等，采用莫里森公式来计算波浪力。

10.3 仿真平台和方法

目前主流的风机载荷仿真软件有 openFAST、Bladed、ENFAST 和 HAWC2，其中 openFAST 软件比较成熟稳定，在海上风电机组仿真方面应用较为广泛。下面对 openFAST 进行简单介绍。

openFAST 是美国能源部国家可再生能源实验室（National Renewable Energy Laboratory，NREL）推出的一个多物理场开源软件工具，它集成了空气动力学模块

（AeroDyn）、机舱塔筒动力学模块（ElastoDyn）、波浪水动力模块（HydroDyn）、基础动力学模块（SubDyn）、入流风模块（InflowWind）以及系泊动力学模块（Moor-Dyn），主要针对风力机气动载荷以及结构响应的计算。其中空气动力学模块根据动量－叶素理论计算气动载荷，机舱塔筒动力学模块则根据假设模态法和 Kane 多体动力学方程计算塔筒的位移，水动力模块建立基于 Morison 方程与势流理论的水动力模型。

由于 openFAST 开源的特性，其可供用户选择下载的文件有两种：一是直接在官方网站下载可执行文件；二是从官方网站下载源代码，这样可以根据自身需求对源代码进行修改后自行编译成可执行文件，满足定制化的需求。下面简单介绍 openFAST 的使用方法。

以 openFAST－3.1.0 为例，按照官方文档的说明，Windows 平台下通过 Visual Studio 开发环境编译首先需要下载 Visual Studio、Fottran 编译器以及 Intel 的 MKL 库，同时下载 openFAST 源码和 r－test 测试用例，将解压好的 r－test 文件夹放入 openfast－3.1.0\reg_tests 路径中。最终可得到如图 10-1 所示的文件。

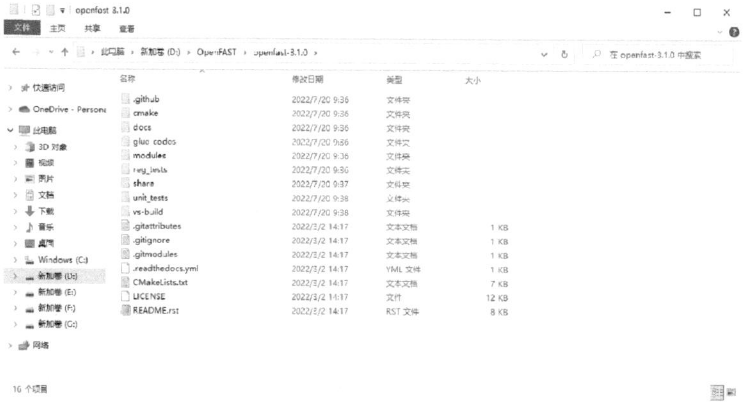

图 10-1　openFAST 源文件

接下来开始编译得到可执行文件，如果有定制化需求，可先按需求修改源码。编译过程如下：打开 Visual Studio，这里使用的是 Visual Studio 2019 Community 版本；在 VS 中打开'openfast－3.1.0\vs－build\Discon\Discon.sln'，解决方案配置选择 Release，解决方案平台选择 x64，如图 10-2 所示。

接下来点击菜单生成—生成解决方案，然后可得到 Discon.dll、Discon_ITIBarge.dll 和 Discon_OC3Hywind.dll 这三个文件，它们保存在'openfast－3.1.0\reg_tests\r－test\glue－codes\openfast\5MW_Baseline\ServoData'中，如图 10-3 所示。

随后在 VS 中打开'openfast－3.1.0\vs－build\FAST\FAST.sln'，选中 FAST 和 FASTlib，右键选择属性，点击配置属性－Fortran－Libraries－Runtime Li-

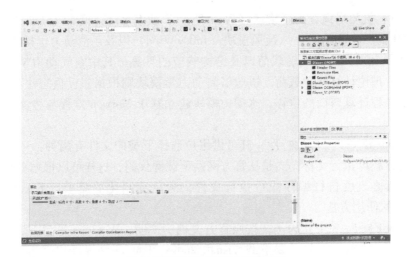

图 10-2　VS2019 运行界面

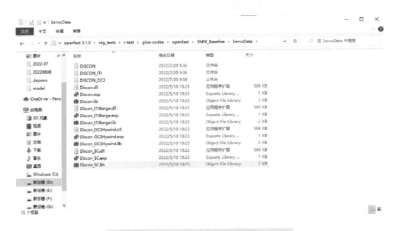

图 10-3　Discon. sln 生成的文件

brary，选择 Debug Multithread DLL，完成配置，如图 10-4 所示。然后与前述步骤相同，生成可执行文件，它们保存在'openfast－3. 1. 0 \ build \ bin'路径下，如图 10-5 所示。注意这一步可能会出现生成失败的情况，按照官方文档所诉，如果发生生成失败，将所有程序关闭再重新打开，反复几次即可。

得到上述所有文件后，将 openfast－3. 1. 0 \ build \ bin 中的文件全部复制到需要仿真的模型中，即可开始运行。由于 openFAST 没有用户界面，其使用方式与一般软件不同，以通过命令提示符运行为例，Win＋R 调出命令提示符窗口后将路径定位至模型所在文件夹，随后输入软件名称和主输入文件名称并回车即可开始仿真。

例如，上述单桩式基础海上风机模型文件存放路径为'D: \ OpenFAST \ OF \

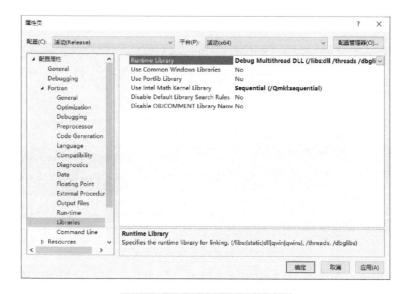

图 10-4　FAST. sln 属性配置

图 10-5　FAST. sln 生成的文件

openfast – 3. 1. 0 \ reg – tests \ r – test \ glue – codes \ openfast \ 5MW_ OC3Mnpl_DLL_ WTurb_WavesIrr’，其主输入文件名为 5MW_OC3Mnpl_DLL_ WTurb_WavesIrr. fst，主程序名为 openfast_x64. exe。使用 Win + R 组合键打开命令提示符，输入‘cd D：\ OpenFAST\OF \ openfast – 3. 1. 0 \ reg – tests \ r – test \ glue – codes \ openfast \ 5MW_ OC3Mnpl_DLL_WTurb_WavesIrr’并回车，将运行路径定位至模型所在文件夹，再输入‘openfast_x64. exe 5MW_OC3Mnpl_DLL_WTurb _WavesIrr. fst’并回车，仿真开始运行，界面如图 10-6 所示。出现 OpenFAST terminated normally 字样后运行结束，此时模型所在文件夹内会出现运行总结文件（后缀名为 . sum）和结果文件（后缀

名为 . out）。

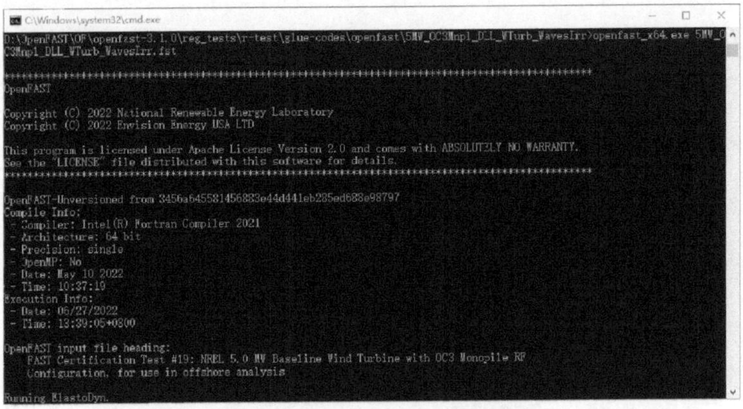

图 10-6　命令提示符运行界面

　　下面以案例中提供的 5MW 单桩式基础海上风力机为例，对如何配置参数进行简单的介绍。NREL 5MW 风力机是美国可再生能源实验室于 2009 年提出的一个具有代表性的兆瓦级风力机[203]，测试案例中所有 5MW 的风力机均是以此为基础建立的，其基本参数文件（如翼型、塔筒结构等）存放在 'openfast – 3. 1. 0 \ reg_tests \ r – test \ glue – codes \openfast \5MW_Baseline' 路径下。而 5MW 单桩式基础海上风机就是以此建立的，它的各输入文件存放在 'openfast – 3. 1. 0 \ reg_tests \ r – test \ glue – codes \openfast \5MW_OC3Mnpl_DLL_WTurb_WavesIrr' 路径中。进入该路径所指的文件夹，后缀名为 fst 的是主输入文件，仿真时间、步长等设置以及对各模块输入文件的调用在此完成。其余各模块输入文件也与此类似，只需要按照需求修改对应的参量即可。以入流风输入文件为例，根据主文件显示，入流风输入文件的存放路径为 'openfast – 3. 1. 0 \reg_tests \ r – test \glue – codes \ openfast \ 5MW_Baseline \NRELOffshrBsline5MW_InflowWind_12mps. dat'。打开后该 dat 文件后可以看到文件中包含了入流风类型以及不同类型入流风的参数设置，修改对应参数后可直接保存，也可另存为新的输入文件，只需注意另存为新文件后需要对应修改主输入文件的调用路径。

　　另外值得注意的是，除了输出参数外，文件其他位置不允许增减，否则会报错。关于输出参数，在 'openfast – 3. 1. 0 \ docs \ OtherSupporting \ OutListParameters' 中存放了各模块可输出的参数名称及其意义，可以按照需求在各对应模块的输入文件中进行增减。

10.4　仿真结果分析

　　下面以 NREL 5MW 单桩式基础海上风力机模型为例进行仿真研究，表 10-1 为该风力机的基本参数[205]。

表 10-1　NREL 5MW 风力机基本参数

项目	参数	项目	参数
额定功率/MW	5	切入风速/(m/s)	3
风力机朝向	Upwind	切出风速/(m/s)	25
叶片数量	2	额定风速/(m/s)	11.4
控制方案	变速,可调桨距角	切入转速/(r/min)	6.9
驱动方式	多级变速齿轮箱驱动	额定转速/(r/min)	12.1
叶轮直径/m	126	额定叶尖速度/(m/s)	80
轮毂直径/m	3	叶片重量/t	110
轮毂高度/m	90	机舱重量/t	240
轴仰角/°	5	预倾角/°	2.5

　　首先在主输入文件中设置仿真时间 150s，仿真步长 0.0005s，在入流风输入文件中设置风速类型为恒定风速，大小为 8m/s，完成仿真的基本设置。随后在空气动力学输入文件中调整塔影效应的添加与否、在波浪水动力输入文件中调整波浪类型、在入流风输入文件中调整风剪切指数的大小从而完成不同工况下的仿真，下面是仿真结果。

　　仿真中模拟了三种波浪条件，即静止水面、规则波浪和 JONSWAP 谱波浪，其中规则波浪和 JONSWAP 谱波浪的时域图以及频域图分别如图 10-7 和图 10-8 所示，规则波浪为单一的 0.1Hz 正弦波，JONSWAP 谱波浪是以 0.1Hz 为基频的不规则波。

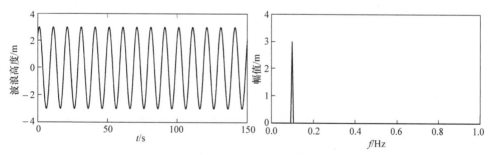

图 10-7　规则波浪的时域图及频域图

　　在不考虑等效风速影响时，不同波浪工况下的叶轮转速及其 PSD 谱如图 10-9 所示。可以看到，在不同波浪的作用下，叶轮转速的时域图已经表现出了变化，而 PSD 谱则表现的更加明显。首先三种工况下都存在一个相同的 0.28Hz 的峰，这可能是仿真模型控制系统引入的，排除这一频率后，即可发现相比于静止水面工况下，规则波浪和 JONSWAP 谱波浪均引入了新的频率成分，如图 10-9 右图方框中所示。规则波浪工况下的转速频谱中出现了与波浪同频的成分，JONSWAP 谱波浪

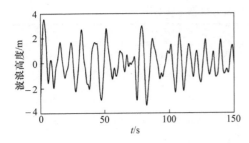
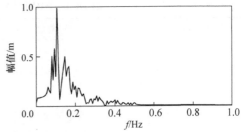

图 10-8 JONSWAP 谱波浪的时域图及频谱

由于成分复杂，转速中新的频率成分与其波浪频率成分接近。

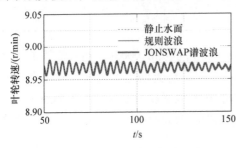
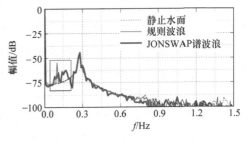

图 10-9 未添加等效风速时叶轮转速时域图及 PSD 谱

图 10-10、图 10-11 和图 10-12 分别所示为单独添加塔影、单独添加风剪切（风剪切指数为 0.4）以及添加等效风速时的叶轮转速 PSD 谱。可以看出，在单独添加塔影时，三种工况下的 PSD 谱均出现了明显的 $3kP$ 的频率成分；而在单独添加风剪切时，仅出现了较为明显的 $3P$ 频率成分，且幅值较低，这可以说明在等效风速中塔影效应的影响相比于风剪切要大

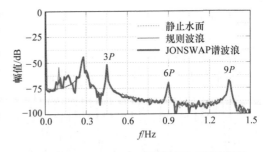

图 10-10 添加塔影的叶轮转速 PSD 谱

，与理论分析符合。在同时添加时，PSD 谱中新增的频率成分仍是 $3kP$，但相比于单独添加塔影效应，幅值发生了明显的变化。

图 10-13 和图 10-14 分别为未添加等效风速和添加等效风速时叶轮气动转矩的 PSD 谱，可以看到在添加了等效风速后，叶轮气动转矩中也会出现 $3kP$ 的频率成分，且其幅值变化趋势与转速基本一致；而叶轮气动功率则不同，如图 10-15 ~ 图 10-18 所示，叶轮气动功率对于工况变化更加敏感。相比于叶轮的转速和气动转矩，波浪的不同和等效风速的添加与否会对叶轮气动功率频谱有更大的影响。如

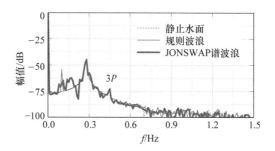

图 10-11　添加风剪切的叶轮转速 PSD 谱

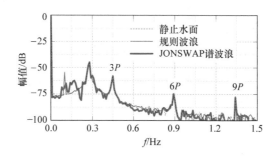

图 10-12　添加等效风速的叶轮转速 PSD 谱

图 10-15 和图 10-16 所示，在不同的工况下时域图已经表现出了明显的不同。图 10-17 和图 10-18 的 PSD 谱表现的更加明显，相比于叶轮转速和气动转矩，波浪和等效风速会引入的频率成分幅值会更高。

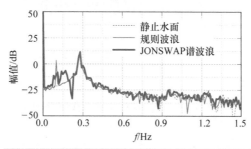

图 10-13　未加等效风速的气动转矩 PSD 谱

　　依照 openFAST 规定的坐标系，如图 10-19 所示，还可以获得叶轮在 x 方向的气动力以及 y 方向的弯矩。图 10-20 和图 10-21 为气动力的时域图，图 10-22 和图 10-23 所示为弯矩的时域图。可以看到，x 方向的叶轮气动力和气动功率一样，对于工况的变化十分敏感，波浪以及等效风速会对其有明显的影响，而 y 方向弯矩受等效风速的影响较大，其幅值有明显的增加，受波浪的影响则较小。

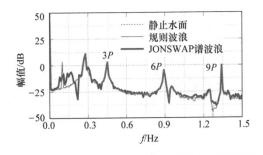

图 10-14　添加等效风速的气动转矩 PSD 谱

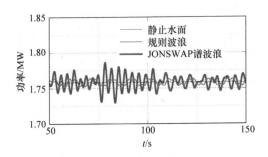

图 10-15　未加等效风速的气动功率时域图

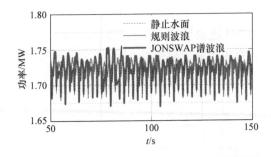

图 10-16　添加等效风速的气动功率时域图

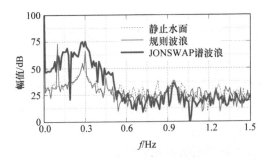

图 10-17　未加等效风速的气动功率 PSD 谱

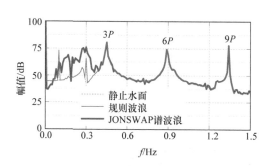

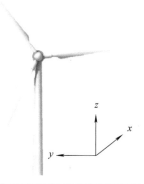

图 10-18　添加等效风速的气动功率 PSD 谱　　　**图 10-19　openFAST 坐标系规定**

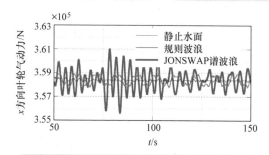

图 10-20　未加等效风速的气动力时域图

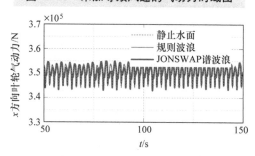

图 10-21　添加等效风速的气动力时域图

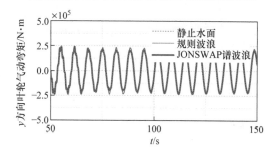

图 10-22　未加等效风速的气动弯矩时域图

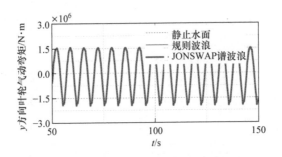

图 10-23　添加等效风速的气动弯矩时域图

图 10-24 ~ 图 10-27 为不同工况下叶轮 x 方向气动力和 y 方向气动弯矩的 PSD 谱。可以看到，在气动力的频谱中，波浪和等效风速引入了幅值很高的频率成分，并且等效风速的影响大于目前两种波浪工况的影响，与时域图的表现一致；而气动弯矩相比于前述的情况更加复杂，它受到波浪和等效风速的影响以调制频率的形式表现出来。如图 10-26 和图 10-27 所

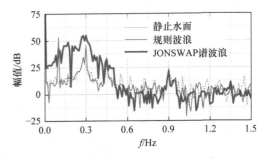

图 10-24　未加等效风速的气动力 PSD 谱

示，由不同工况引入的新频率成分并非是简单的增加了某些频率成分，而是出现在了原有频率的两侧，如波浪频率 $f_{波}$ 出现在原有频率 f_1 和二倍频 f_2 两侧。另外也可以看出，波浪对于 y 方向气动弯矩的影响较小，等效风速的影响会更大，在添加了等效风速的 PSD 谱中，波浪的部分频率成分甚至会被淹没。

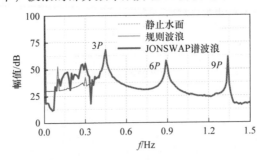

图 10-25　添加等效风速的气动力 PSD 谱

另外还可以得到发电机侧的转矩和功率，其不同工况的 PSD 谱如图 10-28 ~ 图 10-31 所示。它们的变化规律与叶轮转速类似。

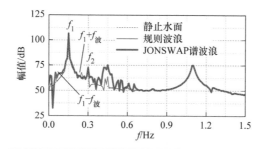

图 10-26　未加等效风速的气动弯矩 PSD 谱

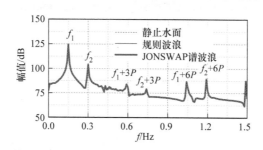

图 10-27　添加等效风速的气动弯矩 PSD 谱

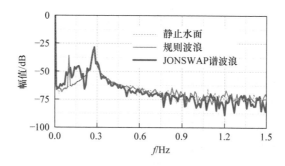

图 10-28　未加等效风速的发电机转矩 PSD 谱

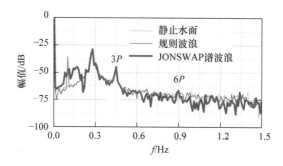

图 10-29　添加等效风速的发电机转矩 PSD 谱

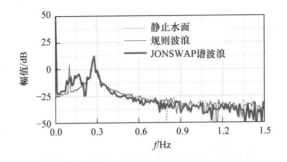

图 10-30   未加等效风速的发电机功率 PSD 谱

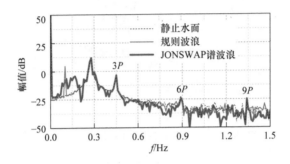

图 10-31   添加等效风速的发电机功率 PSD 谱

10.5   故障特征影响分析

以上结果均为正常状态下的仿真结果，可以看到对于某些参数而言，随着工况的变化，其时域频域都会变得非常复杂。而在发生故障时，如叶轮故障、发电机绕组不对称等常见的机械、电气故障，故障特征会变得更加复杂。如前述对陆上风力机的分析中，在考虑了等效风速后，发生叶轮不平衡的定子电流故障特征除了叶轮不平衡原有的频率成分以外，还出现了新的由等效风速和叶轮质量不平衡相互耦合产生的频率成分。海上风力机相比于陆上风力机，工作环境更为复杂，波浪以及更多的自由度与风速、故障耦合后会使故障特征变得更加复杂，可进一步进行研究。

下面简要论述在考虑海上风电机组风浪耦合因素后，对机组故障特征影响分析的主要思路。

图 10-13 和图 10-14 可以看到在添加了等效风速后，叶轮气动转矩中不仅会出现 $3kP$ 的频率成分（风剪切和塔影的影响结果），而且还出现了幅值较高的波浪谱对应的频率成分，包括周期波浪和随机波浪的对应频率，如图 10-32 所示。而在气动功率频谱图中，相比于叶轮转速和气动转矩，波浪和等效风速会引入的频率成分幅值会更高。

气动转矩和气动功率中的这些频率成分必将进一步随着传动系统到达发电机，从而对发电机的相关参量产生影响。接下来可以采用同第 8、9 章中类似的方法展开分析。首先可以根据图 10-32 对气动转矩进行拟合，在允许的拟合误差内获得转矩的解析表达式，接下来根据机组的运动方程，分析发电机的转速和电磁转矩，最后再根据电机的电磁关系分析发电机相关电气参量的表达式，包括电机电流和功率等。采用同样的思路，并结合机组不同的故障机理，可以进一步获得考虑风浪耦合因素的新的故障特征。

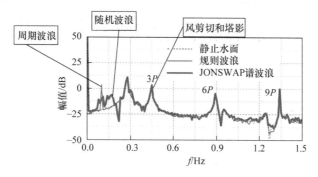

图 10-32　风浪耦合下的气动转矩频谱

10.6　本章小结

本章首先分析了海上风电发展现状以及海上风浪耦合情况下的叶轮气动特性研究情况，然后利用 openFAST 软件进行了波浪和风剪切、塔影等因素综合作用下的叶轮气动特性，并对机组故障特征可能产生的影响进行了简要分析。

Chapter 11
第11章

控制策略对故障特征 ◄◄◄
影响及谐波抑制研究

11.1 引言

目前针对风力发电机和叶轮故障的研究大都未考虑机组控制系统的影响，但是通过前文所述，当叶轮和发电机发生故障时，机组转速、转矩会产生波动，发电机定、转子电流中会产生故障谐波，此时机侧变流器会根据它的控制策略进行相应的调节，因此对于风电机组故障的研究有必要考虑机组控制策略的影响。本章主要分析考虑最大风能追踪（MPPT）控制策略以及机侧变流器控制策略时，叶轮不平衡故障对 DFIG 运行特性的影响。为了便于分析，首先需要了解风力机的工作运行方式、最大风能追踪控制原则和具体实现方法。机侧变流器的控制策略在前文已叙及，故不再论述。

11.2 最大风能追踪控制

11.2.1 风力发电机组运行区域

根据不同风况，变速恒频双馈风力发电机组的运行可按起动区、最大风能跟踪 MPPT 区、恒转速区和恒功率区分别实施控制，不同运行区域内控制系统的控制目标如图 11-1 所示[3]。

图 11-1a 给出了不同风速下风力机输出机械功率的曲线，其中，P_{wN} 为风力机输出的额定机械功率，v_{cut-in} 为切入风速，$v_{cut-out}$ 为切出风速。图 11-1b 为 DFIG 输出的电磁功率 P_e 与 DFIG 转速 ω_g 的关系曲线，其中，P_{eN} 为 DFIG 的额定电磁功率，

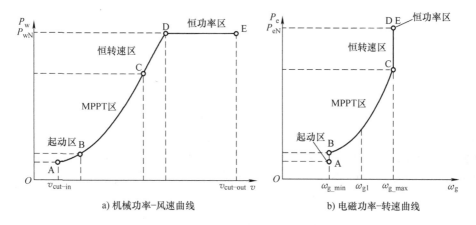

a) 机械功率-风速曲线　　　　b) 电磁功率-转速曲线

图 11-1　风力发电机组的运行区域

ω_{g_min} 为 DFIG 的最低转速，ω_{g1} 为 DFIG 的同步转速，ω_{g_max} 为 DFIG 的最高转速。

1. 起动区

图 11-1 中的 AB 段为起动区，此段内风速从接近零上升到切入风速 v_{cut-in}，达到切入风速之前系统与电网断开，风速大于或等于 v_{cut-in} 时 DFIG 实行并网投入前控制策略。该区域的主要任务是实现 DFIG 并网控制，风力机控制系统改变桨距角 β 来调节机组的转速，使其保持恒定或在一个允许的范围内变化；发电机控制系统的任务是调节 DFIG 定子电压完全跟随电网电压满足并网投入条件，实施并网投入操作。

2. MPPT 区

图 11-1 中的 BC 弧段为 MPPT 区，风电机组已并网发电运行，该区的主要任务是实现发电系统最大风能跟踪的变速恒频运行。在 MPPT 区，风电机组已并网，且未达到机组的额定转速。风力机桨距角不变，为最优桨距角，对应最佳叶尖速比和最大风能利用系数。当风速变化时，通过最大风能追踪控制机组的转速，实现变速恒频运行，捕获该风速下的最大风能。

3. 恒转速区

图 11-1 中的 CD 段为恒转速控制区域。此时已达到了发电机的额定（最高）转速，但是机组的电功率还未达到额定的输出功率。为保护机组不过载，不再进行最大风能追踪控制，此时 DFIG 一般采用转速闭环控制，额定转速设置为参考值，使其在允许的最大转速上恒转速发电运行。

4. 恒功率区

图 11-1 中的 DE 段为恒功率区，此时发电机的输出功率和变频器输出功率都已经达到最大值，需要运行恒功率控制使机组功率不超过极值。此时风电机组运行在恒转速和恒功率状态。此区域的恒功率控制由风力机控制系统通过变桨距控制实

现，即风速增大时增加桨叶节距角 β，使 C_p 值迅速降低，以此保持功率恒定。

MPPT 控制是机组的主要控制体系，本章主要就 MPPT 控制策略特点以及 MPPT 控制与叶轮质量不平衡故障相互作用对 DFIG 运行特性的影响进行研究。

11.2.2 最大风能追踪控制原理

为了提高风能利用率和风力发电效率，在双馈风电机组中普遍采用最大风能追踪控制策略。在某一定的风速下，存在一个最佳的转速能够使风力机达到最佳叶尖速比，从而捕获该风速下的最大风能，输出最大功率。采用 MPPT 控制，可以使得风力机转速跟踪风速的变化，使风力机保持在最佳叶尖速比运行，捕获最大的风能。

MPPT 控制一般包含几种不同的方法：最佳叶尖速比法、爬山法以及最佳功率 – 转速曲线法。

最佳叶尖速比模式的 MPPT 控制方法是在风力机桨距角固定不变的情况下，根据检测到的风速调节 DFIG 转速，使风力机运行于最佳叶尖速比状态，从而捕获最大风能。该方法不足之处在于，需要对风速实时测量，增加了控制系统的复杂性。爬山法不需要测量风速，它根据 DFIG 定子有功功率的实时变化调节机组转速，自动搜索风力机在相应风速下的最佳转速，实现最大风能追踪。最佳功率 – 转速曲线法是目前大多数 DFIG 运行中普遍采用的成熟方法，它是指在机组并网并且运行在最高转速以下时，为了捕获最大风能，保持风力机的风能利用系数始终为最大值 C_{pmax}，通过控制发电机的输出功率来间接调节机组转速，保持最佳叶尖速比，实现变速恒频运行。该方法也不需要检测风速，且有较好的应用前景。

1. 基于最佳叶尖速比跟踪的 MPPT 控制

当风电机组运行在转速控制模式时，常采用最佳叶尖速比模式的 MPPT 控制方法，首先根据检测到的实时风速和最佳叶尖速比，计算出该风速下对应发电机最佳转速并作为实现速度控制的参考值。

该方法以发电机的转速为直接控制目标，当叶片桨距角不变的情况下，对某一确定风力机，其最佳叶尖速比已知，根据检测到的风速和叶尖速比公式，可以求解到相应的叶轮最优转速，根据齿轮箱增速比进而计算出发电机的最优转速。发电机采用转速控制模式，将该最佳转速作为转速参考值进行转速的闭环控制，最终使风力机运行于最佳转速上，从而使风力机工作在最佳叶尖速比和最大风能利用系数状态，捕获最大的风能，输出最大功率。

2. 基于最佳功率 – 转速曲线的 MPPT 控制

图 11-2 给出了定桨距控制风力机输出功率与转速之间的关系。由图可知，在每一个不同的风速下均可找到一个最佳转速，此转速下风力机能达到最佳叶尖速比，可捕获到该风速下的最大能量，输出最大功率。由于齿轮箱的升速作用，发电机转速 ω_g 与风力机叶轮转速 ω_w 成简单正比关系，即：$\omega_g = \omega_w N$，N 齿轮箱增速比。

所以，只要对发电机转速进行有效控制，使风力机运行在某风速所对应的最佳转速，就可获得最佳叶尖速比和最大的功率输出。

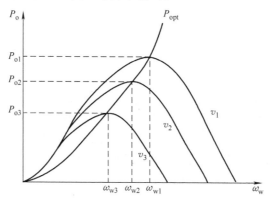

图 11-2　风力机输出功率与转速关系

连接图 11-2 中不同的风速下所对应的最大功率点就可以形成一条最佳功率 - 转速曲线 P_{opt}，运行在该曲线上风力机将获得最大风能，输出最大功率，根据式（2-3）和式（2-4）有如下关系[3]：

$$P_{opt} = k_w(\omega_w)^3 = k_w(\frac{\omega_g}{N})^3 \qquad (11\text{-}1)$$

式中，$k_w = 0.5\rho S_w(R/\lambda_{opt})^3 C_{pmax}$；$\rho$ 为空气密度；S_w 为叶轮扫掠面积；R 为叶轮半径；λ_{opt} 为最佳叶尖速比。当风力机型确定后，k_w 一般为确定的值。

通过式（11-1）表明，当风力机型确定后，相应的参数 k_w 也确定，风力机输出的最优机械功率与叶轮（发电机）转速的三次方成正比。

由于实际风速变化的随机性，使得风速测量的实时性和准确性都难以保证，所以很难准确实时地根据最佳叶尖速比计算出最优转速，因此基于转速的控制策略应用较少。实际中是通过控制发电机的输出功率，从而间接地控制风机轴上的转矩和转速。这种控制方法不以转速为直接目标，而是通过最佳功率 - 转速曲线获得最佳的转速和最佳叶尖速比。这种 MPPT 控制不检测风速，而是实时检测发电机的转速，然后按照已知的最佳功率 - 转速曲线或者式（11-1）计算此转速下的功率，直接或者经处理后作为发电机机侧变流器的有功功率参考值，此即基于最佳功率 - 转速曲线的 MPPT 控制。

11.2.3　最佳功率 - 转速曲线 MPPT 控制的两种模式

基于最佳功率 - 转速曲线的 MPPT 控制根据功率参考值的不同获取方法又可细分为两种不同的控制方式。第一种方式适用于最佳功率 - 转速曲线已知的情况，采用查表的方式获取不同转速下的最佳功率。第二种方式无需知道风力机的最佳功率–转速曲线，采用式（11-1）计算不同转速下的风力机输出的最佳机械功率，然后经过处理得到定子有功功率的参考值，并作为功率外环控制的参考值。接下来，分别对这两种控制模式进行介绍。

1. 最佳功率–转速曲线 MPPT 控制模式（Ⅰ）

双馈风力发电机采用功率控制模式的矢量控制，以测量得到或者风力机厂家提供的最佳功率–转速曲线为依据，通过功率闭环控制 DFIG 输出的有功功率 P_s 沿着最佳功率曲线运行，并使之与风力机输出特性曲线重合在最佳工作点，实现最大风能捕获。图 11-3 给出了该方式下基于最佳功率–转速曲线的 DFIG MPPT 矢量控制策略框图。具体实施过程如下：首先实时检测发电机转速，然后通过查表找到与该转速对应的最佳功率值并作为外环功率控制的参考值，通过功率闭环控制实现最佳功率的跟踪以及最大风能的追踪和捕获。

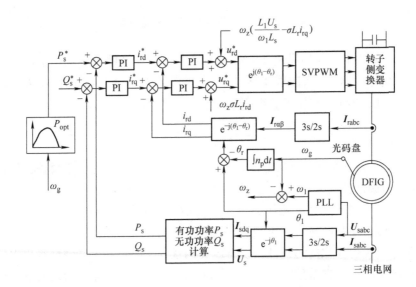

图 11-3　最佳功率–转速曲线 DFIG–MPPT 控制模式（Ⅰ）

2. 最佳功率–转速曲线 MPPT 控制模式（Ⅱ）

第二种方式无需知道最佳功率曲线，根据风力机的最佳叶尖速比、最大风能利用系数、风力机叶轮半径以及发电机转速，通过式（11-1）或者对其稍作处理后，作为最佳功率参考值。下面给出该方式下较常用的最佳功率参考值的处理方法。

根据最大风能追踪的原理，当风力机输出的机械功率为最优功率 P_{opt} 时，定子有功功率 P_s 即为 DFIG 有功功率参考值 P_s^*。考虑到定子铜耗以及机组损耗，可得到 P_s^* 表达式为

$$\begin{cases} P_s^* = \dfrac{k_w}{N^3(1-s)}\omega_g^3 - \Delta P \\ \Delta P = \dfrac{1}{1-s}P_m + P_{cus} \end{cases} \tag{11-2}$$

式中，s 为转差率；P_m 为机组机械损耗；P_{cus} 为定子铜耗。

　　基于第二种方式的 MPPT 控制框图如图 11-4 所示。具体的实施过程为：首先实时检测发电机的转速，然后根据式（11-2）计算发电机定子有功功率的参考值，通过外环的功率控制实现 DFIG 有功功率的无静差控制，实现最大风能追踪。

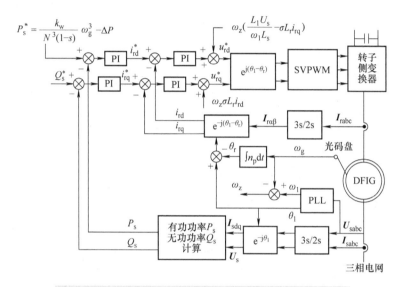

图 11-4　最佳功率 – 转速曲线 MPPT 控制模式（Ⅱ）

11.3　最佳功率 – 转速曲线 MPPT 控制模式(Ⅱ)下故障分析

11.3.1　机侧变流器控制分析

　　由第 8 章分析可知，叶轮质量不平衡以及气动不对称故障时，发电机角速度 ω_g 可表示为

$$\omega_g = \omega_{g0} - \omega_{g1}\cos\omega_w t \tag{11-3}$$

式中，ω_g 为 DFIG 角速度稳态值；ω_{g1} 为角速度周期波动幅值，与不平衡重力矩或气动不对称波动幅度有关。

　　将式（11-3）代入式（11-2），可得叶轮不平衡故障时有功功率参考值的表达式为

$$P_s^* = P_0 + k_3\cos3\omega_w t + k_2\cos2\omega_w t + k_1\cos\omega_w t \tag{11-4}$$

式中，

$$\begin{cases} P_0 = \dfrac{k_w}{N^3(1-s)}(\omega_{g0}^3 + \dfrac{3}{2}\omega_{g0}\omega_{g1}^2) - \Delta P \\[3mm] k_3 = -\dfrac{k_w}{4N^3(1-s)}\omega_{g1}^3 \\[3mm] k_2 = \dfrac{3k_w}{2N^3(1-s)}\omega_{g0}\omega_{g1}^2 \\[3mm] k_1 = \dfrac{3k_w}{N^3(1-s)}(-\omega_{g1}\omega_{g0}^2 - \dfrac{1}{4}\omega_{g1}^3) \end{cases} \tag{11-5}$$

根据图（11-4）和式（11-5），有功功率外环 PI 控制器的输入可表示为

$$P_s^* - P_s = (P_0 - P_s) + \sum_{m=1}^{3} k_m\cos m\omega_w t \tag{11-6}$$

对上式（11-6）进行拉氏变换，然后代入 PI 控制器传递函数并求拉式逆变换可得

$$i_{rd}^* = i_{rdref} + \sum_{m=1}^{3} C_m\cos(m\omega_w t) + \sum_{m=1}^{3} S_m\sin(m\omega_w t) \tag{11-7}$$

式中，i_{rdref} 为转子 d 轴电流参考值稳态分量；$C_m = k_m K_p$；$S_m = k_m K_i/m\omega_w$，（其中 K_p、K_i 分别为外环 PI 控制器的比例和积分系数），$m = 1$，2，3。

由于无功功率参考值 Q^* 一般根据系统功率因数给定，不受叶轮转速的影响，所以转子 q 轴电流参考值不包含谐波。

同理再结合图 11-4、式（11-7）以及内环 PI 控制传递函数，并求拉式反变换可得转子 d 轴电压参考值：

$$u_{rd}^* = u_{rdref} + \omega_z\left(\frac{L_1 U_s}{\omega_1 L_s} - \sigma L_r i_{rq}\right) + \sum_{m=1}^{3} A_m\cos(m\omega_w t) + \sum_{m=1}^{3} B_m\sin(m\omega_w t) \tag{11-8}$$

式中，u_{rdref} 为内环 PI 控制器输出的转子 d 轴电流稳态分量；ω_1 为同步角频率；ω_z 为转差频率，即转子电流基频；L_s、L_r、L_1 为定、转子自感和互感；U_s 为电网电压；σ 为漏磁系数；i_{rq} 为转子 q 轴电流；$A_m = C_m K_{pv} - S_m K_{iv}/m\omega_w$；$B_m = S_m K_{pv} + C_m K_{iv}/m\omega_w$，（$K_{pv}$、$K_{iv}$ 分别为内环 PI 控制器比例和积分系数），$m = 1$，2，3。

同理结合转子 q 轴电流参考值以及 PI 控制传递函数可求出转子 q 轴电压参考值，其不包含 $m\omega_w$ 次谐波。

$$u_{rq}^* = u_{rqref} + \omega_z\sigma L_r i_{rd} \tag{11-9}$$

式中，u_{rqref} 为转子 q 轴电流经 PI 控制器的输出；i_{rd} 为转子 d 轴电流。

式（11-8）和式（11-9）为同步坐标系下转子 d、q 轴电压参考值的解析式，根据派克变换可求出三相静止坐标系下转子 a 相参考电压表达式为

$$u_{\mathrm{ra}}^* = U_{\mathrm{r}}\sin(\omega_z t + \varphi_0) +$$

$$\sum_{m=1}^{3} \frac{\sqrt{A_m^2 + B_m^2}}{2}\sin(\omega_z t + m\omega_{\mathrm{w}} t + \varphi_{1m}) +$$

$$\sum_{m=1}^{3} \frac{\sqrt{A_m^2 + B_m^2}}{2}\sin(\omega_z t - m\omega_{\mathrm{w}} t + \varphi_{2m}) \tag{11-10}$$

式中，U_{r}、φ_0 为转子基波电压的幅值和相角；φ_{1m} 为 $\omega_z + m\omega_{\mathrm{w}}$ 谐波电压的相角；φ_{2m} 为 $\omega_z - m\omega_{\mathrm{w}}$ 谐波电压的相角，$m = 1$，2，3。

转子 b、c 相电压与 a 相类似，只不过同一频率对应的相角互差 120°。

由式（11-10）可以看出，进入 PWM 之前的转子电压参考值含有频率为 $\omega_z \pm m\omega_{\mathrm{w}}$ 的谐波分量，根据 PWM 的原理，机侧变流器输出的转子励磁电压可表示为[122,206]：

$$\boldsymbol{U}_{\mathrm{r}} = \boldsymbol{U}_{\mathrm{rs}} + \boldsymbol{U}_{\mathrm{rh}} + \boldsymbol{U}_{\mathrm{r\mu}} \tag{11-11}$$

式中，$\boldsymbol{U}_{\mathrm{rs}}$ 为转差频率电压，即变流器输出的基波电压；$\boldsymbol{U}_{\mathrm{rh}}$ 为电压中的高频谐波成分，是由开关器件动作所引起的；$\boldsymbol{U}_{\mathrm{r\mu}}$ 为转子电压参考值中频率为 μ 的谐波分量引起的变流器同频率电压输出，$\mu = \omega_z \pm m\omega_{\mathrm{w}}$，$(m = 1$，2，3$)$。

在式（11-11）中，$\boldsymbol{U}_{\mathrm{r\mu}}$ 的幅值与转子电压参考值中同频率谐波分量幅值 U_{rm}（$U_{rm} = (A_m^2 + B_m^2)^{1/2}/2$）存在正比关系。

11.3.2 转子电流分析

图 11-5 所示为经过 PWM 输出后机侧谐波等效电路[122]，图中 $\boldsymbol{I}_{\mathrm{s\mu}}$、$\boldsymbol{I}_{\mathrm{r\mu}}$ 和 $\boldsymbol{I}_{\mathrm{M\mu}}$ 分别为定子、转子绕组相电流和激磁电流的谐波分量；R_{s} 和 R_{r} 分别为定子和转子绕组电阻；$L_{\mathrm{s\sigma}}$、$L_{\mathrm{r\sigma}}$ 和 L_{M} 分别为定、转子绕组基波漏电感和激磁电感；$K_{\mathrm{s\mu}}$ 和 $K_{\mathrm{r\mu}}$ 分别为谐波对应的定、转子绕组电阻增加系数。

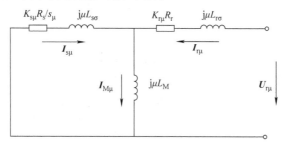

图 11-5 机侧谐波等效电路（$\mu = \omega_z \pm m\omega_{\mathrm{w}}$，$m = 1$，2，3）

转子谐波电压 $\boldsymbol{U}_{\mathrm{r\mu}}$ 对应的转子电流为 $\boldsymbol{I}_{\mathrm{r\mu}}$，$\boldsymbol{I}_{\mathrm{r\mu}}$ 在定子绕组中感应出角频率为

$\omega_1 \pm m\omega_w$ 谐波电流，所以图 11-5 中 s_μ 可表示为：$s_\mu = \gamma/\mu$，$\gamma = \omega_1 \pm m\omega_w$，$m = 1$，2，3。转子中角频率为 $\omega_z \pm m\omega_w$ 的谐波电流可计算如下：

$$I_{r\mu} = \frac{(Z'_{s\mu} + Z'_{M\mu})U_{r\mu}}{Z'_{s\mu}Z'_{M\mu} + Z'_{s\mu}Z'_{r\mu} + Z'_{M\mu}Z'_{r\mu}} \tag{11-12}$$

式中，

$$\begin{cases} Z'_{s\mu} = K_{s\mu}R_s/s_\mu + j\mu L_{s\sigma} \\ Z'_{r\mu} = K_{r\mu}R_r + j\mu L_{r\sigma} \\ Z'_{M\mu} = j\mu L_M \end{cases} \tag{11-13}$$

由式（11-12）和式（11-13）可知，叶轮不平衡情况下，转子电流中除了频率为 ω_z 的基波之外，还含有频率为 $\omega_z \pm m\omega_w$ 的谐波分量，$m\omega_w$ 称为调制频率或故障特征频率。谐波电流的大小受不平衡重力矩、气动不对称程度的大小、PI 控制参数等因素影响。不考虑高开关频率，转子 a 相电流可表示为

$$i_{ra} = I_r\sin(\omega_z t + \phi_0) + \sum_{m=1}^{3} I_{rm}\sin(\omega_z t + m\omega_w t + \phi_{1m}) + \sum_{m=1}^{3} I_{rm}\sin(\omega_z t - m\omega_w t + \phi_{2m})$$

$$\tag{11-14}$$

式中，I_r，ϕ_0 为转子基波电流的幅值和相角；I_{rm} 为 $\mu = \omega_z \pm m\omega_w$ 时谐波电流 $I_{r\mu}$ 的幅值；ϕ_{1m} 为 $\mu = \omega_z + m\omega_w$ 时谐波电流 $I_{r\mu}$ 的相角；ϕ_{2m} 为 $\mu = \omega_z - m\omega_w$ 时谐波电流 $I_{r\mu}$ 的相角，$m = 1$，2，3。

转子 b、c 相电流与 a 相类似，只不过同频率所对应的相角互差 120°。

11.3.3 定子电流分析

转子电流中频率为 $\omega_z \pm m\omega_w$ 的分量会产生空间旋转磁场，相对于转子绕组的转速 $n_z = 30(\omega_z \pm m\omega)/\pi n_p$。转子绕组产生的旋转磁场随转子一起旋转，相对于静止空间的转速为

$$n_z + n_r = n_1 \pm \frac{30m\omega_w}{\pi n_p} \tag{11-15}$$

式中，n_r 为转子转速；n_1 为同步速。

由式（11-15）可知，质量不平衡时转子电流中角频率为 $\omega_z \pm m\omega_w$ 的谐波在定子绕组中感应出角频率为 $\omega_1 \pm m\omega_w$ 的谐波电动势和电流。在不考虑铁心饱和和气隙磁场不对称的情况下，定子的 $\omega_1 \pm m\omega_w$ 谐波电流大小由转子电流中的 $\omega_z \pm m\omega_w$ 谐波电流大小决定。

11.3.4 输出功率分析

将定、转子三相电流变换到同步旋转坐标系下，计算出定、转子电流 d、q 轴分量 i_{sd}、i_{sq}、i_{rd}、i_{rq} 后，代入 DFIG 的电磁转矩表达式（2-43），可得：

$$T_e = T_{e0} + \sum_{m=1}^{3} T_{em} \cos m\omega_w t \quad m = 1,2,3 \qquad (11\text{-}16)$$

式中，T_{e0} 为定、转子基波电流对应的电磁转矩，为直流量；上式第二项为定转子谐波电流对应的电磁转矩交流分量，其中 T_{em} 为

$$T_{em} = 3n_p L_M (i_{sq} I_{rm} - i_{rq} I_{sm}) \quad m = 1,2,3 \qquad (11\text{-}17)$$

式中，I_{sm} 为定子电流中 $\omega_1 \pm m\omega_w$ 谐波幅值。

根据 DFIG 电磁功率和电磁转矩成线性关系的特点，可知 DFIG 的电磁转矩和功率均存在 $m\omega_w$ 谐波。转矩的波动会使机组振动增加，并造成轴承等机械部件的磨损，影响机组寿命。

11.3.5 机组振动分析

根据 DFIG 运动方程（2-39）或式（2-40）可知，当电磁转矩包含 $m\omega_w$ 谐波时，会进一步使叶轮机械转矩和转速的谐波增加，当转速再进入功率参考值，谐波更多更加复杂，并由此陷入了一个恶性循环，使得机组电气量谐波不断的增加，在一定程度上影响了机组的发电效率和稳定运行。

在以前的文献中，叶轮质量不平衡故障时机组的振动特征频率为 $1P(\omega_w)$。但是当叶轮转速中包含 $m\omega_w$ 次谐波时，机组的振动特征会发生改变。在质量不平衡时，根据公式（6-10）推导了 $m=1$、2、3 时，不平衡离心力在水平方向的分量为

$$F_w = MR\omega_w^2 \Big[\frac{2a_1 - a_2 a_3}{4} + \frac{8 + 4a_1 a_3 - a_1 a_2 a_3}{8} \sin(\omega_w t) + \frac{a_2}{2} \cos(\omega_w t) - \frac{a_1 a_2}{4} \sin(2\omega_w t) +$$

$$\frac{a_2 a_3 + 2a_1 + 2a_3}{4} \cos(2\omega_w t) - \frac{a_1 a_2 a_3}{4} \sin(3\omega_w t) + \frac{a_2}{2} \cos(3\omega_w t) - \frac{a_1 a_2}{4} \sin(4\omega_w t) +$$

$$\frac{2a_3 - a_2 a_3}{4} \cos(4\omega_w t) - \frac{a_1 a_3 + a_1 a_2 a_3}{4} \sin(5\omega_w t) +$$

$$\frac{a_2 a_3}{4} \cos(6\omega_w t) - \frac{a_1 a_2 a_3}{8} \sin(7\omega_w t) \Big] \qquad (11\text{-}18)$$

式中，M 为不平衡质量块的质量；$a_1 = w_1/\omega_w$；$a_2 = w_2/2\omega_w$；$a_3 = w_3/3\omega_w$；w_1、w_2、w_3 分别为叶轮转速中频率为 ω_w、$2\omega_w$、$3\omega_w$ 的谐波幅值。

可见叶轮质量不平衡时离心力水平分量及机组水平方向的振动频率包含多次谐波。气动不对称时，利用动量－叶素理论计算气动载荷的公式中也包含叶轮转频，在不对称气动附加力和附加弯矩的作用下，机组振动也必将包含多倍转频。

11.4 希尔伯特包络解调法

11.4.1 希尔伯特包络解调原理

由前述理论分析和后续的数据处理可知，定、转子电流中谐波频率 $f_1 \pm mf_w$、

$f_z \pm m f_w$（$2\pi f_1 = \omega_1$，$2\pi f_z = \omega_z$，$2\pi f_w = \omega_w$）对应的谐波幅值相比电流的基波幅值是很小的，直接对电流 FFT 分析很难观察到故障特征频率 $m f_w$，为此采用希尔伯特包络解调（Hilbert Envelop Demodulation，HED）法对定、转子电流进行处理。希尔伯特包络解调法首先对数据进行希尔伯特变换，然后构建解析信号。通过对调制函数进行频谱分析最终可以提取故障特征，该方法在机械振动信号处理以及电机故障诊断方面都有应用。

对于任一信号 $x(t)$，其希尔伯特变换是求解信号 $x(t)$ 与函数 $1/\pi t$ 的卷积[207]，然后 $x(t)$ 与其希尔伯特变换可以构成 $x(t)$ 的解析信号 $\boldsymbol{Z}_t$

$$\boldsymbol{Z}_t = x(t) + \mathrm{j}\, x(\hat{t}) \tag{11-19}$$

由上式（11-19）可得：

$$\begin{cases} A(t) = \sqrt{[x(t)]^2 + [x(\hat{t})]^2} \\ \theta(t) = \arg\tan\left[\dfrac{x(\hat{t})}{x(t)}\right] \\ \delta(t) = \dfrac{\mathrm{d}\theta(t)}{\mathrm{d}t} \end{cases} \tag{11-20}$$

式中，$A(t)$ 为信号 $x(t)$ 的幅值包络；$\theta(t)$ 为瞬时相位；$\delta(t)$ 为瞬时频率。

$A(t)$、$\theta(t)$ 和 $\delta(t)$ 分别为信号 $x(t)$ 的幅值、相位和频率包络，它们含有相应的调制信息，对这些包络进行频谱分析可以找出所求的故障特征频率。

接下来根据希尔伯特包络解调法原理对式（11-14）所表示的转子相电流进行分析。首先求出式（11-14）的希尔伯特变换后并构建其解析信号：

$$\begin{aligned} \boldsymbol{Z}_t &= i_{ra} + \mathrm{j}\, \hat{i}_{ra} \\ &= \left[I_r + 2\sum_{m=1}^{3} I_{rm}\cos(2\pi m f_w t + \phi_1) \right] \mathrm{e}^{\mathrm{j}(2\pi f_w t + \phi_0 - \frac{\pi}{2})} \\ &= A(t)\, \mathrm{e}^{\mathrm{j}(2\pi f_w t + \phi_0 - \frac{\pi}{2})} \end{aligned} \tag{11-21}$$

解析信号 $\boldsymbol{Z}_t$ 的幅值 $A(t)$ 包含 $x(t)$ 的幅值调制信息，对 $A(t)$ 进行频谱分析便可以得到调制频率，也即故障特征频率 $m f_w$，这就是希尔伯特包络变换的解调功能。在包络解调谱中消除了原始信号的基频，只剩下调制频率，得到的结果比较清晰直观。

11.4.2　希尔伯特包络解调仿真分析

为了清楚地了解希尔伯特包络解调的功能和用法，接下来对该方法进行仿真分析。首先取一组无噪声的仿真信号，该信号基频 $f = 50\mathrm{Hz}$，调制频率基频 $f_2 = 0.5\mathrm{Hz}$，并可表示为

$$\begin{aligned} x(t) = &\ 8\cos(2\pi f t) + 0.005\cos[2\pi(f + f_2)t] + 0.005\cos[2\pi(f - f_2)t] + \\ &\ 0.002\cos[2\pi(f + 2f_2)t] + 0.002\cos[2\pi(f - 2f_2)t] + \end{aligned}$$

$$0.001\cos\left[2\pi(f+3f_2)t\right] + 0.001\cos\left[2\pi(f-3f_2)t\right] \tag{11-22}$$

图 11-6 给出了对式（11-22）所模拟信号进行分析的结果。图 11-6a 为信号的时域波形，放大后能在幅值处观察到调制频率约为 0.5Hz。进一步对信号进行 FFT 分析后，只观察到 50Hz 处存在峰值，未看到调制谐波。图 11-6c 为信号的 HED 分析结果，可清晰地看到从信号中解调出了调制频率 f_2、$2f_2$、$3f_2$。

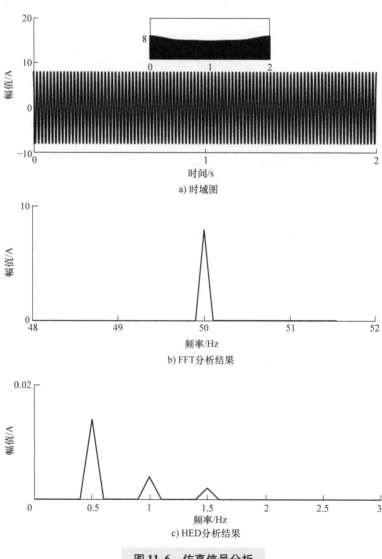

a) 时域图

b) FFT分析结果

c) HED分析结果

图 11-6　仿真信号分析

在式（11-22）的信号中加入噪声，可表示为

$$x(t) = 8\cos(2\pi ft) + 0.005\cos\left[2\pi(f+f_2)t\right] + 0.005\cos\left[2\pi(f-f_2)t\right] +$$

$$0.002\cos[2\pi(f+2f_2)t]+0.002\cos[2\pi(f-2f_2)t]+$$
$$0.001\cos[2\pi(f+3f_2)t]+0.001\cos[2\pi(f-3f_2)t]+0.05\text{rand}(n)$$

$$(11\text{-}23)$$

图 11-7 给出了对式（11-23）所模拟信号进行分析的结果。图 11-7a 为信号的时域波形，放大后可看到幅值处的包络比较凌乱。对信号进行 FFT 分析后，同样也只观察到 50Hz 处的峰值，未看到调制谐波。图 11-7c 为信号的 HED 分析结果，同样也解调出了调制频率 f_2、$2f_2$、$3f_2$。

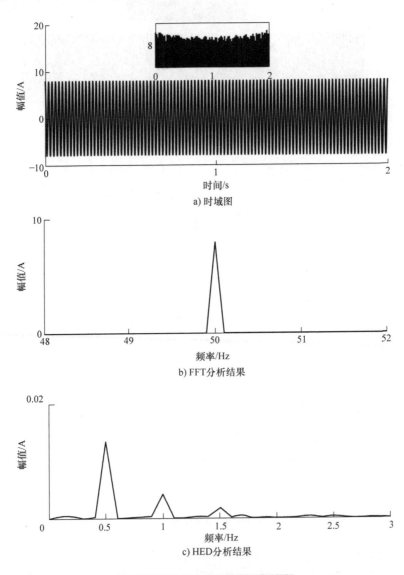

图 11-7　含噪声仿真信号分析

11.5 叶轮不平衡故障仿真分析

为了验证前文所述理论分析的正确性，利用第 2 章中所建立的仿真平台，分别进行正常工况、10% 质量不平衡工况和桨距角增加 1°的气动不对称工况的仿真。

1. 质量不平衡工况仿真分析

仿真条件：恒定风速 8m/s，叶轮转速 14.5r/min，相应的一倍转频 1P 约 0.24Hz，不平衡程度为 10%。图 11-8 ~ 图 11-13 给出了正常以及 10% 不平衡工况下仿真的对比结果。

图 11-8 所示为正常工况和质量不平衡工况下发电机转速 FFT 分析的对比结果，从图中可以明显看出，在质量不平衡工况下，发电机转速中含有周期波动分量，波动频率除了 1P 外，还能观察到 2P 和 3P。但由于谐波次数越大，幅值越小，所以在 FFT 频谱图中很难看到更高次谐波。叶轮转速的 FFT 对比结果与图 11-8 基本一致，只是幅值不同，故未给出。

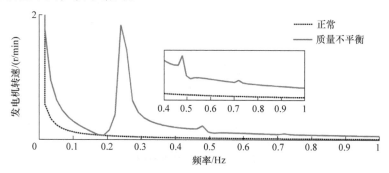

图 11-8　叶轮转速 FFT

图 11-9 所示为正常和质量不平衡工况下发电机有功功率的 FFT 对比图。与发电机转速 FFT 类似，功率中也含有周期波动分量，波动分量基频为 1P，除此之外，仍能观察到 2P、3P 成分，更高次的谐波由于幅值较小未观察到。

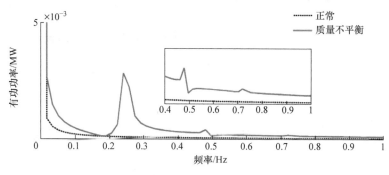

图 11-9　功率 FFT

图 11-10 所示为正常和不平衡工况下转子电流 HED 对比图。从图中可以看出，经过希尔伯特包络解调，从转子电流中解调出了故障频率 1P、2P 和 3P。图 11-11 所示为定子电流的 HED 结果对比，与转子电流类似。

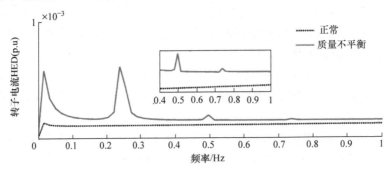

图 11-10　转子电流 HED

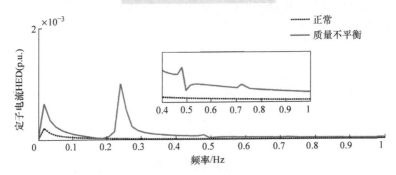

图 11-11　定子电流 HED

图 11-12 所示为机舱（塔筒顶端）X 方向的振动位移，可见由于质量不平衡所造成的离心力的影响，使得机舱在 X 方向，即前后方向发生周期振动。对振动位移进行 FFT 分析后，发现周期振动频率基频为叶轮转频 1P，除此之外还能观察到 2P 和 3P，如图 11-13 所示。机舱在 Y 方向（沿主轴方向）上振动位移无明显变化，在此未给出结果。

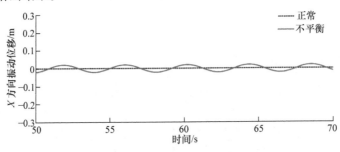

图 11-12　机舱 X 方向振动位移

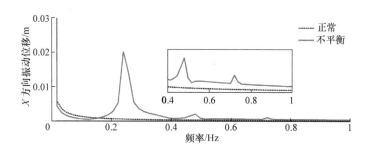

图 11-13　机舱 X 方向振动位移 FFT

2. 气动不对称工况仿真

仿真条件：恒定风速 10m/s，处于最大风能追踪区末端。风速 10m/s 时叶轮转速为 18.2r/min，相应的叶轮一倍转频 $1P$ 约为 0.3Hz。气动不对称设置为桨距角 β 增加 1°。图 11-14 所示为正常和不对称情况下发电机转速 FFT 对比图，不对称时转速频谱图中基频为 0.3Hz，该频率约为一倍叶轮转频。FFT 频谱图放大后还能观察到 $2P$、$3P$ 等倍频，但由于谐波次数越大，幅值越小，所以在 FFT 频谱图中很难看到更高次谐波。叶轮转速与发电机转速类似，故未给出。

图 11-15 所示为功率的 FFT 对比图。气动不对称工况下功率的 FFT 频谱图中可观察到 $1P$、$2P$ 和 $3P$ 故障频率。

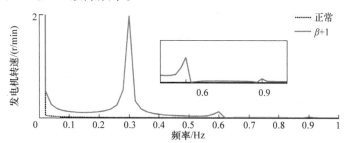

图 11-14　发电机转速 FFT

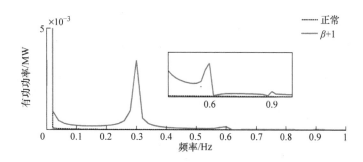

图 11-15　功率 FFT

图 11-16 所示为对转子电流包络解调的结果，比较清晰的观察到了叶轮转频 1P，进一步放大后还能观察到 2P、3P 等倍频。图 11-17 所示为对定子电流包络解调后，也可观察到叶轮一倍转频及其倍频。

图 11-18 和图 11-19 分别给出了正常和气动不对称故障仿真时，机舱在 X 和 Y 方向的振动位移对比。在两个方向上振动位移都发生周期波动，且 Y 方向的振动位移比正常情况下明显增大。对 X 方向振动位移进行 FFT 分析后，发现振动频率除了 1P 外，还包括 2P 和 3P。Y 方向的位移 FFT 分析结果与图 11-20 类似，故未给出。

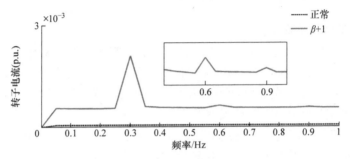

图 11-16　转子电流 HED

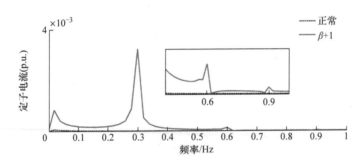

图 11-17　定子电流 HED

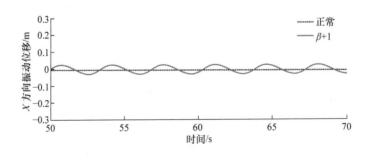

图 11-18　机舱 X 方向振动位移

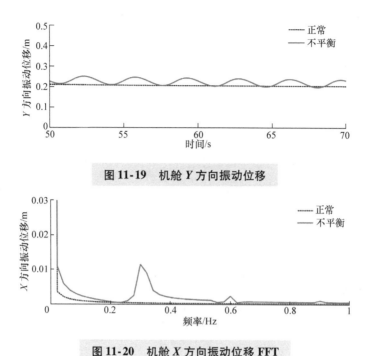

图 11-19　机舱 Y 方向振动位移

图 11-20　机舱 X 方向振动位移 FFT

11.6　实验验证

为了进一步验证本文所提理论方法的正确性，在一个 11kW 双馈风力发电平台上进行了实验。该实验平台的工作原理和相关参数在第 8 章中已详述，在此不再赘述。

实验参数：风力机设定为恒定风、功率控制模式，叶轮转速为 78r/min，转差率 $s = 0.075$，发电机并网运行。分别进行正常工况以及质量不平衡工况（附加质量块为 1.5kg）的实验，实验过程中采集发电机定、转子电流、功率和机组转速数据，并用速度传感器采集机舱在水平和垂直方向的振动信号，然后利用自主研发的数据采集与分析系统进行数据采集和分析处理。自主研发的风电机组振动信号采集与分析系统，包括硬件（传感器和采集仪）以及信号分析软件两部分，可以实现振动速度、加速度等信号的采集，以及对数据进行 FFT、倒谱以及包络解调分析等功能[129,130]。

图 11-21 和图 11-22 是对正常和不平衡两种工况下的功率、发电机转速分别进行 FFT 频谱分析的结果。不平衡工况下功率和转速在一倍、二倍及三倍叶轮转频（1.3Hz、2.6Hz 和 3.9Hz）处均有峰值，正常工况下则没有。图 11-23 和图 11-24 是对转子、定子电流进行希尔伯特包络解调分析，由图可知，不平衡的定、转子电流中都解调出了一倍、二倍及三倍叶轮转频，而正常情况下则没有。

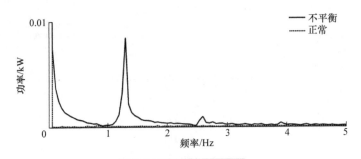

图 11-21 功率 FFT

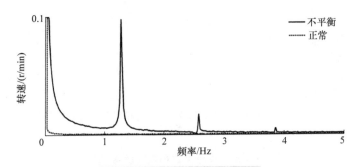

图 11-22 发电机转速 FFT

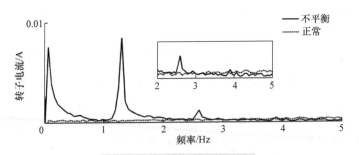

图 11-23 转子电流 HED

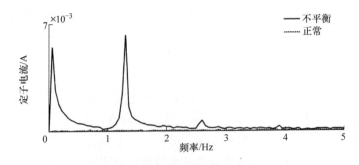

图 11-24 定子电流 HED

对速度传感器采集到的 X 方向振动数据进行 FFT 分析，结果显示 FFT 频谱图中包含 $1P$ 和 $2P$，而 $3P$ 等高次频率则被噪声所淹没，如图 11-25 所示。而竖直方向的振动数据变化较小，FFT 频谱图中表现不明显，在此未给出。

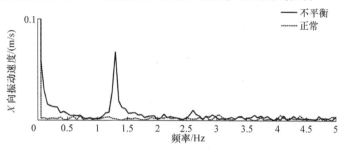

图 11-25　机舱 X 方向振动速度 FFT

11.7　谐波抑制策略研究

随着风力发电技术的飞速发展以及风场发电需求的提升，风电机组单机容量不断增加，兆瓦级风电机组已经商品化，并成为当前风电机组中的主流机型。随着科技的进步和成本的下降，全球海上风电市场规模在迅速扩张。增大风电机组的单机容量是降低海上风电成本最有效的方法之一。海上风电机组功率等级迈入 10MW 级的时代已经到来，研制更大功率等级的海上风力发电机是风电市场发展的必然。图 11-26b 中显示的一台 Vestas 15MW 的海上风电机组其叶轮直径已达 236m，扫风面积超 43000m^2。由图 11-26 亦可见，符合风电技术潮流和客户发电需求的也是单机大容量机型。

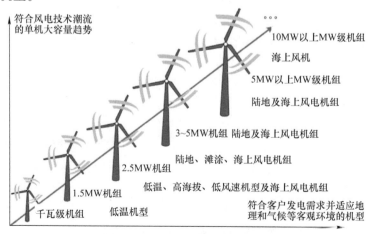

a) 机型和容量

图 11-26　风电机组发展趋势

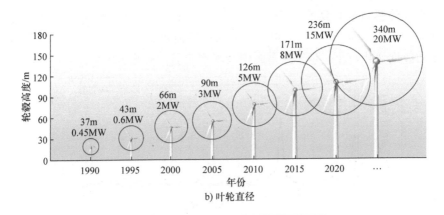

b) 叶轮直径

图 11-26　风电机组发展趋势（续）

随着风电机组容量的增大，叶片的长度和塔筒高度都逐渐增大。这带来的一个最直接的问题就是机组传动系统、叶片和塔筒的柔性增大，阻尼变小[208]。在此情况下，叶轮气动载荷较小的波动会沿传动系传递开来，不仅会造成机组关键部件的大幅振动，还会影响发电机的电气特征和发电质量，甚至还会激发机组的固有谐振频率，造成严重影响[209]。

由前几章分析可知，叶轮质量不平衡故障时气动载荷产生周期波动，导致双馈风力发电机定、转子电流中包含调制频率为 $1P$，$2P$，$\cdots$，的谐波，发电机转速、电功率等含有频率为 $1P$，$2P$，$\cdots$，的谐波。这不仅使得机组传动部件承受较大的振动，增加轴承、齿轮等部件的磨损，还会影响发电质量，降低发电效率。因此如何抑制或降低机组量中频率为 mP（m 为正整数）的谐波成为解决问题的关键。实际上，这些谐波产生的根源在于故障时叶轮气动载荷中谐波的产生，由于双馈风力发电机组传动链尺寸大、阻尼小，使得谐波载荷对传动链和发电机影响较大，严重时谐波载荷可以激发机组的固有谐振状态，使得机组承受更大的气动载荷，造成机组的损坏。

风电机组中气动载荷波动所造成的谐波抑制方法主要有机械干预法、增加机组阻尼以及通过变桨控制调节。第一种是通过机械的方式进行外在干预，比如根据转子动平衡的机理，在叶轮上进行不平衡质量补偿，以抵消不平衡质量[39]，但是该方法需要精确知道不平衡质量的大小以及方位和桨距角的偏差等参量。文献［21，22］通过非线性规划理论从机组的振动数据中提取出了不平衡质量的大小和桨距角的偏差，虽然他们并未进行后续的质量补偿实验，但为机械干预法进行不平衡补偿做出了贡献。第二种方法是通过增加机组传动链的阻尼来进行谐波抑制[210]。文献［211］通过改进机组机侧变流器的控制策略，向机组的传动系统中注入阻尼，提高机组的抗干扰性，在一定程度上抑制了谐波的影响。文献［212］指出通过改变网侧变流器控制策略增加系统阻尼的方法不易实现。文献［213］研究了因风剪切和塔影效应所造成的气动载荷中频率为 3 倍叶轮转频的脉动抑制问题，提出了一种基于带通滤波器和转矩补偿的改进控制策略，能够较好的抑制三次脉动成分以及机组电气参量中的谐波。第三种方法是通过改变变桨控制策略实现谐波抑制。文献 [214，215] 利用基于现代多变量控制的独立变桨控制（Individual Pitch Control, IPC）策略来降低叶轮气动载荷的周波波动，包括反馈 - 前馈法、LQR、H∞ 和基于模型预测控制的 IPC 改进控制策略。文献 [216] 则在发电机转矩控制和变桨距控制的基础上分别叠加了动态载荷控制环以达到抑制叶轮动态载荷的目的。但这些方法需要变桨系统快速调节叶片桨距角，变桨齿轮易损坏。

小信号分析法也称小扰动稳定分析，开始是用于非线性电路静态工作点的求解以及工作点附近局部线性化，后来也逐渐地发展利用该方法对系统状态方程叠加扰动，求取传递函数，分析系统的稳定性。文献 [217] 针对虚拟同步控制下双馈风电系统的并网稳定性问题，提出一种 dq 旋转坐标系下输出阻抗建模的稳定性分析方法。文献 [218] 以平均值模型为基础，建立了包括风电场在内的直流系统小信号模型以模拟小干扰动态响应。文献 [219] 推导固态变压器、网络线路及负荷模型的状态空间方程，建立完整的微网小信号模型，通过对小信号进行分析，研究了系统的状态矩阵特征值以及影响系统稳定性的主要参量。受此启发，本节引入小信号分析法对双馈风电机组传动链进行阻尼特征分析。

11.8　小信号分析法

在一个包含直流电源和交流电源的非线性电路中，如果直流电源电压远大于交流励磁电源的幅值（或有效值），则称该交变电源为小信号。如果非线性电路中包含直流电源和非正弦电源，且直流电源电压远大于交变电源的幅值（或有效值），也称其为小信号。严格意义上来说，当将非线性电阻在其静态工作点附近进行泰勒级数展开时，假如将其 2 次及其更高次项所造成的误差忽略，则此时的激励信号称其为小信号[220]。下面通过一个电路来解释小信号分析法的原理与步骤。

在图 11-27 的电路中，有一个激励源 $U_s + u_s(t)$，并表示为

$$U_s + u_s(t) = A + B \times \sin\omega t \tag{11-24}$$

由于 $B << A$，则 $u_s(t)$ 为小信号。根据基尔霍夫定律，电路方程可表示为

$$U_s + u_s(t) = R_s \times i(t) + u(t) \tag{11-25}$$

当小信号 $u_s(t) = 0$ 时，电路的方程表示为

$$U_s = R_s \times i(t) + u(t) \tag{11-26}$$

上述电路方程的解称为此电路的工作点 $P(I_Q, U_Q)$，也即有

$$U_s = R_s I_Q + U_Q \tag{11-27}$$

令非线性电阻的 VCR 方程为：$u(t) = f[i(t)]$，则 $u_s(t) = 0$ 时，工作点满足关系 $U_Q = f(I_Q)$。

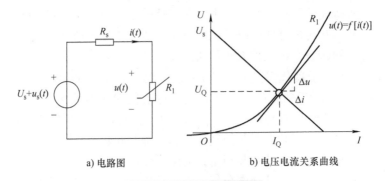

a) 电路图　　　　　　　　b) 电压电流关系曲线

图 11-27　非线性电路

当小信号电压由零变为 $u_s(t)$ 时，电路中小信号电压变为 Δu，电流变为 Δi，根据叠加定理，电路中电压和电流分别为

$$\begin{cases} u(t) = U_Q + \Delta u \\ i(t) = I_Q + \Delta i \end{cases} \tag{11-28}$$

根据非线性电阻的 VCR 方程，上式中电压和电流有下述关系：

$$U_Q + \Delta u = f(I_Q + \Delta i) \tag{11-29}$$

在工作点 $P(I_Q, U_Q)$ 处将函数 $f(I_Q + \Delta i)$ 展开成泰勒级数，可得：

$$U_Q + \Delta u = f(I_Q) + f'(I_Q)\Delta i + \frac{1}{2}f''(I_Q)\Delta i^2 + \cdots \tag{11-30}$$

将上式泰勒级数中的二阶及以上的高阶项略去有

$$U_Q + \Delta u \approx f(I_Q) + f'(I_Q)\Delta i \tag{11-31}$$

式中，$f'(I_Q) = \dfrac{\mathrm{d}u}{\mathrm{d}i}\Big|_{i=I_Q} = R_d$，$R_d$ 称为动态电阻。

此时的电路方程表示为：

$$U_s + u_s \approx R_s(I_Q + \Delta i) + U_Q + f'(I_Q)\Delta i \tag{11-32}$$

$$u_s = R_s\Delta i + f'(I_Q)\Delta i \tag{11-33}$$

式（11-33）即为电路的小信号方程。通过以上小信号分析法的过程，了解了小信号分析的基本原理，接下来利用该方法对所双馈风力发电机组的传动链模型进行分析。

11.9　基于小信号分析的故障谐波抑制

11.9.1　传动链阻尼分析

一般来说，风电机组传动系可等效为 1、2 至 3 个质量块[128]。文献 [128] 和 [129] 针对双馈风电机组中可以进行简化或降阶的模块分别进行简化，由此获得了不同的双馈风电机组简化模型，然后分别讨论了不同传动链等效模型的特点以及对双馈发电机运行性能的影响。通过对比分析发现，两个质量块模型中不仅包含了机组的主要组件，还考虑了机组传动链的柔性和阻尼，能够更加准确地代表传动链特性。

　　由于接下来需要对机组的阻尼特点进行研究，故此采用两质量块模型来研究机组传动系的动态特性，将风力机等效为一个质量块，齿轮箱和发电机等效为第二个质量块，两质量块之间有表征传动轴柔性的弹簧和阻尼连接，机组传动链示意图和两质量块模型分别见图 11-28 和图 11-29 所示。

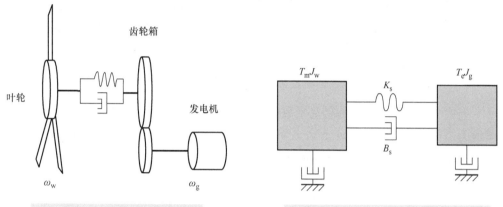

图 11-28　机组传动链示意图　　　　图 11-29　机组传动链两质量块模型

　　根据上图的两质量块模型可得机组传动链运动方程：

$$\begin{bmatrix} \dot{\theta}_s \\ \dot{\omega}_w \\ \dot{\omega}_g \end{bmatrix} = \begin{bmatrix} 0 & 1 & -1 \\ -K_s/J_w & -B_s/J_w & B_s/J_w \\ K_s/J_g & B_s/J_g & -B_s/J_g \end{bmatrix} \begin{bmatrix} \theta_s \\ \omega_w \\ \omega_g \end{bmatrix} + \begin{bmatrix} 0 \\ T_m/J_w \\ -T_e/J_g \end{bmatrix} \quad (11\text{-}34)$$

式中，θ_s 为机组传动轴扭转角度；ω_w 与 ω_g 分别为叶轮和发电机的角速度；J_w 为叶轮转动惯量；J_g 为齿轮箱和发电机的等效转动惯量；K_s 为传动链等效刚性系数；B_s 为阻尼系数；T_m 为叶轮的气动转矩；T_e 为发电机的电磁转矩。

　　在对式（11-34）分析之前，对相关参数进行简化处理。由于叶轮的转动惯量远大于发电机和齿轮箱的转动惯量，即 $J_w \gg J_g$，因此，在进行小信号分析时叶轮转速可看作一稳态值[213,214]。在此基础上，对式（11-34）进行小信号分析可得机组传动链的小信号模型：

$$\begin{cases} \Delta\dot{\theta}_s = -\Delta\omega_g \\ \Delta\dot{\omega}_r = -\dfrac{K_s}{J_w}\Delta\theta_s + \dfrac{B_s}{J_w}\Delta\omega_g \\ \Delta\dot{\omega}_g = \dfrac{K_s}{J_g}\Delta\theta_s - \dfrac{B_s}{J_g}\Delta\omega_g - \dfrac{1}{J_g}\dfrac{\mathrm{d}T_e}{\mathrm{d}\omega_g}\Delta\omega_g \\ \Delta\dot{\theta}_s = \Delta\dot{\omega}_r - \Delta\dot{\omega}_g \end{cases} \quad (11\text{-}35)$$

由上述公式可进一步求得传动链扭转角 θ_s 的动态方程为

$$\Delta\ddot{\theta}_s + 2\xi\omega_n\Delta\dot{\theta}_s + \omega_n{}^2\Delta\theta_s = 0 \tag{11-36}$$

式中，ω_n 为系统的固有谐振频率；ξ 为系统的阻尼系数。

ω_n 和 ξ 的表达式分别为

$$\omega_n = \sqrt{K_s\left(\frac{1}{J_w} + \frac{1}{J_g}\right)} \tag{11-37}$$

$$\xi = \frac{B_s(J_w + J_g)}{2J_wJ_g\omega_n} + \frac{1}{2J_g\omega_n}\frac{dT_e}{d\omega_g} \tag{11-38}$$

在上式（11-38）中，由于 $J_w \gg J_g$，并且 $J_g \gg B_s$，因此上式可以进一步简化为

$$\xi \approx \frac{1}{2J_g\omega_n}\frac{dT_e}{d\omega_g} \tag{11-39}$$

上式即为系统传动链的阻尼系数表达式，由此可知，阻尼系数与发电机的转动惯量 J_g、机组的固有频率 ω_n 有关，除此之外，阻尼系数还和 DFIG 的电磁转矩对发电机转速导数有关（即两者小信号比值）。其中转动惯量 J_g 以及固有频率 ω_n 都是机组的固有参数，是由机组本身确定的。但是（$dT_e/d\omega_g$）却是变量，当（$dT_e/d\omega_g$）> 0 时，机组有阻尼的作用，并且（$dT_e/d\omega_g$）越大则机组的阻尼越大[213,214]。所以，为了增加机组传动链的阻尼，抑制载荷波动及其造成的系统电气参量谐波，考虑在机组的电磁转矩中增加一个与转速小信号相关的补偿增加系统阻尼。

但是如要采取电磁转矩补偿控制，则面临如下两个问题需要解决。首先，DFIG 常用的控制策略是以发电机有功、无功功率为控制目标，转子电流和电压为控制对象的，如何在基于功率反馈控制的系统中实施电磁转矩的补偿是首先需要解决的问题。第二个问题是如何获取转速的小信号，无论是在实际的风电场还是在仿真模型中，转速的小信号都是一个不易测量也不易仿真的量，因此考虑从 DFIG 的数学模型和相关方程入手，寻求小信号与其他参量之间的关系。另外当电磁转矩增加补偿后，对机组的其他参数会产生影响，比如电磁功率，由于电磁转矩的增加也会增加，而这也正好可以在一定程度上弥补气动不对称故障所造成的功率下降问题。

11.9.2 等效电磁转矩控制

根据第 2 章中图 2.7 所示的机侧变流器定子电压定向矢量控制（SVO – VC）框图，在采用了 d 轴定子电压定向的情况下，DFIG 的有功功率和无功功率获得了近似的解耦。

在这个控制策略中，控制量是转子的 d、q 轴电流，控制目标是保证机组的有功和无功功率输出的稳定，此即典型的基于功率反馈控制的机侧变流器 SVO – VC

策略。

下面分析机侧变流器 SVO – VC 模式下电磁转矩与转子 d、q 轴电流以及 DFIG 功率的关系。首先写出 DFIG 电磁转矩通用的表达式:

$$T_{e} = n_{p}(\psi_{sd}i_{sq} - \psi_{sq}i_{sd}) = n_{p}L_{m}(i_{sq}i_{rd} - i_{sd}i_{rq}) \tag{11-40}$$

式中,ψ_{sd}、ψ_{sq} 分别为定子磁链 d、q 分量;i_{sd}、i_{sq}、i_{rd}、i_{rq} 分别为定、转子电流 d、q 分量;n_{p} 为极对数。

在忽略定子电阻 R_{s} 的情况下,DFIG 定子电压矢量 $\boldsymbol{U}_{s}$ 与定子电流矢量 $\boldsymbol{I}_{s}$、定子磁链矢量 $\boldsymbol{\psi}_{s}$ 之间有如下近似关系:

$$\boldsymbol{U}_{s} = -R_{s}\boldsymbol{I}_{s} + j\omega_{1}\boldsymbol{\psi}_{s} \approx j\omega_{1}\boldsymbol{\psi}_{s} \tag{11-41}$$

在 RSC SVO – VC 控制模式下,采用 d 轴定子电压定向矢量控制后,可得定子电压的 d、q 轴分量 u_{sd}、u_{sq} 为

$$\begin{cases} u_{sd} = |\boldsymbol{U}_{s}| = U_{s} \approx -\omega_{1}\psi_{sq} \\ u_{sq} = 0 \approx \omega_{1}\psi_{sd} \end{cases} \tag{11-42}$$

式中,U_{s} 为定子电压幅值。

结合上述公式,不难得出:

$$\begin{cases} \varphi_{sq} = -\dfrac{u_{sd}}{\omega_{1}} = -\dfrac{U_{s}}{\omega_{1}} \\ \varphi_{sd} = 0 \end{cases} \tag{11-43}$$

将上式(11-43)代入电磁转矩表达式(11-40)中可得:

$$T_{e} \approx \frac{n_{p}}{\omega_{1}}U_{s}i_{sd} \tag{11-44}$$

取式(2-41)所给出的 DFIG 磁链方程前两行,有

$$\begin{cases} \psi_{sd} = -L_{s}i_{sd} + L_{m}I_{rd} \\ \psi_{sq} = -L_{s}i_{sq} + L_{m}I_{rq} \end{cases} \tag{11-45}$$

根据上式可得定、转子 d 轴电流 i_{sd}、i_{rd} 的关系为

$$i_{sd} = \frac{L_{m}}{L_{s}}i_{rd} \tag{11-46}$$

将上式(11-46)代入式(11-44)中,电磁转矩最终可表示为

$$T_{e} \approx \frac{n_{p}L_{m}}{\omega_{1}L_{s}}U_{s}i_{rd} \tag{11-47}$$

而由第 2 章式(2-50)可知,在 RSC SVO – VC 情况下,定子有功功率的表达式为

$$P_{s} = \frac{L_{m}}{L_{s}}U_{s}i_{rd} \tag{11-48}$$

对比式(11-47)和式(11-48),不难发现下述关系:

$$T_{\mathrm{e}} \approx \frac{P_{\mathrm{s}}}{\Omega_1} = \frac{n_{\mathrm{p}}}{\omega_1}P_{\mathrm{s}} \tag{11-49}$$

式中，$\Omega_1 = \omega_1/n_{\mathrm{p}}$。

由于在式（11-41）中忽略了定子电阻，因此电磁转矩和有功功率存在上述的近似关系。式（11-48）是机侧变流器经典的功率反馈控制策略中外环定子有功功率设计的基础公式，通过控制转子的 d 轴电流能够对有功功率进行控制，同时也是功率反馈的计算公式。

通过式（11-44）可知控制转子的 d 轴电流也能够对 DFIG 电磁转矩进行有效控制，因此考虑在图 2-7 所示的控制策略中，将电磁功率的反馈控制改为对电磁转矩的反馈控制。反馈回路中，继续使用原来的有功功率的实际计算值 P_{s}，忽略定子铜耗时，用 P_{s} 除以 $(\omega_1/n_{\mathrm{p}})$，获得电磁转矩的反馈值；也可用 P_{s} 加上定子铜耗获得电磁功率，再除以 $(\omega_1/n_{\mathrm{p}})$，得到电磁转矩的反馈值，并与电磁转矩给定值 T_{e}^* 进行比较，经过 PI 控制得到转子 d 轴电流的给定值，并进一步获得转子电压的参考值提供给 PWM 进行控制。修改后的等效电磁转矩控制框图如图 11-30 所示。

为了便于分析，对图 11-30 中的电磁转矩反馈控制进行简化，由于机组的电气时间常数较小，因此电磁转矩响应速度很快，可以将电磁转矩的控制简化为一比例环节，认为电磁转矩能迅速跟上给定值，图 11-31 给出了基于电磁转矩反馈的矢量控制策略的简化控制框图。因此机组电磁转矩可以表示成：

$$T_{\mathrm{e}} = K_{\mathrm{K}}T_{\mathrm{e}}^* \tag{11-50}$$

式中，K_{K} 为比例系数。

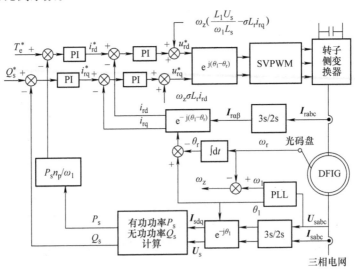

图 11-30　电磁转矩反馈控制策略

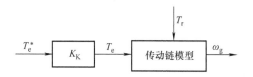

图 11-31　电磁转矩反馈的矢量控制简化框图

11.9.3　转矩补偿分析

当由功率反馈改为电磁转矩反馈控制之后，可以在电磁转矩控制中增加一个补偿 T_{ecomp}，该补偿项与发电机转速小信号有关，能起到增大机组阻尼的作用。结合图 11-30 可以得到增加转矩补偿后的机组简化控制框图，如图 11-32 所示。

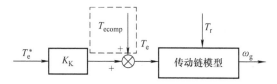

图 11-32　转矩补偿控制简化框图

根据图（11-32）可得增加补偿后机组的电磁转矩为

$$T_e = K_K T_e^* + T_{ecomp} = K_K T_e^* + K_c \Delta \omega_g \tag{11-51}$$

式中，K_c 为阻尼强度。

对式（11-51）求导可得：

$$T_e' = K_K (T_e^*)' + K_c (\Delta \omega_g)' \tag{11-52}$$

对式（11-52）进行小信号分析可得：

$$(\Delta T_e)' = K_K (\Delta T_e^*)' + K_c (\Delta \omega_g)' \tag{11-53}$$

对式（11-34）的小信号和式（11-53）进行拉氏变换并求取以 ΔT_e^* 为输入，$\Delta \omega_g$ 为输出的传递函数，可表示成下式：

$$G(s) = \frac{G K_K \left[J_r s^2 + (B_s - \partial T_w / \partial \omega_w) s + K_s \right]}{J_g J_r s^3 + a s^2 + b s + K_s (K_c + \partial T_w / \partial \omega_w)} \tag{11-54}$$

式中，$a = J_g B_s + J_r B_s - J_g (\partial T_w / \partial \omega_w) + K_c J_r$）；

$b = J_g K_s + J_r K_s + K_c B_s + (B_s - K_c)(\partial T_w / \partial \omega_w)$。

根据上述控制框图计算出的控制系统传递函数可画出传函的幅频、相频曲线，如图 11-33 所示。

由图 11-33 可知，采用转矩增益补偿之后，发电机转速在谐振频率附近的响应幅值有明显的下降，但是随着阻尼强度系数 K_c 的增加，转速的响应变慢，因此需要对阻尼强度系数 K_c 进行合理的选取，以权衡两方面的利弊。

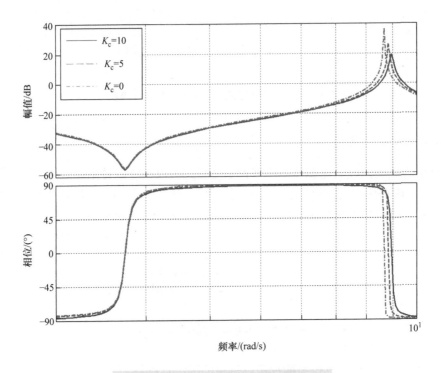

图 11-33 采用补偿后的系统频域特性

11.9.4 转速小信号分析

通过上述分析，转矩补偿值应与发电机转速的小信号成正比，下面通过对 DFIG 的数学模型进行分析，间接地获取转速的小信号。首先对 DFIG 的功率关系进行分析。令 P_e 为 DFIG 定、转子输出总电磁功率，则有[3]：

$$P_e = \mathrm{Re}[\mathrm{j}\omega_1 \boldsymbol{\Psi}_s \hat{\boldsymbol{I}}_s] + \left\{ -\mathrm{Re}[\mathrm{j}\omega_z \boldsymbol{\Psi}_r \hat{\boldsymbol{I}}_r] \right\} = P_{es} - P_{er} \qquad (11\text{-}55)$$

式中，P_{es} 为定子输出电磁功率；P_{er} 为转子输出电磁功率；$\boldsymbol{\Psi}_s$、$\boldsymbol{I}_s$、$\boldsymbol{\Psi}_r$、$\boldsymbol{I}_r$ 分别是定、转子的磁链和电流矢量；式中负号的原因是转子采用了电动机惯例。

将上式中两部分电磁功率按 d、q 分量展开：

$$\begin{aligned}
P_{es} &= \mathrm{Re}[\mathrm{j}\omega_1 \boldsymbol{\Psi}_s \hat{\boldsymbol{I}}_s] \\
&= \omega_1 \mathrm{Re}[\mathrm{j}(\varphi_{sd} + \mathrm{j}\varphi_{sq})(i_{sd} - \mathrm{j}i_{sq})] \\
&= \omega_1 (\varphi_{sd} i_{sq} - \varphi_{sq} i_{sd}) \\
&= \omega_1 [(-L_s i_{sd} + L_m i_{rd}) i_{rq} - (L_s i_{sq} + L_m i_{rq}) i_{rd}] \\
&= \omega_1 L_m (i_{rd} i_{sq} - i_{rq} i_{sd})
\end{aligned} \qquad (11\text{-}56)$$

$$\begin{aligned}
P_{er} &= \mathrm{Re}[\mathrm{j}\omega_z \boldsymbol{\Psi}_r \hat{\boldsymbol{I}}_r] \\
&= \omega_z \mathrm{Re}[\mathrm{j}(\varphi_{rd} + \mathrm{j}\varphi_{rq})(i_{rd} - \mathrm{j}i_{rq})]
\end{aligned}$$

$$= -\omega_z(\varphi_{rq}i_{rd} - \varphi_{rd}i_{rq})$$
$$= -\omega_z[(-L_m i_{sq} + L_r i_{rq})i_{rd} - (-L_m i_{sd} + L_r i_{rd})i_{rq}]$$
$$= \omega_z L_m(i_{rd}i_{sq} - i_{rq}i_{sd}) \tag{11-57}$$

由以上两式可以求得 DFIG 输出的总电磁功率为

$$P_e = P_{es} - P_{er}$$
$$= \omega_1 L_m(i_{rd}i_{sq} - i_{rq}i_{sd}) - \omega_z L_m(i_{rd}i_{sq} - i_{rq}i_{sd})$$
$$= \omega_g L_m(i_{rd}i_{sq} - i_{rq}i_{sd}) \tag{11-58}$$

对比上面的三个公式，可知 $P_{er} = sP_{es}$，$P_e = (1-s)P_{es}$，$P_{er} = s/(1-s)P_e$。

DFIG 定、转子输出有功功率 P_s、P_r 与各自电磁功率关系分别可表示为

$$P_s = P_{es} - P_{cus} \tag{11-59}$$

$$P_r = P_{er} + P_{cur} \approx P_{er} \tag{11-60}$$

式中，P_{cus} 为定子绕组铜耗；P_{cur} 为转子绕组铜耗。

结合 DFIG 电磁功率和电磁转矩的关系有：$P_e = T_e \omega_g / n_p$，因此不难得出：

$$P_r \approx \frac{s}{(1-s)n_p}T_e \omega_g \tag{11-61}$$

根据双馈风电机组直流母线两侧的功率平衡公式：

$$U_{dc}i_{dc} = P_g - P_r \tag{11-62}$$

式中，U_{dc} 和 i_{dc} 分别为直流母线的电压和电流；P_g 为网侧变流器输出的有功功率。

将式（11-61）代入上式（11-62）有

$$U_{dc}i_{dc} = P_g - P_r = P_g - \frac{s}{(1-s)n_p}T_e \omega_g \tag{11-63}$$

由于发电机转动惯量较大，电机的电磁转矩响应相比转速响应要快很多，因此在对式（11-63）进行小信号分析时，电磁转矩动态响应不计，可得：

$$U_{dc}i_{dc} = \left[P_g - \frac{s}{(1-s)n_p}T_{eQ}\omega_{gQ}\right] - \frac{s}{(1-s)n_p}T_{eQ}\Delta\omega_g \tag{11-64}$$

在稳态工作点时，DFIG RSC 和 GSC 之间功率平衡，因此有

$$U_{dc}i_{dcQ} = P_{gQ} - \frac{s_Q}{(1-s_Q)n_p}T_{eQ}\omega_{gQ} = 0 \tag{11-65}$$

转速发生小扰动后，转差率可认为变化很小，$s \approx s_Q$，且 $P_g \approx P_{gQ}$，因此在式（11-64）中，等号右侧前两项可近似为 0，故电机转速的小信号可表达为

$$T_{eQ}\Delta\omega_g = \frac{(s-1)n_p}{s}U_{dc}i_{dc} \tag{11-66}$$

在式（11-66）中，U_{dc} 和 n_p 为定值，s 亦可计算，因此转速的小信号与直流母线的电流成正比，因此通过对直流母线电流 i_{dc} 的检测实现对发电机转速的小信号的跟踪。为了避免增加对稳态工作点转矩 T_{eQ} 的计算，可直接将电磁转矩的补偿值 T_{ecomp} 表示成：

$$T_{\text{ecomp}} = K_{\text{comp}}\left[\frac{(s-1)n_{\text{p}}}{s}U_{\text{dc}}i_{\text{dc}}\right] \qquad (11\text{-}67)$$

式中，K_{comp} 为补偿强度。

　　具体的控制修改流程为：修改原有的 DFIG 有功功率控制模式，改为电磁转矩控制，在反馈回路中将有功功率进行处理以获得电磁转矩；实时检测直流母线的电流，并加入低通滤波器将直流母线电流中的高开关频率滤除[214]；按照式（11-67)进行电磁转矩补偿。

11.10 仿真验证

　　为了进一步对上面所提的的基于小信号分析的转矩补偿控制策略进行验证，利用第 2 章所建立的仿真平台进行仿真分析。按照式（11-67），经多次实验后取 K_{comp} 为 0.0025。分别进行恒定风速以及随机湍流风速下增加转矩补偿前后的仿真研究，下面给出所提控制策略加入前后的仿真结果对比。

1. 恒定风速下仿真

　　仿真条件为恒定风速 10.8m/s，发电机转速约 1768r/min，此时叶轮转速 19.65r/min，相应的一倍转频 1P 为 0.3275Hz。

　　通过图 11-34 和图 11-35 可以看出，在没有加入所提的补偿控制时，发电机转速、有功功率均有周期脉动，脉动频率约 1P；在增加阻尼控制后，发电机转速和机组功率的波动幅值较大程度的减小。由图 11-36 发电机转速 FFT 频谱图中也能看到相同的效果。电磁转矩分析结果与功率类似，故未给出。

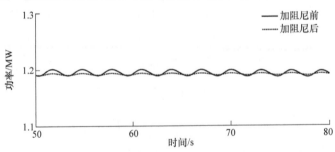

图 11-34　功率对比

　　图 11-37 和图 11-38 分别给出增加阻尼控制前后转子电流和定子电流时域波形的对比图，在加阻尼控制之前定、转子电流都含有调制谐波成分，调制频率约为 0.33Hz。在加入阻尼控制之后，定、转子电流的调制得到了较大程度的衰减。从图 11-39 的定子电流 HED 对比图中也可看到相同的效果。转子电流 HED 与图 11-39类似，故也未给出。

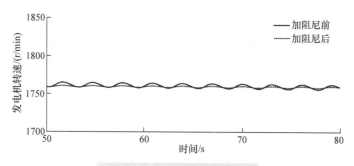

图 11-35　发电机转速对比

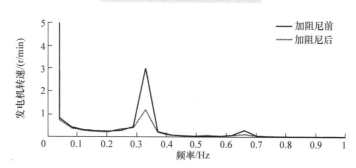

图 11-36　发电机转速 FFT 对比

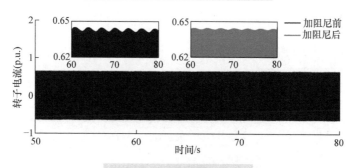

图 11-37　转子电流对比

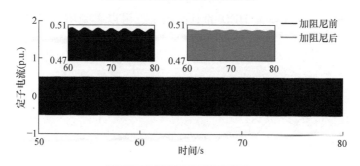

图 11-38　定子电流对比

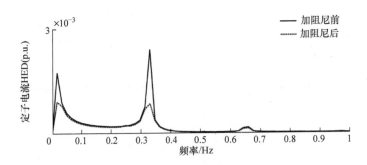

图 11-39　定子电流 HED 对比

2. 随机风速下的仿真

仿真条件为随机湍流风况，平均风速 $9m/s$，湍流强度 5%。风速为 $9m/s$ 时，对应的叶轮转速为 $16.35r/min$，相应转频约为 $0.27Hz$。故障设置为气动不对称，某一叶片的桨距角增加 $1°$，其他叶片桨距角不变。下面给出增加阻尼前后发电机转速 FFT 以及定子电流 HED 对比图。

图 11-40 所示为增加阻尼前后发电机转速的对比，由图可知在机组控制中增加转矩补偿之后，发电机转速在故障频率 $1PA$（平均转频）处的幅值得到较大幅度衰减。机组功率的对比结果与转速类似。

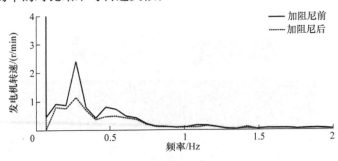

图 11-40　发电机转速 FFT 对比

图 11-41 所示为定子电流 HED 的对比结果，可以看到增加阻尼前后定子电流

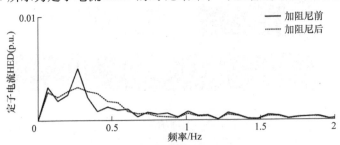

图 11-41　定子电流包络解调对比

中HED包络谱在1PA处的幅值得到了较大程度的衰减，故障谐波得到了较好的抑制。转子电流HED的对比结果与图11-41类似。

11.11 本章小结

本章主要研究了风电机组故障后，DFIG在MPPT和RSC-VC控制下的电气特性，阐释了最大风能追踪和变流器控制对故障的机电特征的影响，以及与未考虑控制策略下故障特征的区别，通过仿真和实验得出了以下结论：

1）叶轮质量不平衡故障初期只是导致机械转矩和叶轮转速中出现频率为叶轮一倍转频的谐波分量，但在MPPT控制模式（Ⅱ）下，为了追踪机组功率-转速曲线上的最优功率，引入了叶轮转速（或发电机转速）的三次方，进而使得机组定、转子电流、电磁转矩和电功率包含多次谐波。

2）DFIG输出功率和电磁转矩包含频率为mf_w（f_w是叶轮一倍转频）的谐波、DFIG定子电流中包含频率为$f_1 \pm mf_w$的谐波、转子电流中包含频率为$f_z \pm mf_w$的谐波（m为正整数，$m=1$，2，3···）。令P代表叶轮转频，则mP为故障特征频率。但由于m越大，谐波的幅值越小，会被淹没在噪声中。

3）质量不平衡时，等效质量块受到的离心力在水平X方向的分力引起塔筒、机舱的前后振动；气动不对称时由于不对称轴向附加力和切向附加力的影响使得机舱和塔筒在水平X和Y方向的振动都增大，并周期波动。在机组采用MPPT控制模式（Ⅱ）时，这些振动的频率不仅包括之前文献中所述及的叶轮转频1P，还包括多倍转频，主要表现在2P和3P。

随着风机大型化发展和柔性化提升，机组一些故障易造成气动转矩周期波动，甚至较大幅度下降，不仅加剧机组的振动，影响机组的寿命，还会进一步影响机组输出的电能质量，降低发电效率。这些问题与风电机组柔性大，阻尼小存在很大关系。本章最后从气动载荷源头出发，沿机组传动链分析机组的阻尼特征，提出了一种增加机组传动链阻尼的转矩补偿策略，在一定程度上抑制了气动载荷的波动，改善了机组电气参量的波形，提高了电能质量。

参 考 文 献

[1] WORLD METEOROLOGICAL ORGANIZATION (WMO). State of the global climate 2021 [R]. Geneva, Switzerland, 2022.

[2] BURTON T, JENKINS N, SHARPE D , et al. Wind Energy Handbook [M]. 2nd ed. London：John Wiley&Sons Ltd, 2011.

[3] 贺益康，胡家兵，Lie XU（徐烈）. 并网双馈异步风力发电机运行控制 [M]. 北京：中国电力出版社，2012.

[4] THE INTERNATIONAL ENERGY AGENCY (IEA). World Energy Outlook [R]. Paris, France, 2021.

[5] GLOBAL WIND ENERGY COUNCIL (GWEC). Global Wind Report 2022 [R]. Brussels, Belgium, 2022.

[6] 中华人民共和国国民经济和社会发展第十四个五年规划和 2035 年远景目标纲要 [Z]. 北京：2021.

[7] 国家可再生能源中心. 中国风电发展路线图 2050 [R]. 北京：2014.

[8] 姜红丽，刘羽茜，冯一铭，等. 碳达峰、碳中和背景下"十四五"时期发电技术趋势分析 [J]. 发电技术，2022，43（1）：54－64.

[9] 中国电力知库. 2021 年全国电力版图 [EB/OL]. [2022－7－31]. https：//www. 163. com/dy/article/H1MVBGKL05509P99. html.

[10] 李铮，郭小江，申旭辉，等. 我国海上风电发展关键技术综述 [J]. 发电技术，2022，43（02）：186－197.

[11] RIBRANT J , BERTLING L M . Survey of failures in wind power systems with focus on Swedish wind power plants during 1997－2005 [J]. IEEE Transactions on Energy Conversion, 2007, 22：167－173.

[12] CRISTIAN B. Modeling lifetime of high power IGBTs in wind power applications－An overview [C]. IEEE International Symposium on Industrial Electronics (ISIE), Gdansk, Poland, 2011：1408－1413.

[13] INTERNATIONAL ELECTROTECHNICAL COMMISSION (IEC). Wind energy generation systems－Part 1：Design requirements：IEC61400－1：2019 [S]. 2019.

[14] 蔡新，潘盼，朱杰，等. 风力发电机叶片 [M]. 北京：中国水利水电出版社，2014.

[15] 杭俊，张建忠，程明，等. 风力发电系统状态监测与故障诊断技术综述 [J]. 电工技术学报，2013，28（4）：261－271.

[16] HAMEED Z, HONG Y S, CHO Y M, et al. Condition monitoring and fault detetion of wind turbines and related algorithms：A review [J]. Renewable and Sustainable Energy Reviews, 2009, 13（1）：1－39.

[17] MARQUEZ F P G, TOBIAS A M, PEREZ J M P, et al. Condition monitoring of wind turbines：techniques and methods [J]. Renewable Energy, 2012, 46：169－178.

[18] HYERS R W, MCGOWAN J G, SULLIVAN K L, et al. Condition monitoring and prognosis of utility scale wind turbines [J]. Energy Materials, 2006, 1（3）：187－203.

[19] THOMSEN K, RASMUSSEN F, ØYE S, et al. Loads and dynamics for stall regulated wind turbines – Report RisØ – R –655 (EN) [R]. RisØ National Laboratory, Denmark. 1993.

[20] CASELITZ P, GIEBHARDT J. Rotor Condition monitoring for improved operational safety of offshore wind energy converters [J]. Journal of Solar Energy Engineering, 2005, 127 (2): 253 –261.

[21] RONNY R, JENNY N. Imbalance estimation without test masses for wind turbines [J]. Journal of Solar Energy Engineering, 2009, 131 (1): 0110101 –0110107.

[22] JENNY N, RONNY R, THIEN T N. Mass and aerodynamic imbalance estimates of wind turbines [J]. Energies, 2010 (3): 696 –710.

[23] JEFFRIES W Q. Experience with bicoherence of electrical power for condition monitoring of wind turbine blades [J]. IEEE Proceedings on Vision, Image and Signal Processing, 1998, 145 (3): 141 –148.

[24] TSAI C S. Enhancement of damage – detection of wind turbine blades via CWT – based approaches [J]. IEEE Transactions on Energy Conversion, 2006, 21 (3): 776 –781.

[25] GARDELS D J, QIAO W, GONG X. Simulation studies on imbalance faults of wind turbines [C]. 2010 IEEE Power & Energy Society General Meeting, Minneapolis, USA, 2010: 1 –5.

[26] GONG X, QIAO W. Simulation investigation of wind turbine imbalance faults [C]. International Conference on Power System Technology, Hangzhou, China, 2010.

[27] GONG X, QIAO W. Imbalance fault detection of direct – drive wind turbines using generator current signals [J]. IEEE Transactions on Energy Conversion, 2012, 27 (2): 468 –476.

[28] WERNICKE J, SHADDEN J, KUHNT S, et al. Field experience of fibre optical strain sensors for providing real time load information from wind turbine blades during operation [C]. European wind energy conference, London, UK, 2004: 22 –25.

[29] DUNKERS J P. Applications of optical coherence tomography to the study of polymer matrix composites: Handbook of optical coherence tomography [M]. Marcel: Dekkar Inc., 2002.

[30] DUTTON A G, BLANCH M J, VIONIS P, et al. Acoustic emission condition monitoring of wind turbine rotor blades: laboratory certification testing to large scale in – service deployment [C]. Proceedings of the 2001 European wind energy conference, Copenhagen, Denmark, 2001.

[31] SORENSEN B F, LADING L, SENDRUP P, et al. Fundamentals for remote structural health monitoring of wind turbine blades a preproject [M]. Denmark: RisØ National Laboratory, 2002.

[32] KRAMER S G M, LEON F P, APPERT B. Fiber optic sensor network for lighting impact localization and classification in wind turbines [C]. 2006 IEEE International Conference on Multisensor Fusion and Integration for Intelligent Systems, Heidelberg, Germany, 2006: 173 –178.

[33] 陈严, 张林伟, 刘雄, 等. 水平轴风力机叶片疲劳载荷的计算分析 [J]. 太阳能学报, 2013, 34 (05): 902 –908.

[34] 王萌. 大型水平轴风力机叶片载荷计算与疲劳分析 [D]. 乌鲁木齐: 新疆大学, 2013.

[35] JIANG D X, HUANG Q, IIONG L Y. Theoretical and experimental study on wind wheel imbalance for a wind turbine [C]. World Non – Grid – Connected Wind Power and Energy Conference, Nanjing, China, 2009.

[36] 杨涛, 任永, 刘霞, 等. 风力机叶轮质量不平衡故障建模及仿真研究 [J]. 机械工程学报, 2012, 48 (6): 130 – 135.

[37] 杭俊, 张建忠, 程明, 等. 直驱永磁同步风电机组叶轮不平衡和绕组不对称的故障诊断 [J]. 中国电机工程学报, 2014 (9): 1384 – 1391.

[38] 李辉, 杨东, 杨超, 等. 基于定子电流特征分析的双馈风电机组叶轮不平衡故障诊断 [J]. 电力系统自动化, 2015, 39 (13): 32 – 37.

[39] 宋中波, 夏晖. 探讨不拆卸叶轮测定叶片不平衡度方法 [J]. 设备管理与维修, 2012, (8): 18 – 19.

[40] ZHAO M H, JIANG D X, LI S H. Research on fault mechanism of icing of wind turbine blades [C]. World Non – Grid – Connected Wind Power and Energy Conference, Nanjing, China, 2009.

[41] 冯永新, 杨涛, 任永, 等. 风力机气动力不对称故障建模与仿真 [J]. 振动、测试与诊断, 2014, 34 (5): 890 – 897.

[42] 国电联合动力技术有限公司. 一种风力发电机组叶片气动不平衡检测方法及其装置: 201110270764. 9 [P]. 2011 – 09 – 14.

[43] 夏长亮. 永磁风力发电系统运行与控制 [M]. 北京: 科学出版社, 2012.

[44] 黄守道. 直驱永磁风力发电机设计及并网控制 [M]. 北京: 电子工业出版社, 2014.

[45] ESTEFANIA A, ANDRES H E, EMILIO G L. Current signature analysis to monitor DFIG wind turbine generators: A case study [J]. Renewable Energy, 2018, 116: 5 – 14.

[46] STEFANI A, YAZIDI A, ROSSI C, et al. Doubly fed induction machines diagnosis based on signature analysis of rotor modulating signals [J]. IEEE Transaction on Industry Application, 2008, 44: 1711 – 1721.

[47] CASADEI D, FILIPPETTI F, ROSSI C, et al. Closed loop bandwidth impact on doubly fed induction machine asymmetries detection based on rotor voltage signature analysis [C]. Proceedings of the 2008 43rd International Universities Power Engineering Conference, Padova, Italy, 2008: 1 – 5.

[48] 戴志军. 基于改进 HHT 的双馈风力发电机定转子故障诊断研究与实现 [D]. 上海: 上海电机学院, 2015.

[49] WILLIAMSON S, DJUROVIĆ S. Origins of stator current spectra in DFIGs with winding faults and excitation asymmetries [C]. Proceedings of the 2009 IEEE International Electric Machines and Drives Conference, Miami, FL, USA, 2009: 563 – 570.

[50] GRITLI Y, ZARRI L, ROSSI C, et al. Advanced diagnosis of electrical faults in wound – rotor induction machines [J]. IEEE Transaction on Industry Electronic, 2013, 60, 4012 – 4024.

[51] 何水龙, 沈徐红, 蒋占四, 等. 基于 FEM 的双馈发电机定子匝间短路表征因子研究 [J]. 电机与控制应用, 2018, 45 (7): 109 – 115.

[52] DHAVAL S, SUBHASIS N, PRABHAKAR N. Stator – interturn – fault detection of doubly fed induction generators using rotor – current and search – coil – voltage signature analysis [J]. IEEE Transactions on Industry Applications, 2009, 45 (5): 1831 – 1842.

[53] ALBIZU I, TAPIA A, SAENZ J R, et al. On – line stator winding fault diagnosis in induction generators for renewable generation [C]. Proceedings of the 12th IEEE Mediterranean Electro-

technical Conference, Dubrovnik, Croatia, 2004, 2: 932 – 937.

[54] 马宏忠, 张志艳, 张志新, 等. 双馈异步发电机定子匝间短路故障诊断研究 [J]. 电机与控制学报, 2011, 15 (11): 50 – 54.

[55] 何山, 王维庆, 张新燕, 等. 双馈风力发电机多种短路故障电磁场仿真研究 [J]. 电力系统保护与控制, 2013, 41 (12): 41 – 46.

[56] WANG L L, ZHAO Y, JIA W, et al. Fault diagnosis based on current signature analysis for stator winding of doubly fed induction generator in wind turbine [C]. Proceedings of 2014 International Symposium on Electrical Insulating Materials, Niigata, Japan, 2014: 233 – 236.

[57] TAVNER P J. Review of condition monitoring of rotating electrical machines [J]. IET Electric Power Applications, 2008, 2 (4): 215 – 247.

[58] WANG Z Q, LIU C L. Wind turbine condition monitoring based on a novel multivariate state estimation technique [J]. Measurement, 2021, 168: 108388.

[59] RIERA – GUASP M, ANTONINO – DAVIU J A, CAPOLINO G A. Advances in electrical machine, power electronic, and drive condition monitoring and fault detection: State of the art [J]. IEEE Transactions on Industrial Electronics, 2015, 62 (3): 1746 – 1759.

[60] DJUROVIC S, CRABTREE C J, TAVNER P J, et al. Condition monitoring of wind turbine induction generators with rotor electrical asymmetry [J]. IET Renewable Power Generation, 2012, 6 (4): 207 – 216.

[61] ZAGGOUT M, TAVNER P J, CRABTREE C, et al. Detection of rotor electrical asymmetry in wind turbine doubly – fed induction generators [J]. IET Renewable Power Generation, 2014, 8 (8): 878 – 886.

[62] MOOSAVI S M, FAIZ J, ABADI M B, et al. Comparison of rotor electrical fault indices owing to inter – turn short circuit and unbalanced resistance in doubly – fed induction generator [J]. IET Electric Power Applications, 2019, 13 (2): 235 – 242.

[63] SALAH A, DORRELL D G. Operating induction machine in DFIG mode including rotor asymmetry [C]. 2019 Southern African Universities Power Engineering Conference/Robotics and Mechatronics/Pattern Recognition Association of South Africa, Bloemfontein, South Africa, 2019: 469 – 474.

[64] GRITLI Y, STEFANI A, ROSSI C, et al. Advanced rotor fault diagnosis for DFIM based on frequency sliding and wavelet analysis under time – varying condition [C]. 2010 IEEE International Symposium on Industrial Electronics, Bari, Italy, 2010: 2607 – 2614.

[65] GRITLI Y, ROSSI C, CASADEI D, et al. A diagnostic space vector – based index for rotor electrical fault detection in wound – rotor induction machines under speed transient [J]. IEEE Transactions on Industrial Electronics, 2017, 64 (5): 3892 – 3902.

[66] IBRAHIM R K, WATSON S. Effect of power converter on condition monitoring and fault detection for wind turbine [C]. 8th IET International Conference on Power Electronics, Machines and Drives, Glasgow, UK, 2016.

[67] ROSHANFEKR R, JALILIAN A. Wavelet – based index to discriminate between minor inter – turn short – circuit and resistive asymmetrical faults in stator windings of doubly fed induction genera-

tors：a simulation study［J］. IET Generation, Transmission & Distribution, 2015, 10（2）：374 – 381.

［68］QIAO W, LU D. A survey on wind turbine condition monitoring and fault diagnosis – Part Ⅱ：Signals and signal processing methods［J］. IEEE Transactions on Industrial Electronics, 2015, 62（10）6546 – 6557.

［69］IBRAHIM R K, WATSON S J, DJUROVIC S, et al. An effective approach for rotor electrical asymmetry detection in wind turbine DFIGs［J］. IEEE Transactions on Industrial Electronics, 2018, 65（11）：8872 – 8881.

［70］YANG W, TAVNER P J, TIAN W. Wind turbine condition monitoring based on an improved spline – kernelled chirplet transform［J］. IEEE Transaction on Industrial Electronics, 2015, 62（10）：6565 – 6574.

［71］SAEID J, JAVAD P. Fault diagnosis of an induction motor using data fusion based on neural networks［J］. IET Science Measurement Technology, 2021, 15（8）：681 – 689.

［72］李俊卿，何龙，王栋. 双馈式感应发电机转子匝间短路故障的负序分量分析［J］. 大电机技术，2014（2）：14 – 18.

［73］李俊卿，张立鹏，于海波. 基于探测线圈法的双馈式发电机转子匝间短路槽的定位研究［J］. 大电机技术，2015, 3：20 – 23.

［74］魏书荣，任子旭，符杨，等. 基于双侧磁链观测差的海上双馈风力发电机转子绕组匝间短路早期故障辨识［J］. 中国电机工程学报，2019, 39（5）：1470 – 1479.

［75］GHOGGAL A. A new model of rotor eccentricity in induction motors considering the local air – gap over – flux concentration［J］. International Journal of Applied Electromagnetics and Mechanics,（2013）, 42（4）：519 – 537.

［76］常悦，徐正国. 基于振动信号分析的感应电机气隙偏心故障诊断［J］. 上海应用技术学院学报（自然科学版），2015, 15（2）：135 – 138.

［77］戈宝军，毛博，林鹏，等. 无刷双馈电机转子偏心对气隙磁场的影响［J］. 电工技术学报，2020, 35（03）：502 – 508.

［78］阚超豪，丁少华，刘祐良，等. 基于气隙磁场分析的无刷双馈电机偏心故障研究［J］. 微电机，2017, 50（03）：5 – 8 + 18.

［79］SUNDARAM V M, TOLIYAT H A. Diagnosis and isolation of air – gap eccentricities in closed – loop controlled doubly – fed induction generators［C］. 2011 IEEE International Electric Machines & Drives Conference（IEMDC）, Niagara Falls, Canada, 2011：1064 – 1069.

［80］BRUZZESE C, TRENTINI F, SANTINI E, et al. Sequence Circuit – Based Modeling of a Doubly Fed Induction Wind Generator for Eccentricity Diagnosis by Split – Phase Current Signature Analysis［C］. 2018 5th International Symposium on Environment – Friendly Energies and Applications（EFEA）, Rome, Italy, 2018：1 – 8.

［81］马宏忠，李思源. 双馈异步风力发电机气隙偏心故障诊断研究现状与发展［J］. 电机与控制应用，2018, 45（03）：117 – 122.

［82］陈勇，梁洪，王成栋，等. 基于改进小波包变换和信号融合的永磁同步电机匝间短路故障检测［J］. 电工技术学报，2020, 35（S1）：228 – 234.

［83］ROMERAL L, URRESTY J C, RUIZ J R R, et al. Modeling of surface – mounted permanent magnet synchronous motors with stator winding interturn faults ［J］. IEEE Transactions on Industrial Electronics, 2011, 58 (5): 1576 – 1585.

［84］DA Y, SHI X D, KRISHNAMURTHY M. A new approach to fault diagnostics for permanent magnet synchronous machines using electromagnetic signature analysis ［J］. IEEE Transactions on Power Electronics, 2013, 28 (8): 4104 – 4112.

［85］HANG J, ZHANG J Z, CHENG M, et al. Online interturn fault diagnosis of permanent magnet synchronous machine using zero – sequence components ［J］. IEEE Transactions on Power Electronics, 2015, 30 (12): 6731 – 6741.

［86］张志艳, 马宏忠, 钟钦, 等. 永磁同步电机不对称运行负序分量特性分析 ［J］. 电测与仪表, 2014, 51 (6): 46 – 50.

［87］HYEYUN J, SEOKBAE M, SANG W K. An early stage interturn fault diagnosis of PMSMs by using negative – sequence components ［J］. IEEE Transactions on Industrial Electronics, 2017, 64 (7): 5701 – 5708.

［88］BOILEAU T, LEBOEUF N, NAHID – MOBARAKEH B, et al. Synchronous demodulation of control voltages for stator interturn fault detection in PMSM ［J］. IEEE Transactions on Power Electronics, 2013, 28 (12): 5647 – 5654.

［89］丁石川, 王清明, 杭俊, 等. 计及模型预测控制的永磁同步电机匝间短路故障诊断 ［J］. 中国电机工程学报, 2019, 39 (12): 3697 – 3707.

［90］HU R G, WANG J B, MILLS A R, et al. Current – residual – based stator interturn fault detection in permanent magnet machines ［J］. IEEE Transactions on Industrial Electronics, 2021, 68 (1): 59 – 69.

［91］杭俊, 胡齐涛, 丁石川, 等. 基于电流残差矢量模平方的永磁同步电机匝间短路故障鲁棒检测与定位方法研究 ［J］. 中国电机工程学报, 2022, 42 (1): 340 – 350.

［92］PARK Y, YANG C, LEE S B, et al. Online detection and classification of rotor and load defects in PMSMs based on Hall sensor measurements ［J］. IEEE Transactions on Industry Applications, 2019, 55 (4): 3803 – 3812.

［93］LIU Z J, HUANG J, LI B N. Diagnosing and distinguishing rotor eccentricity from partial demagnetization of interior PMSM based on fluctuation of high – frequency d – axis inductance and rotor flux ［J］. IET Electric Power Applications, 2017, 11 (7): 1265 – 1275.

［94］李全峰, 黄厚佳, 黄苏融, 等. 表贴式永磁电机转子偏心故障快速诊断研究 ［J］. 电机与控制学报, 2019, 23 (12): 48 – 58, 67.

［95］仇志坚, 李琛, 周晓燕, 等. 表贴式永磁电机转子偏心空载气隙磁场解析 ［J］. 电工技术学报, 2013, 28 (3): 114 – 121.

［96］季洁, 何山, 王维庆, 等. 大型永磁风力发电机偏心故障计算与分析 ［J］. 电机与控制应用, 2016, 43 (10): 96 – 101.

［97］张志艳, 牛云龙, 杨存祥, 等. 永磁风力发电机转子偏心故障分析 ［J］. 微特电机, 2015, 43 (07): 36 – 39.

［98］BASHIR M E, JAWAD F, MEHRSAN J R. Static, dynamic and mixed eccentricity fault diagnoses in permanent – magnet synchronous motors [J]. IEEE Transactions on Industrial Electronics, 2009, 56 (11): 4727 –4739.

[99] MOLLASALEHI E, SUN Q, WOOD D. Wind turbine generator bearing fault diagnosis using amplitude and phase demodulation techniques for small speed variations [J]. Advances in condition monitoring for machinery in non – stationary operations, 2016, 4: 385 – 397.

[100] AN X L, TANG Y J. Application of variational mode decomposition energy distribution to bearing fault diagnosis in a wind turbine [J]. Transactions of the Institute of measurement and control, 2017, 39 (7): 1000 – 1006.

[101] CHEN J L, PAN J, LI Z P, et al. Generator bearing fault diagnosis for wind turbine via empirical wavelet transform using measured vibration signals [J]. Renewable Energy, 2016, 89: 80 – 92.

[102] WANG J, PENG Y Y, WEI Q, et al. Bearing fault diagnosis of direct – dive wind turbines using multi – scale filtering spectrum [J]. IEEE Transaction on Industry Applications, 2017, 53 (3): 3029 – 3038.

[103] 孙鲜明, 陈长征, 周昊. 基于 Hilbert 空间熵的风力发电机轴承故障诊断 [J]. 轴承, 2014, 6: 53 – 56.

[104] 郭俊. 变转速工况下直驱式永磁同步风力发电机轴承故障诊断方法研究 [D]. 合肥: 中国科学技术大学, 2020.

[105] 尹勋, 张新燕, 常喜强, 等. 基于 AR – Hankel 矩阵的风力发电机早期故障诊断方法研究 [J]. 可再生能源, 2016, 34 (1): 80 – 85.

[106] 李梦诗, 余达, 陈子明, 等. 基于深度置信网络的风力发电机故障诊断方法 [J]. 电机与控制学报, 2019, 23 (2): 114 – 123.

[107] CHEN Z Y, LI W H. Multisensor feature fusion for bearing fault diagnosis using sparse autoencoder and deep belief network [J]. IEEE Transactions on Instrumentation and Measurement, 2017, 66 (7): 1693 – 1702.

[108] INCE T, KIRANYAZ S, EREN L, et al. Real – time motor fault detection by 1 – d convolutional neural networks [J]. IEEE Transactions on Industrial Electronics, 2016, 63 (11): 7067 – 7075.

[109] LIU R N, MENG G T, YANG B Y, et al. Dislocated time series convolutional neural architecture: an intelligent fault diagnosis approach for electric machine [J]. IEEE Transactions on Industrial Informatics, 2017, 13 (3): 1310 – 1320.

[110] 孙文珺, 邵思羽, 严如强. 基于稀疏自动编码深度神经网络的感应电动机故障诊断 [J]. 机械工程学报, 2016, 52 (9): 65 – 71.

[111] 李垣江, 张周磊, 李梦含, 等. 采用深度学习的永磁同步电机匝间短路故障诊断方法 [J]. 电机与控制学报, 2020, 24 (9): 173 – 180.

[112] LUO Y F, QIU J Q, SHI C W. Fault detection of permanent magnet synchronous motor based on deep learning method [C]. 2018 21st International Conference on Electrical Machines and Systems, Jeju, Korea, 2018: 699 – 703.

[113] 魏书荣, 张鑫, 符杨, 等. 基于 GRA – LSTM – Stacking 模型的海上双馈风力发电机早期故障预警与诊断 [J]. 2021, 41 (7): 2373 – 2382.

[114] 吴政球, 干磊, 曾议, 等. 风力发电最大风能追踪综述 [J]. 电力系统及其自动化学报, 2009 (4): 88 – 931.

[115] 匡洪海, 吴政球, 李圣清. 基于同步扰动随机逼近算法的最大风能追踪控制 [J]. 电力系统自动化, 2012, 36 (24): 34 – 38.

[116] 郑湘渝, 曹海泉, 湛涛, 等. 双馈风力发电系统最大风能追踪控制的研究 [J]. 电网与清洁能源, 2010, 26 (6): 75 – 80.

[117] TORBJORN T, JAN L. Control by variable rotor speed of a fixed – pitch wind turbine operating in a wide speed range [J]. IEEE Trans on Energy Conversion, 1993, 8 (3): 520 – 526.

[118] DINH – CHUNG PHAN, YAMAMOTO S. Rotor speed control of doubly fed induction generator wind turbines using adaptive maximum power point tracking [J]. Energy, 2016, 111: 377 – 388.

[119] ABDULLAH M A, TAN C W. A Review of maximum power point tracking algorithms for wind for wind energy systems [J]. Renewable and Sustainable Energy Reviews, 2012, 16 (5): 3220 – 3227.

[120] SHANG L, HU J B. Sliding – mode – based direct power control of grid – connected wind – turbine – driven doubly fed induction generators under unbalanced grid voltage conditions [J]. IEEE Transactions on Energy Conversion, 2012, 27 (2): 362 – 373.

[121] HU J F, ZHU J G, ZHANG Y C. Predictive direct virtual torque and power control of doubly – fed induction generators for fast and smooth grid synchronization and flexible power regulation [J]. IEEE Transactions on Power Electronics, 2013, 28 (7): 3182 – 3191.

[122] 夏长亮. 双馈风力发电系统设计与并网运行 [M]. 北京: 科学出版社, 2014.

[123] 刘其辉, 韩贤岁. 双馈风电机组的通用型机电暂态模型及其电磁暂态模型的对比分析 [J]. 电力系统保护与控制, 2014, 42 (23): 89 – 94.

[124] 蔡国平, 洪嘉振. 旋转运动柔性梁的假设模态方法研究 [J]. 力学学报, 2005, 37 (1): 48 – 56.

[125] RAY W C, JOSEPH P. Dynamics of Structures, Third Ed. (M). Computers Structures, Inc., Berkeley, USA, 2003.

[126] 王磊, 陈柳, 何玉林. 基于假设模态法的风力机动力学分析 [J]. 振动与冲击, 2012, 31 (11): 122 – 126.

[127] 刘桦. 风电机组系统动力学模型及关键零部件优化研究 [D]. 重庆: 重庆大学, 2009.

[128] 刘其辉, 韩贤岁. 双馈风电机组模型简化的主要步骤和关键技术分析 [J]. 华东电力. 2014, 42 (5): 839 – 845.

[129] 李辉. 传动链模型参数对双馈风电机组暂态性能影响 [J]. 电机与控制学报, 2010, 1 (3): 24 – 30.

[130] 李东东, 靳希, 束峻峰. 并网风力发电机组轴系动态仿真研究 [J]. 微计算机信息, 2006, 22 (4): 278 – 279.

[131] 赵梅花. 双馈风力发电系统控制策略研究 [D]. 上海: 上海大学, 2014.

[132] 尹明, 李庚银, 张建成, 等. 直驱式永磁同步风力发电机组建模及其控制策略 [J]. 电网技术, 2007, 31 (15): 61 – 65.

[133] 夏玥，李征，蔡旭，等. 基于直驱式永磁同步发电机组的风电场动态建模 [J]. 电网技术，2014，38（06）：1439－1445.

[134] 荣飞，黄守道，高剑，等. 直驱永磁风力发电系统并网技术 [M]. 北京：中国水利水电出版社，2018.

[135] TAN J, HU W H, WANG X R, et al. Effect of tower shadow and wind shear in a wind farm on AC Tie－Line power oscillations of interconnected power systems [J]. Enegies, 2013, 6 (12): 6352－6372.

[136] 熊礼俭. 风力发电新技术与发电工程设计、运行、维护及标准规范实用手册 [M]. 北京：中国科技文化出版社，2005.

[137] DOLAN D S L, LEHN P W. Simulation model of wind turbine 3p torque oscillations due to wind shear and tower shadow [J]. IEEE Transactions on Energy Conversion, 2006, 21 (3): 717－724.

[138] 成立峰. 风力发电机组偏航系统误差与控制策略研究 [D]. 北京：华北电力大学，2017.

[139] GUPTA S C. Fluid Mechanics and Hydraulic Machines [M]. Noida: Pearson Education, India, 2006.

[140] SØRENSEN P, HANSEN A D, ROSAS P A C. Wind models for simulation of power fluctuations from wind farms [J]. Journal of Wind Engineering and Industrial Aerodynamics, 2002, 90 (12): 1381－1402.

[141] HAU E. Wind turbines: Fundamentals, Technologies, Application, Economics [M]. 2nd ed. Springer: Berlin, Germany, 2005.

[142] JEONG M S, YOO S J, LEE I. Aeroelastic analysis for large wind turbine rotor blades [C]. Proceedings of the 52nd AIAA/ ASME/ASCE/AHS/ASC structures. In: Structural dynamics, and materials conference, Denver, Colorado, USA, 2011.

[143] 岳二团，甘春标，杨世锡. 气隙偏心下永磁电机转子系统的振动特性分析 [J]. 振动与冲击，2014，33（08）：29－34.

[144] 李永刚，李和明，万书亭. 发电机转子绕组匝间短路故障特性分析与识别 [M]. 北京：中国电力出版社，2009.

[145] 戈宝军，张铭芮，肖士勇，等. 定子绕组匝间短路对无刷双馈电机电磁特性的影响 [J]. 电机与控制学报，2022，26（03）：87－93.

[146] CHENG M, HANG J, ZHANG J Z. Overview of fault diagnosis theory and method for permanent magnet machine [J]. Chinese Journal of Electrical Engineering, 2015, 1 (1): 21－36.

[147] 吴国沛，余银犬，涂文兵. 永磁同步电机故障诊断研究综述 [J]. 工程设计学报，2021，28（5）：548－558.

[148] 李俊卿，沈亮印. 基于定子平均瞬时功率频谱特性的双馈风力发电机转子匝间短路的仿真分析 [J]. 电机与控制应用，2016，43（8）：88－92，103.

[149] 解太林，张志利. 变速恒频风力发电机转子机械故障模糊诊断方法 [J]. 电网与清洁能源，2016，32（09）：123－127.

[150] BARZEGARAN M, MAZLOOMZADEH A, MOHAMMED O A. Fault diagnosis of the asynchronous machines through magnetic signature analysis using finite－element method and neural

networks [J]. IEEE Transactions on Energy Conversion, 2013, 28 (4): 1064 – 1071.

[151] 张文玲. 发电机励磁控制实时监测与故障诊断专家系统的研究 [D]. 天津: 河北工业大学, 2011.

[152] 丁石川, 厉雪衣, 杭俊, 等. 深度学习理论及其在电机故障诊断中的研究现状与展望 [J]. 电力系统保护与控制, 2020, 48 (08): 172 – 187.

[153] 茹扎洪·斯衣迪克江. 基于多种工况下运行的永磁同步发电机的转子偏心故障研究 [D]. 新疆: 新疆大学, 2016.

[154] 刘炯. 感应电机定子绕组匝间短路故障诊断方法研究 [D]. 杭州: 浙江大学, 2007.

[155] 郑大勇, 张品佳. 交流电机定子绝缘故障诊断与在线监测技术综述 [J]. 中国电机工程学报, 2019, 39 (2): 395 – 407.

[156] MALEKPOUR M, PHUNG B T, AMBIKAIRAJAH E. Online technique for insulation assessment of induction motor stator windings under different load conditions [J]. IEEE Transactions on Dielectrics and Electrical Insulation, 2017, 24 (1): 349 – 358.

[157] DEVI N R, SARMA D V S S, RAO P V R. Diagnosis and classification of stator winding insulation faults on a three – phase induction motor using wavelet and MNN [J]. IEEE Transactions on Dielectrics and Electrical Insulation, 2016, 23 (5): 2543 – 2555.

[158] LEE S B, TALLAM R M, HABETLER T G. A robust, on – line turn – fault detection technique for induction machines based on monitoring the sequence component impedance matrix [J]. IEEE Transactions on Power Electronics, 2003, 18 (3): 865 – 872.

[159] 魏书荣, 李正茂, 符杨, 等. 计及电流估计差的海上双馈电机定子绕组匝间短路故障诊断 [J]. 中国电机工程学报, 2018, 38 (13): 3969 – 3977, 4038.

[160] SURYA G N, KHAN Z J, BALLAL M S, et al. A simplified frequency – domain detection of stator turn fault in squirrel – cage induction motors using an observer coil technique [J]. IEEE Transactions on Industrial Electronics, 2017, 64 (2): 1495 – 1506.

[161] 孙宇光, 余锡文, 魏锟, 等. 发电机绕组匝间故障检测的新型探测线圈 [J]. 中国电机工程学报, 2014, 34 (6): 917 – 924.

[162] 马宏忠, 张艳, 魏海增, 等. 基于转子平均瞬时功率的双馈异步发电机定子绕组匝间短路故障诊断 [J]. 电力自动化设备, 2018, 38 (4): 151 – 156.

[163] 万书亭, 李和明, 许兆凤, 等. 定子绕组匝间短路对发电机定转子径向振动特性的影响 [J]. 中国电机工程学报, 2004 (04): 161 – 165.

[164] 王鹏. 基于电气特征分析的电机轴承故障检测研究 [D]. 大连: 大连海事大学, 2020.

[165] HUANG Q, JIANG D X, HONG L Y. Application of hilbert – huang transform method on fault diagnosis for wind turbine rotor [J]. Key Engineering Materials, 2009, 413 – 414: 159 – 166.

[166] 安学利, 赵明浩, 蒋东翔, 等. 基于支持向量机和多源信息的直驱风力发电机组故障诊断 [J]. 电网技术, 2011, 35 (4): 117 – 122.

[167] AN X L, JIANG D X, LI S H. Application of back propagation neural network to fault diagnosis of direct – drive wind turbine [C]. World Non – Grid – Connected Wind Power and Energy Conference, Nanjing, China, 2010: 1 – 5.

[168] ELKINTON M R, ROGERS A L, MCGOWAN J G. An investigation of wind – shear models and

experimental data trends for different terrains [J]. Wind Engergy, 2006, 30 (4): 341 - 350.

[169] BULAEVSKAYA V, WHARTON S, CLIFTON A, et al. Wind power curve modeling in complex terrain using statistical models [J]. Journal of Renewable Sustainable Energy, 2015, 7 (1): 1 - 24.

[170] SINTRA H, MENDESA V M F, MELÍCIO R. Modeling and simulation of wind shear and tower shadow on wind turbines [J]. Procedia Technology, 2014, 17: 471 - 477.

[171] 孔屹刚, 王杰, 顾浩, 等. 基于风剪切和塔影效应的风力机风速动态建模 [J]. 太阳能学报, 2011, 32 (8): 1237 - 1244.

[172] WAN S T, CHENG L F, SHENG X L. Numerical analysis of the spatial distribution of equivalent wind speed in large - scale wind turbines [J]. Journal of Mechanical Science Technology, 2017, 31: 965 - 974.

[173] ABO - KHALIL A G. A new wind turbine simulator using a squirrel - cage motor for wind power generation systems [C]. IEEE Ninth International Conference on Power Electronics and Drive Systems, Singapore, 2011: 750 - 755.

[174] ABO - AL - EZ K M, TZONEVA R. Modelling and adaptive control of a wind turbine for smart grid applications [C]. International Conference on the Industrial and Commercial Use of Energy, Cape Town, South Africa, 2015: 332 - 339.

[175] LI Z W, WEN B R, WEI K X, et al. Flexible dynamic modeling and analysis of drive train for offshore floating wind turbine [J]. Renewable Energy, 2020, 145: 1292 - 1305.

[176] 何伟. 湍流风场模拟与风力发电机组载荷特性研究 [D]. 北京: 华北电力大学, 2013.

[177] IRANMANESH S, FADAEINEDJAD R, ESMAEILIAN H R. Performance evaluation of FESS in mitigating power and voltage fluctuations due to aerodynamic effects of wind turbine [J]. J. Renewable Sustainance Energy, 2017, 9 (7): 043301.

[178] ESMAEILIAN H R, FADAEINEDJAD R. A remedy for mitigating voltage fluctuations in small remote wind - diesel systems using network theory concepts [J]. IEEE Transactions on Smart Grid, 2018, 9 (5): 4162 - 4171.

[179] SMILDEN E, SORENSEN A, ELIASSEN L. Wind model for simulation of thrust variations on a wind turbine [J]. Energy Procedia, 2016, 94: 306 - 318.

[180] WAN S T, CHENG L F, SHENG X L. Effects of yaw error on wind turbine running characteristics based on the equivalent wind speed model [J]. Energies, 2015, 8: 6286 - 6301.

[181] DE KOONING J D M, VANDOORN T L, DE VYVER V J, et al. Shaft speed ripples in wind turbines caused by tower shadow and wind shear [J]. IET Renewable Power Generation, 2014, 8: 195 - 202.

[182] HUGHES F M, ANAYA - LARA O, RAMTHARAN G, et al. Influence of tower shadow and wind turbulence on the performance of power system stabilizers for DFIG - based wind farms [J]. IEEE Transactions on Energy Conversion, 2008, 23 (2): 519 - 528.

[183] WEN B R, WEI S, WEI K X, et al. Power fluctuation and power loss of wind turbines due to wind shear and tower shadow [J]. Frontiers of Mechanical Engineering, 2017, 12: 321 - 332.

[184] STIVAL L J L, GUETTER A K, ANDRADE F O. The impact of wind shear and turbulence in-

tensity on wind turbine power performance [J]. ESPAÇO ENERGIA, 2017, 27: 11 – 20.

[185] SHENG X L, WAN S T, CHENG K R, et al. Research on the fault characteristic of wind turbine generator system considering the spatiotemporal distribution of the actual wind speed [J]. Energies, 2020, 13 (2), 1 – 16.

[186] SHENG X L, WAN S T, Han X C, et al. Impact of actual wind speed distribution on the fault characteristic of DFIG rotor winding asymmetry [J]. IEEE Transactions on Instrumentation and Measurement, 2022, 71: 3507714.

[187] 许伯强, 孙丽玲, 杜文娟. 定子匝间故障下 DFIG 机组的模型与仿真系统仿真学报 [J]. 2018, 30 (1): 205 – 215.

[188] URRESTY J. C. Electrical and magnetic faults diagnosis in permanent magnet synchronous motors [D]. Barcelona: Polytechnic University of Catalonia, 2012.

[189] 杭俊. 永磁直驱风力发电机组故障诊断技术研究 [D]. 南京: 东南大学, 2016.

[190] VEDREÑO – SANTOS F, RIERA – GUASP M, HENAO H, et al. Diagnosis of rotor and stator asymmetries in wound – rotor induction machines under nonstationary operation through the instantaneous frequency [J]. IEEE Transactions on Industrial Electronics, 2014, 61 (9): 4947 – 4959.

[191] 丁石川, 童琛, 杭俊, 等. 磁通反向永磁电机的定子绕组电阻不平衡故障程度定量估算研究 [J]. 电机与控制学报, 2019, 23 (07): 79 – 86.

[192] HANG J, WU H, DING S C, et al. A DC – flux – injection method for fault diagnosis of high – resistance connection in direct – torque – controlled PMSM drive system [J]. IEEE Transactions on Power Electronics, 2020, 35 (3): 3029 – 3042.

[193] 绳晓玲, 万书亭, 李永刚, 等. 基于坐标变换的双馈风力发电机组叶片质量不平衡故障诊断 [J]. 电工技术学报, 2016, 31 (7): 188 – 197.

[194] 张贤达. 现代信号处理 [M]. 北京: 清华大学出版社, 2015.

[195] 方芳, 杨士元, 侯新国. 基于改进多信号分类法的异步电机转子故障特征分量的提取 [J]. 中国电机工程学报, 2007, 27 (30): 72 – 76.

[196] SHENG X L, WAN S T, CHENG L F, et al. Blade aerodynamic asymmetry fault analysis and diagnosis of wind turbines with doubly – fed induction generator [J]. Journal of Mechanical Science and Technology, 2017, 31 (10): 5011 – 5020.

[197] 王耀南, 孙春顺, 李欣然. 用实测风速校正的短期风速仿真研究 [J]. 中国电机工程学报, 2008, 28 (21): 94 – 100.

[198] 吴俊. 海上浮式风力机气动性能的数值模拟 [D]. 上海: 上海交通大学, 2016.

[199] 刘雄, 张宪民, 陈严, 等. 基于动态入流理论的水平轴风力机动态气动载荷计算模型 [J]. 太阳能学报, 2009, 30 (04): 412 – 419.

[200] 熊雪露. 风机叶片气动特性的数值研究 [D]. 哈尔滨: 哈尔滨工业大学, 2017.

[201] 吴俊, 丁金鸿, 何炎平, 等. 海上浮式风机气动性能数值模拟 [J]. 海洋工程, 2016, 34 (03): 38 – 46.

[202] SEBASTIAN T, LACKNER M A. Characterization of the unsteady aerodynamics of offshore floating wind turbines [J]. Wind Energy, 2013, 16 (3): 339 – 352.

[203] 刘格梁, 胡志强, 段斐. 海上浮式风机在支撑平台运动影响下的气动特性研究 [J]. 海洋工程, 2017, 35 (01): 42-50.

[204] 张浩, 王宇航, 闫渤文, 等. 风浪联合作用下的钢格构式基础海上浮式风机耦合动力响应分析 [J]. 建筑钢结构进展, 2021, 23 (03): 85-96.

[205] JONKMAN J, BUTTERFIELD S, MUSIAL W, et al. Definition of a 5-MW reference wind turbine for offshore system development [R]. Tech. Rep. NREL/TP-500-38060, Colorado, USA, 2009.

[206] 熊小伏, 齐晓光, 欧阳金鑫. 电压不对称跌落下双馈感应发电机低频谐波电流特性分析 [J]. 中国电机工程学报, 2014, 34 (36): 67-75.

[207] 马宏忠, 姚华阳, 黎华敏. 基于 Hilbert 模量频谱分析的异步电机转子断条故障研究 [J]. 电机与控制学报, 2009, 13 (3): 371-376.

[208] 刘德顺, 戴巨川, 胡燕平, 等. 现代大型风电机组现状与发展趋势 [J]. 中国机械工程, 2013, 24 (1): 125-135.

[209] 肖帅, 杨耕, 耿华. 抑制载荷的大型风电机组滑模变桨距控制 [J]. 电工技术学报, 2013, 28 (7): 145-150.

[210] 陈家伟, 陈杰, 龚春英. 永磁直驱风力发电系统气动载荷抑制策略 [J]. 中国电机工程学报, 2013, 33 (21): 99-108.

[211] GENG H, XU D W, WU B, et al. Active damping for PMSG-based WECS with DC-link current estimation [J]. IEEE Transactions on Industrial Electronics, 2011, 58 (4): 1110-1119.

[212] SCHRAMM S, SIHLER C, PHOTONDO P, et al. Damping torsional interharmonic effects of large drive [J]. IEEE Transactions on Power Electronics, 2010, 25 (4): 1090-1098.

[213] 张兴, 滕飞, 谢震. 风力机的风剪塔影模拟及功率脉动抑制 [J]. 中国电机工程学报, 2014, 34 (36): 6506-6514.

[214] LU Q, BOWYER R, JONES B L. Analysis and design of Coleman transform-based individual pitch controllers for wind-turbine load reduction [J]. Wind Energy, 2014, 25 (20): 113-128.

[215] 杨超. 风电机组动态载荷特性及主动抑制策略研究 [D]. 重庆: 重庆大学, 2015.

[216] 王晓东. 大型双馈风电机组动态载荷控制策略研究 [D]. 沈阳: 沈阳工业大学, 2011.

[217] 李辉, 王坤, 胡玉, 等. 双馈风电系统虚拟同步控制的阻抗建模及稳定性分析 [J]. 中国电机工程学报, 2019, 39 (12): 3434-3442.

[218] 时帅, 安鹏, 符杨, 等. 含风电场的多端柔性直流输电系统小信号建模方法 [J]. 电力系统自动化. 2020, 44 (10): 92-102.

[219] 张明锐, 黎娜, 杜志超, 等. 基于小信号模型的微网控制参数选择与稳定性分析 [J]. 中国电机工程学报, 2012, 32 (25): 9-19.

[220] 任英玉. 模拟电子技术基础 [M]. 北京: 机械工业出版社, 2017.

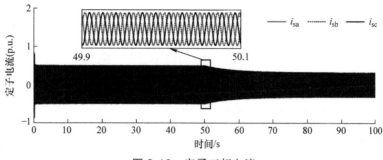

图 2-16 定子三相电流

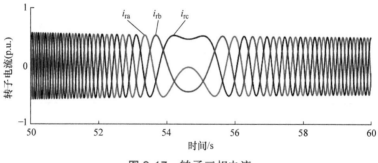

图 2-17 转子三相电流

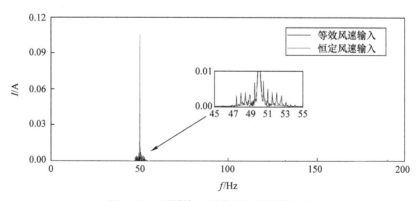

图 4-12 不同输入时定子电流频谱对比

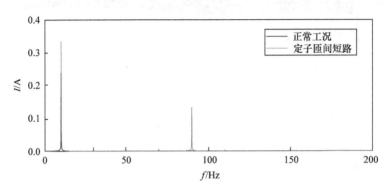

图 4-13 不同工况时转子电流频谱对比

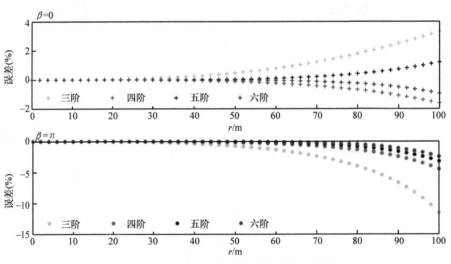

图 5-2 $W_{ws}(r, \beta)$ 泰勒级数高阶展开项的误差

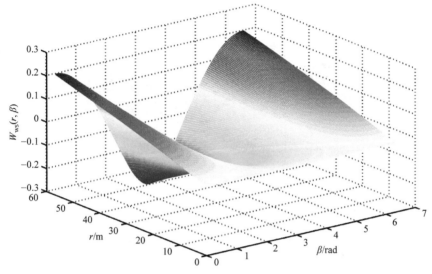

图 5-5　风剪切对风速产生的扰动分量 $W_{ws}(r,\beta)$ 的空间分布

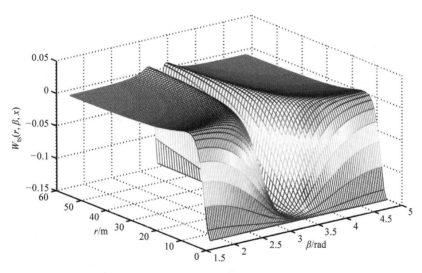

图 5-6　塔影效应对风速产生的扰动分量 $W_{ts}(r,\beta,x)$ 的空间分布

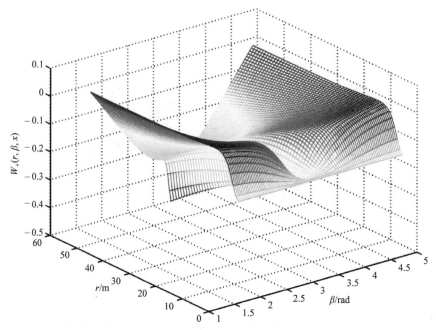

图 5-7   风剪切和塔影效应共同对风速产生的扰动分量 $W_+(r, \beta, x)$ 的空间分布

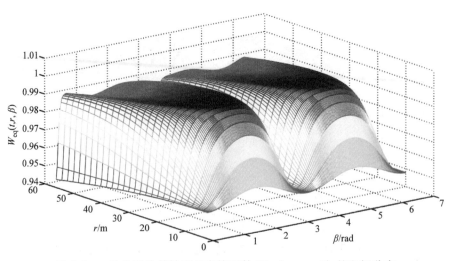

图 5-8   2 叶片叶轮等效风速变换因数 $W_{eq}(t, r, \beta)$ 的空间分布

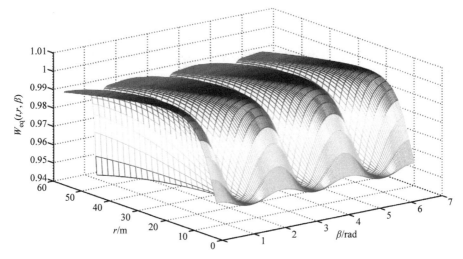

图 5-9　3 叶片叶轮等效风速变换因数 $W_{eq}(t, r, \beta)$ 的空间分布

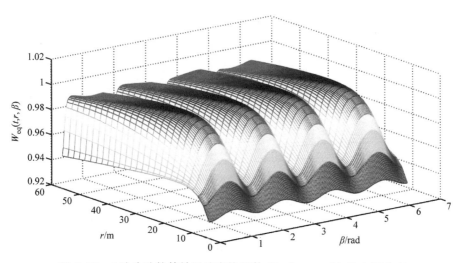

图 5-10　4 叶片叶轮等效风速变换因数 $W_{eq}(t, r, \beta)$ 的空间分布

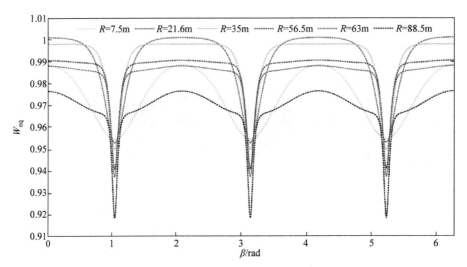

图 5-11　R 取不同值时 W_{eq} 与 β 的关系曲线

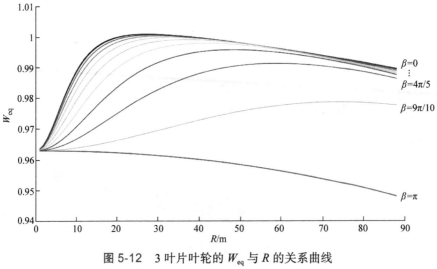

图 5-12　3 叶片叶轮的 W_{eq} 与 R 的关系曲线

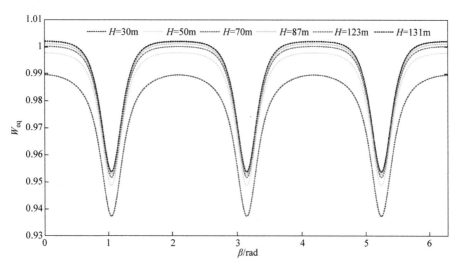

图 5-13 H 取不同值时 W_{eq} 与 β 的关系曲线

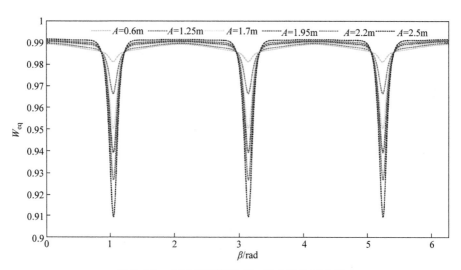

图 5-14 A 取不同值时 W_{eq} 与 β 的关系曲线

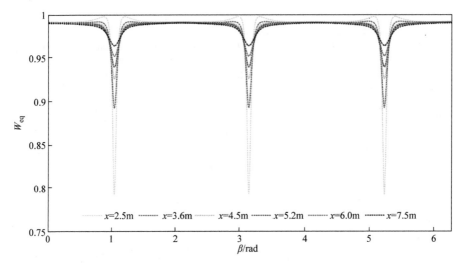

图 5-15　x 取不同值时 W_{eq} 与 β 的关系曲线

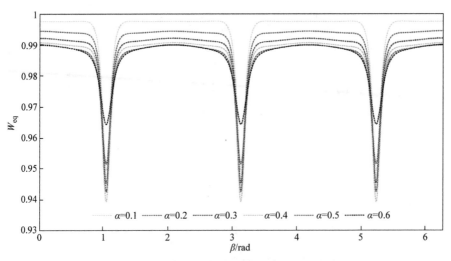

图 5-16　α 取不同值时 W_{eq} 与 β 的关系曲线

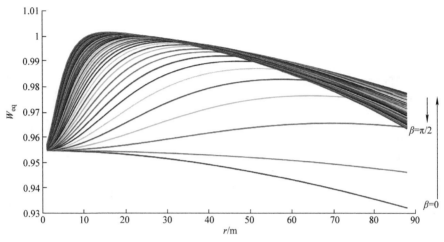

图 5-17　2 叶片叶轮的 W_{eq} 与 r 的关系曲线

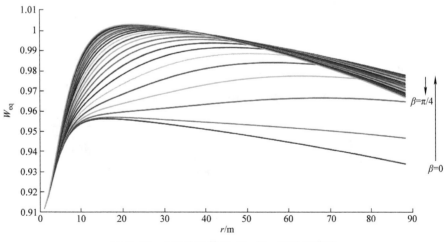

图 5-18　4 叶片叶轮的 W_{eq} 与 r 的关系曲线

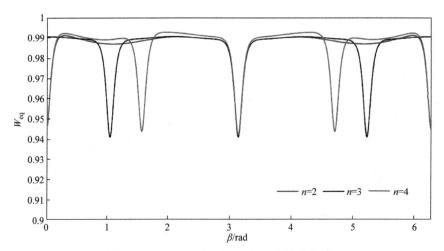

图 5-19　$R=56.5\text{m}$ 时 W_{eq} 与 β 的关系曲线

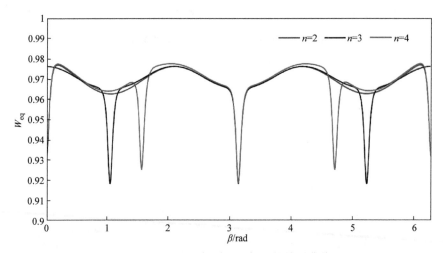

图 5-20　$R=88.5\text{m}$ 时 W_{eq} 与 β 的关系曲线

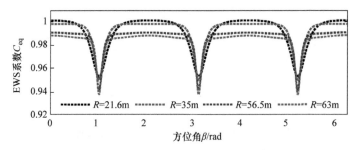

图 7-2　不同风机尺寸的 EWS 系数

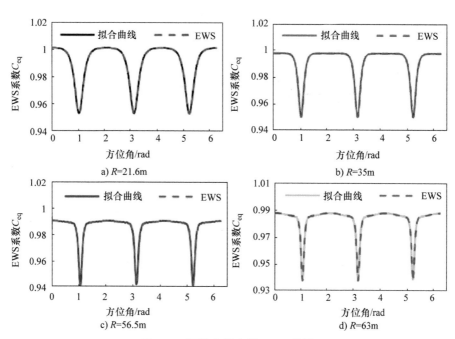

图 7-3　原始和拟合的 EWS 曲线

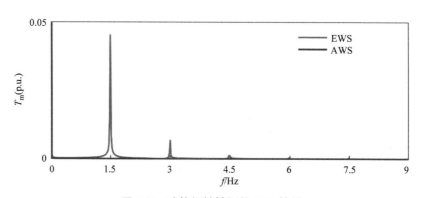

图 7-7　叶轮机械转矩的 FFT 结果

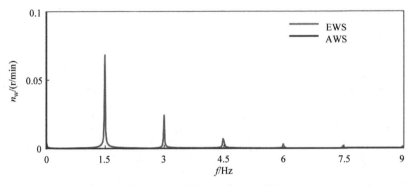

图 7-8 叶轮转速的 FFT 结果

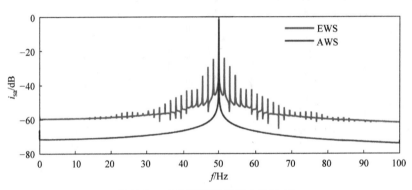

图 7-9 正常情况下定子电流比较

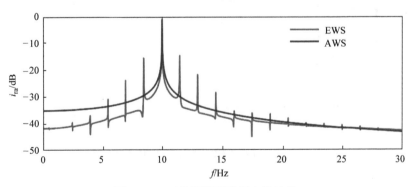

图 7-10 正常情况下转子电流比较

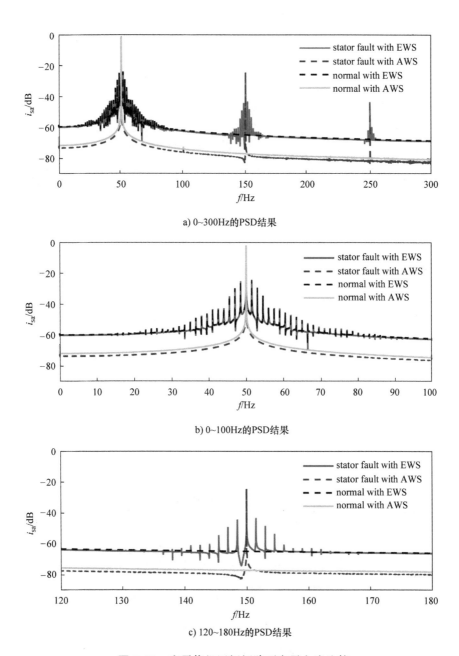

a) 0~300Hz的PSD结果

b) 0~100Hz的PSD结果

c) 120~180Hz的PSD结果

图 7-11　定子绕组匝间短路下定子电流比较

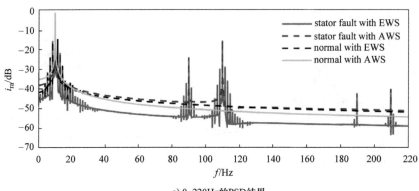

a) 0~220Hz的PSD结果

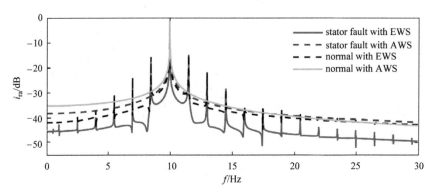

b) 0~30Hz的PSD结果

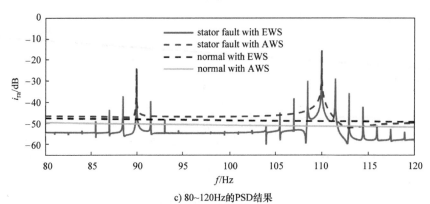

c) 80~120Hz的PSD结果

图 7-12　定子绕组匝间短路下转子电流比较

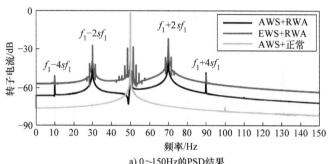

a) 0～150Hz的PSD结果

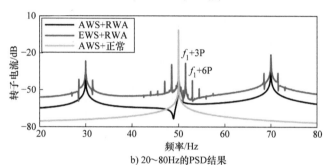

b) 20～80Hz的PSD结果

图 7-21 定子电流分析

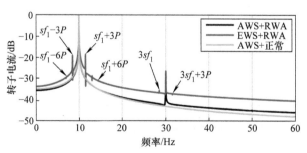

图 7-22 转子电流分析

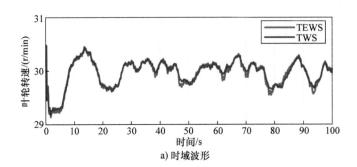

a) 时域波形

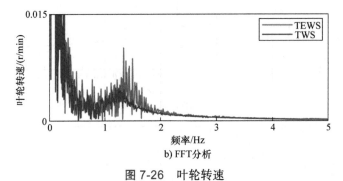

b) FFT分析

图 7-26 叶轮转速

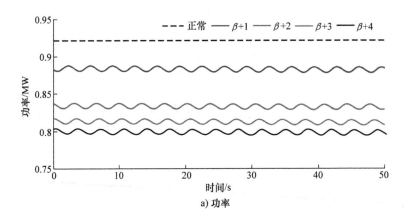

a) 功率

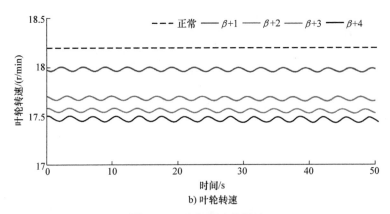

b) 叶轮转速

图 8-18 功率和叶轮转速

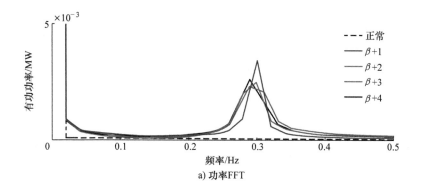

a) 功率FFT

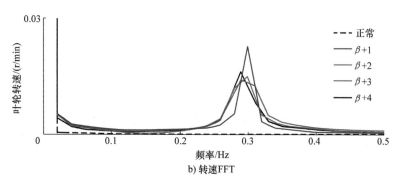

b) 转速FFT

图 8-19　功率和叶轮转速 FFT

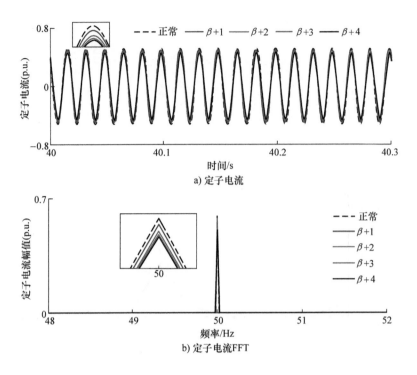

a) 定子电流

b) 定子电流FFT

c) 定子电流MMUSIC

图 8-20　定子电流

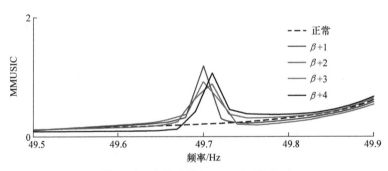

图 8-21　定子电流 MMUSIC 放大图

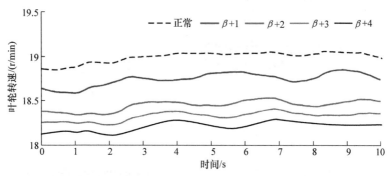

图 8-24 随机风速下叶轮转速

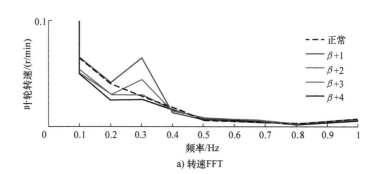

a) 转速FFT

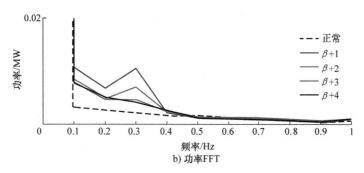

b) 功率FFT

图 8-25 叶轮转速和功率 FFT

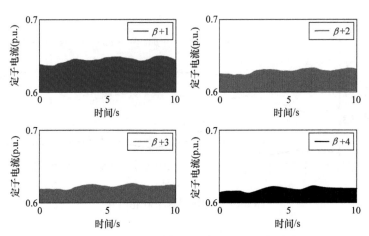

图 8-26　四种不对称情况下定子电流局部放大图

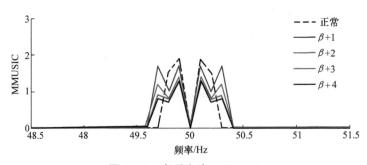

图 8-27　定子电流 MMUSIC

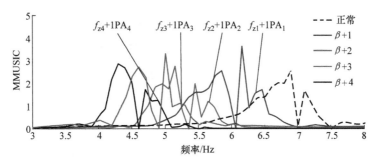

图 8-28　转子电流 MMUSIC

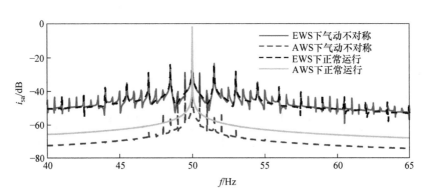

图 9-4　定子电流比较

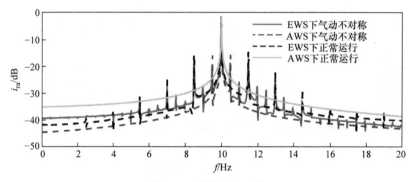

图 9-5　转子电流比较

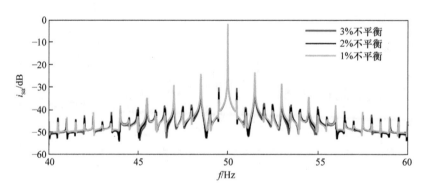

图 9-6　三种气动不对称度下定子电流功率谱密度比较